U0173301

中国被动式低能耗建筑年度发展研究报告
（2020）

住房和城乡建设部科技与产业化发展中心
（住房和城乡建设部住宅产业化促进中心）　编
北京康居认证中心
天津格亚德新材料科技有限公司

中国建筑工业出版社

图书在版编目（CIP）数据

中国被动式低能耗建筑年度发展研究报告．2020/住房和城乡建设部科技与产业化发展中心（住房和城乡建设部住宅产业化促进中心），北京康居认证中心，天津格亚德新材料科技有限公司编．—北京：中国建筑工业出版社，2020.10

ISBN 978-7-112-25409-5

Ⅰ．① 中… Ⅱ．① 住… ② 北… ③ 天… Ⅲ．① 生态建筑–建筑工程–研究报告–中国–2020 Ⅳ．① TU-023

中国版本图书馆CIP数据核字（2020）第163717号

　　本书为中国被动式低能耗建筑年度发展研究报告（2020），主要介绍了我国被动房2020年国内研发所取得的研究成果，阐述专家观点、重大技术突破和技术产品如何应用，重点介绍了已获得德国能源署、住房和城乡建设部科技与产业化发展中心及北京康居认证中心共同认证的被动式低能耗建筑示范项目，以及有代表性示范项目的实践案例等内容，另附有被动式低能耗建筑发展大事记、产品选用目录、产业技术创新联盟名单供读者参考。

　　本书适于欲从事被动式低能耗建筑的开发、设计、施工、监理等行业管理人员、科研人员以及实践者参考阅读。

责任编辑：杨　晓　贺　伟　唐　旭
文字编辑：李东禧
责任校对：赵　菲

中国被动式低能耗建筑年度发展研究报告（2020）
住房和城乡建设部科技与产业化发展中心
　（住房和城乡建设部住宅产业化促进中心）
北京康居认证中心　　　　　　　　　　　　编
天津格亚德新材料科技有限公司

*

中国建筑工业出版社出版、发行（北京海淀三里河路9号）
各地新华书店、建筑书店经销
北京锋尚制版有限公司制版
天津图文方嘉印刷有限公司印刷

*

开本：787×1092毫米　1/16　印张：21½　字数：363千字
2020年11月第一版　　2020年11月第一次印刷
定价：**198.00元**
ISBN 978-7-112-25409-5
（36393）

编委会 | EDITORIAL BOARD

普及被动房，为建设美丽中国而努力奋斗

2020年注定是不平凡的一年，虽然我们的工作生活受到了新冠病毒的困扰，但中国被动房的发展在这一年中仍获得了长足的进步。

被动房的标准体系已逐步建立起来。中国第一部针对被动房的中国材料与试验团体标准《被动式低能耗居住建筑新风系统》CSTM 00325已经颁布实施。《被动式低能耗建筑用弹性体改性沥青防水卷材》CSTM 00324、《被动式低能耗建筑外墙外保温、屋顶保温用模塑聚苯板》CSTM 00395、《被动式低能耗建筑用未增塑聚氯乙烯（PVC-U）塑料外窗》CSTM 00396、《被动式低能耗建筑外墙外保温用聚合物水泥胶粘剂、抹面胶浆》CSTM 00408、《被动式低能耗建筑保温免拆模板体系》CSTM 00480、《被动式低能耗建筑用纤维压缩木包铝门窗设计标准》CSTM 00481即将颁布。随着这些标准的颁布实施，影响被动房质量的关键材料与产品无标准可依的情况将得到彻底的改变。

我国被动房一些关键材料和产品取得了重大突破。可用于严寒地区的塑料窗、甲级防火被动门、无障碍外门、低火灾风险的EPS板、EPS板免拆模建筑体系、长寿命防水卷材保温系统等代表行业先进水平的材料和产品已经投入市场。这些市场为提升我国被动房建筑质量提供了有力保障。

被动式低能耗建筑保温免拆模板体系的诞生使高质量、低成本快速建造被动房成为可能。这种以低火灾风险的高强度EPS板为模板的被动房建造体系具有结构体系科学新颖、抗震性能好、施工便利快捷、节能效率高、经济适用等优点，满足我国现行相关标准对建筑结构安全的要求。整体防火性能可满足我国建筑防火规范对100米以下住宅建筑、50米以下公共建筑的要求。与传统结构体系比较，该体系有利于节省建筑材料、节省人工、

缩短施工周期。

一些具有特色的被动房建筑建设完成。中国目前单体最大的被动房株洲市民中心获得康居认证。坐落于济南的中国第一个被动房正能工厂——格林堡绿色建设科技有限公司建成投产。首批列入"北京市超低能耗建筑示范工程项目"朝阳区垡头地区焦化厂超高层公租项目17号、21号、22号进行了项目验收，以及万科地产北京海鹅落项目（翡翠公园）内配套的九年一贯制小学通过北京市建委验收。

被动房已从小规模试点示范发展为大规模推广。河北、山东出现了大规模的被动房住区。我国南方城市在无政策支持的情况下，也开始了规模化建造，如浙江、四川出现了10万平方米以上的被动房住区。

被动房的推广普及可以极大地降低社会终端能耗，甚至可以为乡村振兴战略、区域协调发展战略、可持续发展战略、健康中国战略的实施和满足人民日益增长的美好生活需要起到积极作用。作为中国最早被动房的建设者，在深谙被动房在节能减排、保护资源和保护林地方面可以起到非常重要的作用时，矢志不渝地推广被动式低能耗建筑就成了我们必须担负的历史责任。行百里者半九十，被动房离推广普及还差很远。随着技术进步，被动房建造技术不断提升，我们的被动房实践没有止境，理论创新同样也没有止境。不断引领中国的被动房的健康发展，始终坚持生态文明发展的战略定力，经得住各种诱惑和考验，力争尽早实现小区层面、社区层面和城市层面的"碳中和"，让被动房惠及当代与子孙是我们要坚守的初心和使命。

目录 | CONTENTS

工程案例

国际视野

各地政策

专家观点

被动房进入规模化开发时代对
相关领域的影响

张小玲

北京康居认证中心主任　教授级高工

自2009年住房和城乡建设部科技与产业化发展中心与德国能源署合作将被动房的建造理念引入中国以来，被动房在中国已经有了10年的发展史。被动式低能耗房屋（被动房）以极低的能耗和极佳的室内舒适环境获得了市场和老百姓的青睐。北京、天津、河北、河南、山东、山西、江苏、浙江、湖北、青海、湖南、湖北、辽宁、黑龙江、福建、江西、西藏等省市已经开始被动房的建设。项目涉及严寒、寒冷、夏热冬冷、夏热冬暖和青藏高原各个气候区。建筑类型包括居住、办公、学校、幼儿园、宾馆、展览馆、厂房等。被动房得到了迅猛的发展，每年的建造量已经从过去的几十万平方米发展到几百万平方米，正在向千万平方米迈进。北京、天津、河北、山东、河南、宁夏、江苏等省市，以及石家庄、保定、张家口、衡水、海门、青岛、郑州、开封、宜昌等城市颁布了鼓励被动房发展的支持政策。河北、山东、河南、北京、浙江已经有了较大规模的居住小区，单体项目的最大建造量已经超过100万 m^2。在不久的将来，每年被动房的建造量将达到上亿平方米，甚至被动房成为建筑主流已经不再是遥远的梦想。被动房的技术方案已经从只考虑单体建筑本身的效果发展为区域性整体综合考虑。被动房社区不仅关注能效和室内环境，而且将目标定为"能效社区、绿色社区、智慧社区、海绵社区、宜居社区"五位一体的绿色智慧社区。城市普遍建成被动房已在规划中，在城市这一尺度将被动房与绿色城市建设结合在一起，有可能对城市建设和管理产生巨大的影响。

1　对相关产品产业的影响

被动房进入中国以后，我国相关产业取得了长足的进步。满足被动房要求的门窗、五金、玻璃、保温系统材料、防水材料、遮阳产品、新风设备、厨房油烟净化器从无到有，质量和规模逐年得到提高。今天，我国已经可以不依赖国外进口产品建造出合格的被动房。我国的产业进步主要表现在以下两个方面：

（1）创建高端制造业抢占发展先机

我国建筑建材行业可以生产出所有门类的产品，但是某些高端产品性能同国外相比仍有很大差距。我国长期以来奉行的建筑使用寿命50～100年的标准，使得国人不会追求100年以上使用寿命的材料和产品。低质、低价成为市场竞争的主要"法宝"，拥有高品质性能的产品和材料在国内市场生存艰难。自从被动房被市场接受以后，市场竞争规则悄然发生了改变，在满足性能要求的前提下开展价格竞争，改变了劣币淘汰良币逆向淘汰的现象。譬如，即将在济南建成投产的免拆模板被动房建筑将国外先进的被动房建造体系引入中国，具有无热桥、建造快捷、成本低廉的特性，其高超的工艺水平把我国构配件生产水平提升到了新的高度（图1）；过去无人问津的具有良好防火保温性能的EPS板得到了应用；在国际处于领先水平的只排油烟不排空气、对室内外环境无影响油烟净化器已经投入市场。

（2）提升传统制造业水平

我国传统的制造业在被动房推广过程中水平得以提升。譬如，我国是五金件生产大国。长久以来，被动窗只使用国外进口产品已经成为不成文的行业规则。我国企业经过多年的努力，已经可以生产出被动门窗所需的五金件，其质量可同国外知名企业媲美；一些现有的被动房用门窗生产企业，不

图1 正在建造的以高性能EPS为模板的免拆模板被动房

满足产品已经达到被动房对门窗的基本要求，将德国塑料型材腔室保温材料的填充技术、无障碍门槛制造等技术引入我国，进一步缩短了我国门窗制造业与国外先进水平的差距；我国防水卷材企业已经开始生产满足50年使用寿命的防水卷材；高品质的无低落物、低烟、低毒烟释放的EPS保温板得以应用；2020年被动房用甲级防火被动门通过国家防火检测中心的检测，解决了困扰我国被动房无甲级防火被动门可用的问题（图2）。

图2　甲级防火被动门

2　有望利用当地的可再生能源满足生产生活的用能需求

被动房的建筑成本因规模化设计和使用设备设施有望实现大幅度降低。一些低品质能源可以得到充分利用，如垃圾能、地道风能、污水能等，被动房用能将被进一步降低，利用当地光伏发电、风电等可再生能源替代传统火电成为现实。只用居民生活废水和垃圾处理的热能解决冬季采暖能耗变得更加易行。城市能源消耗大幅度降低将使城市对能源种类和总量的需求发生质变，使建筑领域产生的温室气体增长的势头得到遏制，从而促使能源使用发生变革，使建筑领域摆脱对化石能源的依赖成为可能，让利用当地光伏发电、风电等可再生能源替代传统火电成为现实，为利用当地可再生能源就能满足能源需求奠定了基础。甚至通过规模化建筑被动房使城市实现"碳中和"，使人民的生产生活彻底摆脱对化石能源的依赖成为现实。

大同"未来能源馆"是北京康居认证中心提供技术支持的被动房正能展览馆。这个展览馆不但不需要外界供能，反而可以向外界输出能源（图3）。

以被动房形式建造的工厂（以下简称被动房工厂）基本上摆脱了厂房采暖和制冷的用能需求。被动房工厂利用自身或当地太阳能发电完全可以满足生产用能的需求。当被动房工厂成为主流时，让GDP增长与碳排放脱钩将变为现实。坐落于济南的中国第一个被动房正能工厂2020年9月建成投产，屋顶设置1.6兆瓦的太阳发电系统，其中1.2兆瓦满足工厂自身用电需求，0.4兆瓦对外输出，其投资回收期仅为3年（图4），让生产用能摆脱对化石能源的

图3　正能展览馆

图4　济南被动房正能工厂

依赖正从梦想一步步变为现实。

　　这一变化将使能源投资模式发生转变。以往以政府投资为主的火电项目可以变为吸引各方投资收益良好的可再生能源投资项目。发电厂不再是以焚烧煤、天然气产生温室气体的排放源，而是以风能、太阳能为驱动力的永不枯竭的真正的清洁能源动力站。

3 城市基础设施建设投资大幅度降低

规模化建造被动房将对城市基础设施建设产生巨大影响，城市基础设施建筑投资大幅度降低：一是不需要建设与采暖相关的供热系统和供能系统。二是城市管廊空间因内部不需要设置供暖供冷设施，使得管廊空间尺寸需求变小和内部腔室数量降低，由此管廊建设投资可以大幅度降低，预计降低至原投资的1/5。三是为供应城市能源需求而建设的能源生产和输送系统投资建设项目，因其有良好的投资收益，市政府可以将其作为良好回报的投资项目或直接引入社会资金进行投资和管理。

4 极大降低城市的管理成本

如果一个城市普遍是被动房，城市的管理成本会大幅下降：一是不需要与采暖设施相关的能源输送和城市供暖的公共管理。二是无供电管理成本或有较好收益，以风能、太阳能为供电方式的供电运营管理系统可直接交给能源运营公司管理或城市政府自行运营以获得收益。三是住在这样的环境里，人们生病的几率会大大降低，进而会降低城市医疗系统的费用，人们可以更好地投入到工作中以创造财富。四是外界气温骤变不会对房屋的室内环境造成影响。人们不必担心是否有充足的能源满足室内温度要求。

5 城市变得更加安全

如果一个城市普遍是被动房，城市会更加安全。一是无供热管网，从根本上消除了供热管网可能造成的地面塌陷、热水或蒸汽渗漏所造成的灾害。二是完全用风电和光电作为能源的城市，可以消除天然气或煤在贮存、运输和焚烧过程中可能产生的危害。三是城市空气有害气体含量较少。城市不需要燃烧煤和天然气发电和供暖，因而没有CO_2、NO_x、SO_2的排放。四是城市热岛现象大大降低。被保温层包覆的砖石或混凝土围护结构建筑无热量向室外释放。五是室内环境基本不受天气变化的影响，无论天气寒冷还是酷热，房屋用能变化不大，老百姓自己决定室内温度。六是被动房为人们提供免受雾霾影响的庇护所。虽然城市不会因自身没有NO_x、SO_2的排放就不会遭到雾霾侵扰，但被动房可以保证在重度雾霾条件下，室内的PM2.5浓度不超过 $25\mu g/m^3$。

6　使人们更有获得感

同普通建筑比较，被动房更加体现以人为本，让使用者拥有具有良好获得感的室内外环境，人们可以自由地选择室内环境温度。人们可以享受到不受气候变化或疫情影响的室内舒适环境、不花或少花采暖费、免受雾霾和病菌的影响。被动房技术可以使传统建筑中的地下室、不采光房间等不适合人们活动的空间变成具有优越室内环境的图书馆、咖啡厅、会议室等。让每栋楼的居民在本楼内拥有一个参与活动的空间变得唾手可得。规模化建造被动房的室外环境也会得到明显的改善，空气中的NO_x和SO_2的浓度将比周边空气有大幅度降低，城市热岛效应显著降低。

7　为社会积累了财富

极长使用寿命的被动房将设计使用寿命50年的房屋变成了可代代传承的永久性财富，极大降低了建筑业对自然资源的开采需求。被动房已经实现了让建筑摆脱对化石能源的依赖，让建筑摆脱对自然资源的依赖也可能成为现实。

展望未来，被动房将会有如下变化：

区域性整体建造被动房可使资源实现更优越的配置。我国被动房产品和建造技术愈来愈成熟，产品愈来愈丰富，将会出现较低成本的高质量被动房。一旦被动房的建造成本低于国家现行节能建筑标准建造的房屋，被动房将会迅速在我国得到推广。随着被动房的推广普及，有望可以消除一个个采暖锅炉房和烟囱，北方冬天天空将逐渐摆脱雾霾的困扰，天空重新变蓝，南方的人们不需要再忍受冬季的寒冷和潮湿。

我国严寒地区被动房的建造技术已经成熟。以内蒙古呼和浩特市为例，经过测算，在长达195天的时间，保持冬季20℃温度，150m²建筑面积的住户，每户采暖费用不超过1000元钱，大大低于传统锅炉房的采暖成本。这一区域将从小规模的试点示范转向大规模建设。

夏热冬冷地区的居民将会逐渐接受被动房。随着株州、苏州的被动房试点成功，被动房让居住者在极低的能耗花费下，享受到舒适的室内环境，特别是消除了南方室内结露发霉的问题。在过去一些年里，人们认为南方人"长年开窗通风的习惯"会使这一区域拒绝被动房的固有思维已经有所转变。成都20万㎡的被动房居住区正在设计之中。

被动房将会成为西藏、青海等高海拔地区改善室内环境的重要手段。我国青藏高原居住建筑可以通过被动房技术实现室内环境的大幅度提高，并同时不消耗传统的化石能源，不增加这一区域的排放。

被动房将在农宅中得到推广。北京昌平沙岭村被动房让农民得到切实的获得感。被动房不仅仅给沙岭村民带来了舒适和采暖费用的大幅度降低，同时也起到了脱贫致富、村民回流、保护山林、美丽乡村的作用，一些村民甚至身体疾病得到消除和缓解。

规模化发展的被动房将为GDP增长与碳排放脱钩，将城市驱动力从化石能源转为可再生能源，为人类社会发展实现"碳中和"奠定坚实基础。

被动式建筑策略下新风行业的发展[①]

孙金栋[1] 陈旭[1] 张小玲[2] 马伊硕[2]

1 北京建筑大学环境与能源工程学院；2 北京康居认证中心

摘　要： 被动式建筑已进入发展的快车道，被动式建筑需要高效新风系统的技术支持，其对新风系统有更为严格的节能、洁净、低噪等技术指标要求。新风行业存在着标准体系缺失、技术创新不足、市场无序混乱等问题，制约着新风行业的发展。被动式建筑的发展给新风行业提供了发展机遇，不仅使新风市场容量得以扩张，门槛效应更会促使行业规范有序发展。

关键词： 新风行业；被动式建筑；规范发展；促进作用

1　引言

习近平总书记指出关于"房子是用来住的，不是用来炒的"的总定位后，国家对房地产市场进行积极调控，我国房地产行业由快速发展进入平稳发展的新常态。实施房地产市场的平稳健康发展长效机制，不仅需要政策支撑，还需要技术支持。生态文明建设理念的深入，对建筑行业发展提出了新要求。人民日益增长的对美好生活的需求和时代发展的要求，促使建筑行业进入一个技术大变革时代，绿色建筑、超低能耗建筑、装配式建筑、被动式建筑、健康建筑等概念不断推新，3D打印技术、智能建造技术等新兴技术与建筑技术不断融合，建筑行业正处在一个技术嬗变期。被动式建筑属于低能耗建筑的一种，目前是最为成功的可复制的低能耗建筑。被动式建筑离不开新风系统，被动式建筑的快速发展给新风行业的发展提供了机遇。

2　被动式建筑的发展

被动式建筑是将自然通风、自然采光、太阳能辐射和室内非供暖热源

---

① 本项目得到供热供燃气通风及空调工程北京市重点实验室和北京应对气候变化研究和人才培养基地的共同支持。

得热等各种被动式节能手段与建筑围护结构高效节能技术相结合建造而成的低能耗房屋建筑[1]。"被动式建筑"的概念由两位欧洲科学家阿达姆森（Mr. Bo Adamson）和菲斯特博士（Mr. Wolfgang Feist）在20世纪80年代提出，1991年在德国中部达姆斯塔特（Darmstadt）成功建造了世界上首座被动式建筑[2]。2009年德国能源署在"德中同行—沈阳站"的活动中，大力宣传了"被动房"理念，被动房理念开始进入中国；2009～2011年是一个理念认知期，特别是2010年上海世博会建了汉堡之家，给予大众最为直观的感受，加深了大众对被动房的认知；2011～2016年是技术验证期，在中华人民共和国住房和城乡建设部的主导下，通过中德合作项目在严寒地区、寒冷地区、夏热冬冷地区陆续建设一批被动房样板，对被动式建筑技术完成了有效积累，为被动式建筑地方标准的制定提供了技术支撑；2017年后进入了被动式建筑的快速发展期，一批地方标准陆续编制并发布，国家和地方政策给予大力支持，房地产企业开始持续发力，被动式建筑得以快速发展壮大；根据房地产行业发展趋势，预计2030年左右，被动式建筑将走过快速发展期进入平稳发展阶段。被动房在中国的发展趋势如图1所示。

被动式建筑的目的是不依赖主动式的采暖和制冷来实现室内环境良好的舒适性，被动式建筑的突出特点是节能、舒适、经济。实现被动式建筑的主要技术路线包括：无热桥设计与施工、高效保温系统、高效节能门窗、高效新风系统、严苛的气密性和可再生能源使用等。在严苛的气密性要求下，要维持被动式建筑室内环境参数：室内空气温度20～26℃、相对湿度35%～65%和室内CO_2浓度不大于1000ppm，在技术上如果没有新风系统，这些技术指标是很难实现的。因此，高效的新风系统是保证被动式建筑室内环境舒适性的关键环节。

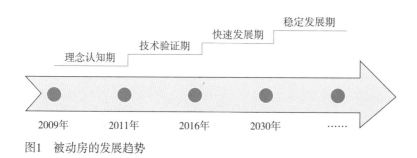

图1　被动房的发展趋势

3 被动式建筑对新风系统的技术要求

被动式建筑不同于普通建筑，对建筑材料和建筑设备有着更高的要求。在住房和城乡建设部科技与产业化发展中心、被动式低能耗建筑产业技术创新战略联盟和北京康居认证中心的主导下，为了保证被动式建筑品质，制定了被动式低能耗建筑产品入门技术要求，实施了被动式低能耗建筑产品评审认定工作，并发布了被动式低能耗建筑产品选用目录，内容涵盖了被动式建筑门窗、建筑材料、新风与空调设备等。

被动式建筑对于新风系统的要求与普通新风系统相比有三个突出特点。

3.1 更高的节能要求

主要体现在三个方面：一是热交换指标更高。被动式建筑新风机组的全热交换效率≥70%、显热交换效率≥75%，远高于《空气—空气能量回收装置》GB/T 21087-2007中全热交换效率＞55%和显热交换效率＞65%指标要求。主要是考虑到被动式建筑应充分回收排风余热，减少室内热负荷需求。二是强调全热交换。被动式建筑新风机组更多要求全热交换，也就是在显热交换的同时也能完成湿交换，有利于维持室内相对湿度的指标要求。三是对通风电力需求进行有效限定。被动式建筑新风机组通风电力需求e_v≤0.45Wh/m^3，这就要求新风机组需匹配更为节能的风机，以保证设备自身具备较低的运行能耗。

3.2 更高的洁净要求

主要体现在两个方面：一是新风系统应设置过滤器，宜具有除雾霾功能。新风机组过滤器的过滤等级要在G4以上，也就是保证对新风的净化要在中效过滤器以上，对于颗粒物≥5μm的过滤效率要＞90%。支持鼓励采用"粗效+H11"等复合过滤方式，对PM2.5和雾霾也有很好的控制。二是热交换芯非纸芯，宜具备自洁净功能。由于纸芯易产生霉斑及滋生细菌，会二次污染新风，被动式建筑对交换芯为纸芯进行了限制。

3.3　更高的低噪要求

主要体现在三个方面：一是对设备噪声进行了限定，设备噪声≤45dB（A）；这就要求新风机组匹配低噪风机，同时加强设备系统优化设计。二是对新风设备间噪声进行了限定，设备间噪声≤35dB（A）；要求设备间采取适当的降噪、隔噪措施。三是对通风系统风速进行了限定，以降低室内风噪；室内主风管风速宜为2～3m/s，支风管风速不大于2m/s，送风口和回风口风速宜为2～3m/s。

4　新风行业存在的突出问题

4.1　标准体系问题

4.1.1　新风设备产品标准缺失

没有明确的、针对性的产品技术标准和产品系列标准，严重制约着新风行业的规范化发展。对于新风机组的评审与检测主要依靠国家标准《空气—空气能量回收装置》GB/T 21087-2007、《通风系统用净化装置》GB/T 34012-2017、《组合式空气处理机组》GB/T 14294-2008等。没有产品标准，就造成了产品质量参差不齐，造成产品标识、产品型号各式各样、五花八门，产品的通识性、可比性、通用性无从谈起。在被动式低能耗建筑产品新风设备评审过程中，就遇到了产品标准风量标识问题，有180m³/h、200m³/h、250m³/h标识，也有183m³/h、215m³/h、263m³/h标识，非常随意，不规范。没有标准，就谈不上规范，这对新风行业的发展极其不利。

4.1.2　新风系统设计标准不足

对于新风系统的设计主要依靠《民用建筑供暖通风与空气调节设计规范》GB 50736-2012等规范中的有关条文。2018年12月18日中华人民共和国住房和城乡建设部发布了行业标准《住宅新风系统技术标准》JGJ/T 440-2018，这是第一部关于新风系统的行业标准。该标准适用于新建住宅和既有住宅新风系统的设计、施工、验收和运行维护，该标准的发布，成为住宅新风系统设计和应用的基本遵循。随着被动式建筑的快速发展，对于公共建筑、工业建筑新风系统的设计标准缺失，亟需制定被动式建筑新风系统设计标准。

4.1.3　施工技术规范缺失

《住宅新风系统技术标准》JGJ/T 440–2018中对新风系统施工做了一些条文规定，对新风系统的施工有一定指导意义，但还未形成体系，尚有欠缺。在此基础上，还需要制定更为详尽细致的施工技术规范和施工图集，以规范新风系统施工。

4.1.4　新风系统应用效果评测方法缺失

《住宅新风系统技术标准》JGJ/T 440–2018中对新风系统的检验、验收做了一些条文规定，还有很大欠缺和不足，还需要制定新风系统检验、验收规程和应用技术规程等。目前，新风系统广泛应用于家庭、中小学校等与人们密切相关的生活环境中，但国内外尚缺少对新风系统产品在实际建筑（新建、既有建筑）应用现场中进行检测和效果评估的方法和标准，使得对新风系统产品的后续跟踪与评价、质量控制无法进行。因此，需要制定新风系统在建筑中应用效果的测评方法。

4.2　技术问题

4.2.1　新风设备技术性能有待提高

新风市场的快速发展并不代表着新风设备技术完全成熟，新风设备技术性能距离人们的期望和市场的要求还有很大距离。当前的新风设备还需要在换热芯新材料研发、设备结构优化、低噪技术、洁净技术、防凝防冻技术、整体封装技术、智能化控制技术等方面有所提高。被动式建筑对新风系统技术性能要求更高，需要新风设备在技术性能方面有新的突破。

4.2.2　施工安装技术亟待规范

施工安装对新风系统运行性能影响很大，施工安装不规范和野蛮施工给新风行业未来发展带来致命伤害。施工安装问题主要表现在：施工组织混乱、通风器安装不规范、风管匹配不合理、风管材质不达标、风管过梁不规范、风管分流不规范、气流组织不合理等。施工安装问题触目惊心，特别是部分企业野蛮施工，对承重梁、承重墙随意开孔破坏，给建筑安全带来极大隐患，不仅要承担加固赔偿责任，还要承担法律责任。

施工安装问题如图2所示，图a施工现场组织混乱；图b存在三个主要问题，分别是新风机组安装不规范、管道连接不正确、新风与排风交叉问题严

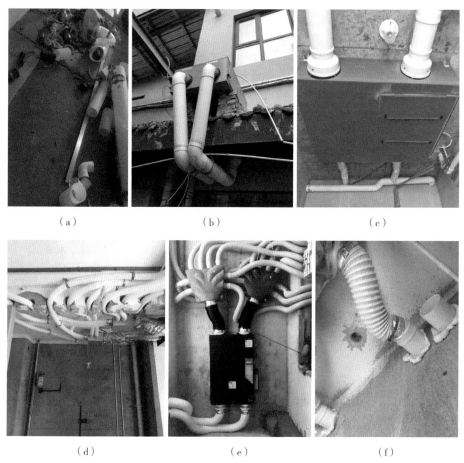

（a）　　　　　　　　　（b）　　　　　　　　　（c）

（d）　　　　　　　　　（e）　　　　　　　　　（f）

图2　新风施工安装问题

重；图c存在四个问题，分别是新风机组吊装时机组顶面与楼板之间间距不足20mm、机组与风管连接应是长度为150～300mm的柔性接头、直接变管径、直接T字连接管；图d存在的最大问题是对梁的破坏和管道集中问题；图e存在的最大问题是风管分流不合理和管道布局不合理；图f存在的最大问题是管道材质不正确、管道连接不合理。

4.3　市场问题

4.3.1　行业鱼龙混杂，品牌不彰

近5年，新风行业快速发展，市场容量逐年扩大，新风行业由原来30多家品牌迅速扩张到近千家品牌，贴牌、盗牌比较普遍，"达·芬奇"现象、

噱头炒作时有发生，正规品牌、正规企业被稀释和弱化，不利于行业的良性发展。

4.3.2 无序竞争严重，市场混乱

开发商只关注自身利益，忽视产品品质，只关注低价中标，导致低端产品、劣质产品横行，加剧了市场的恶性竞争，导致新风市场混乱。一些无良企业为了短期利益，虚标参数、夸大宣传，加剧了新风市场的混乱。

4.3.3 忽视产品质量，品质不保

由于新风设备产品标准缺失，没有明确的产品系列和产品性能指标体系，再叠加以市场无序竞争和市场监管不严，导致更多的企业只关注市场、不关注产品质量，使得"质量赢得市场、诚信铸就品牌"成为空话。

4.3.4 同质化严重，创新不足

国内新风品牌众多，大多是贴牌销售，尽管品牌五花八门，但是设备型式大同小异，性能参数更是雷同者众。"眼前经济"导致生产企业只顾贴牌生产，销售企业只顾贴牌销售，大家都只顾着眼前的经济利益，而不去考虑产品创新和行业发展，这种短视行为对行业的戕害是巨大的。

5 被动式建筑对新风行业的促进作用

被动式建筑是目前唯一可大面积复制、大范围推广的低能耗建筑，符合国家的产业政策，有住房和城乡建设部以及地方政府的支持，更有一批房地产龙头企业的积极参与，被动式建筑的快速发展已势不可挡。被动式建筑的发展给新风行业提供了非常难得的发展机遇，未来的十年是被动式建筑高速发展期，新风行业也将伴随着被动式建筑的发展得到快速发展。

5.1 新风市场因被动式建筑发展而快速扩张

目前，被动式建筑还处于发展初期，2017年到2019年，全国被动式建筑年开工面积由百万平方米跨入千万平方米，在未来的5~10年，非常有可能跨入亿平方米。中国房地产每年以近20亿平方米稳步发展，如果其中有一半是被动式建筑，那么，每年全国因被动式建筑而增加的新风市场产值就在千亿元以上。

5.2 新风行业因被动式建筑发展而更加规范

被动式建筑对新风系统有更为严格的技术要求，对新风设备有入门门槛，特别是《被动式低能耗建筑产品选用目录》的发布，将使优质企业凸显出来，逐渐淘汰不良企业和贴牌企业，使行业发展规范有序。被动式建筑新风系统技术标准的制定和发布，将会对新风系统标准体系是一个有益补充，将规范新风系统在被动式建筑中的技术要求和施工要求。

5.3 新风企业因被动式建筑发展而持续创新

被动式建筑需要有质量、有品质的设备，对技术指标的要求是严苛的，这就要求企业要不断创新、不断提高产品质量，因为市场门槛的限制，将会促使新风企业更关注于产品的研发与创新，关注企业内在的提质增效，使得企业良性发展，行业更有活力。

6 结语

行业的规范与企业的自律是整个新风行业良性发展的基础。行业的规范需要政府、行业、企业共同出力，要建立行业标准体系、市场监管体系；企业的自律需要企业有发展的远见，要有品质的坚守，更要有创新的思维。被动式建筑的发展给新风行业的发展提供了机遇，新风企业只有主动融入被动式建筑的发展中，才可能挺立在行业发展的潮头。

参考文献

[1] 黑龙江省住房和城乡建设厅，黑龙江省市场监督管理局. 被动式低能耗居住建筑设计标准DB23/T 2277-2018［S］. 2019：1-2.
[2] 张小玲. 被动房——房屋发展的必然趋势［J］. 动感（生态城市与绿色建筑），2015，（1）：46-49.

技术产品应用

新风机组在不同气候区域的交换效率分析

刘建鹏[1, 2] 孙金栋[1] 魏晨晨[2] 刘彦佐[1, 2] 李培方[2]
1 北京建筑大学环境与能源工程学院；2 北京建筑材料检验研究院有限公司

摘　要：本文以哈尔滨、北京、上海和广州四个城市为代表的气候区，研究新风系统分别在制冷和制热工况下的温度交换效率和焓交换效率。在相同的制热工况、制冷工况参数下，室外侧温度逐渐升高，交换效率也不断升高，温度交换效率升高较焓交换效率更加明显。新风机组实际安装过程应该因地制宜，选择合适的热交换芯产品，可以节约整体造价，避免资源的浪费。

关键词：新风系统；交换效率；不同气候区

1 引言

　　我国的新风系统虽然起步较晚，但由于近几年人们对室内空气品质的要求不断提高，尤其是2013年"雾霾"这个热门词语出现之后，新风系统发展得如火如荼。然而市场上新风系统的质量良莠不齐，就换热效率这一关键性指标而言，好的产品全热交换效率可达到70%以上，差的产品只有40%左右。然而依据国家标准《空气—空气能量回收装置》GB/T 21087-2007（以下简称《标准》）中的测试工况在中国实际地区使用过程中并不是一成不变的，各地区由于地理位置、气候等因素差异，室外干、湿球温度有所区别，这就导致用户实际使用和在实验室中测试的热交换效率有所不同。笔者通过同一产品在不同工况下的交换效率测试，得出结论，为设计人员和使用者提供参考。

2 实验方法

2.1 实验原理

　　本实验采用风洞式空气焓差法[1]，原理图如图1所示，即在新风系统的新风出口（模拟室内侧）和排风出口（模拟室外侧）分别连接相互独立控制

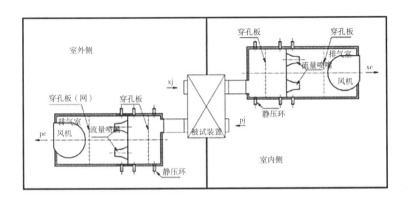

图1 新风系统交换效率测试原理图

的风洞，调节风洞内变频引风机转速可以调节出风静压，从而达到控制风量的目的，在新风量和排风量相等的前提下，根据《标准》要求，新风系统的新风入口和回风入口侧的空气状态即室外侧和室内侧的房间空气状态，达到冬季和夏季的环境温度、湿度要求。依据公式计算交换效率，如表1所示。

新风系统的温度交换效率和焓交换效率分别适用于显热交换系统和全热交换系统，根据《标准》要求，在标准大气压力下，新风系统的排风进风（室内侧）和新风进风（室外侧）达到要求值，交换效率指标如表2所示[2]。

表1 交换效率计算公式

温度交换效率（%）	焓交换效率（%）	湿量交换效率（%）
$\eta_{wd}=\dfrac{t_{xj}-t_{xc}}{t_{xj}-t_{pj}}\times100\%$	$\eta_h=\dfrac{i_{xj}-i_{xc}}{i_{xj}-i_{pj}}\times100\%$	$\eta_{sl}=\dfrac{x_{xj}-x_{xc}}{x_{xj}-x_{pj}}\times100\%$
η_{wd}——温度交换效率，%；	η_h——焓交换效率，%；	η_{sl}——湿量交换效率，%；
t_{xj}——新风进风干球温度，℃；	i_{xj}——新风进风焓值，kJ/kg（干）；	x_{xj}——新风进风含湿量，kJ/kg（干）；
t_{xc}——新风出风干球温度，℃；	i_{xc}——新风出风焓值，kJ/kg（干）；	x_{xc}——新风出风含湿量，kJ/kg（干）；
t_{pj}——排风进风干球温度，℃	i_{pj}——排风进风焓值，kJ/kg（干）	x_{pj}——排风进风含湿量，kJ/kg（干）

表2 交换效率指标值

	排风进风干/湿球温度（℃）	新风进风干/湿球温度（℃）	排风进风焓值（kJ/kg）	新风进风焓值（kJ/kg）	温度交换效率	焓交换效率
制冷工况	27/19.5	35/28	55.4	89.3	>60%	>50%
制热工况	21/13	5/2	36.4	12.9	>65%	>55%

2.2 我国气候分区的典型城市选取

新风系统作为新生事物，其使用范围目前集中在经济发达地区，本文查阅相关规范[3]从北到南选取四个具有代表性的城市作为研究对象的气候区，分别为哈尔滨（代表严寒地区）、北京（代表寒冷地区）、上海（代表夏热冬冷地区）和广州（代表夏热冬暖地区）。

3 实验数据分析比较

3.1 实验结果

选取国内某一品牌的双向流新风系统吊顶机（全热交换器）为研究对象，首先对其进行有效换气率实验，在保证有效换气率>90%之后，分别进行了制冷和制热的交换效率实验。整个实验过程中新风风量和排风风量均控制在500m³/h，室内侧干球温度和湿球温度与《标准》中要求一致，在标准大气压下，室外环境平均温度根据四个不同城市冬季和夏季的室外温度、湿度设定，并且和《标准》中的制冷和制热工况的交换效率进行比较，根据室内外干球温度差和温度交换效率理论计算得出显热换热量，根据室内外焓差值和焓交换效率理论计算得出全热换热量如表3、表4和图2、图3所示。

表3　不同城市制冷工况的交换效率

地区		室外工况				实验数据				
		干球温度（℃）	湿球温度（℃）	空气焓值（kJ/kg）	绝对含湿量（g/kg）	交换效率（%）			换热量（W）	
						温度	焓	湿量	显热	全热
名义工况（制冷）		35	28	89.3	21	58.92	47.38	43.45	785.60	2676.97
哈尔滨	制冷	30.7	23.9	71.4	16	42.64	43.68	43.94	262.95	1164.80
北京	制冷	33.5	26.4	81.9	19	54.39	45.84	42.93	589.23	2024.60
上海	制冷	34.4	27.9	88.8	22	55.59	46.48	43.67	685.61	2587.39
广州	制冷	34.2	27.8	88.4	21	55.63	46.72	43.86	667.56	2569.60

表4　不同城市制热工况的交换效率

地区		室外工况				实验数据				
		干球温度（℃）	湿球温度（℃）	空气焓值（kJ/kg）	绝对含湿量（g/kg）	交换效率（%）			换热量（W）	
						温度	焓	湿量	显热	全热
名义工况（制冷）		5	2	12.9	3.2	73.59	63.01	38.07	1962.40	2467.89
哈尔滨	制冷	−27.1	−27.4	−26.5	0.3	66.84	59.11	39.03	5358.34	6196.70
北京	制冷	−9.9	−11.8	−8.0	0.8	69.66	63.78	48.46	3587.49	4719.72
上海	制冷	−2.2	−3.5	3.7	2.4	70.48	64.15	47.04	2725.23	3496.18
广州	制冷	5.2	3.2	15.1	3.9	73.48	64.72	38.54	1934.97	2297.56

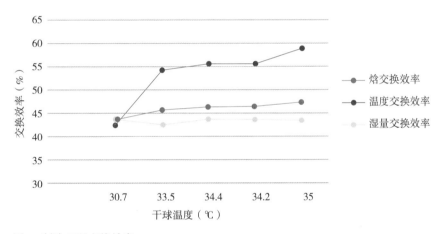

图2　制冷工况交换效率

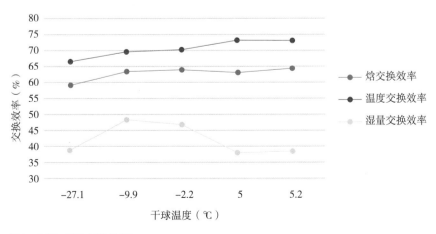

图3　制热工况交换效率

3.2 不同地区的交换效率分析

由表3、图2可知，制冷工况随着室外侧干球温度由30.7℃上升到35℃，焓交换效率由43.68%上升到47.38%，温度交换效率42.64%上升到58.92%，温度交换效率上升趋势更为明显，这主要取决于室内外的温差影响。焓交换效率是一个温度和湿量交换效率综合影响的性能指标，我国不同的气候区室外的含湿量差异较大，它随着干湿球温度的升高，上升趋势并不明显。

由表4、图3可知，制热工况随着室外侧干球温度由-27.1℃上升到5.2℃，焓交换效率由59.11%升高到64.72%，温度交换效率由66.84%上升到73.48%，整体也是上升趋势，温度交换效率较焓交换效率上升更为明显。在冬季不同的气候区含湿量差异较大，并非室外侧含湿量越高含湿量交换效率就越好。

由表3、表4和图2、图3可以得出，以广州为代表的地区，制冷工况和制热工况显热换热量和全热换热量在制冷和制热工况中相差较大，在制冷工况中全热是显热换热量的4倍，但是在制热工况中显热换热量和全热换热量相差不大，广州地区常年室外空气温度高，湿度大，新风系统在选择显热或者全热交换系统时要综合考虑多方面因素，如使用寿命、价格和热交换芯二次污染等方面。

制热工况的交换效率明显高于制冷工况的交换效率，这与新风侧和排风侧分别安装风机有密不可分的关系，风机运行不但影响了气流组织，而且产生的热量提高了制热交换效率。反之，拉低了制冷交换效率。所以，制冷交换效率明显比制热交换效率低很多，这就要求新风系统研发人员不要盲目地过分追求高的制热工况交换效率，同时应该兼顾到机组制冷工况交换效率的性能。

4 结论

（1）室内环境工况依据《标准》要求，制冷工况室外侧干球温度由30.7℃上升到35℃，焓交换效率由43.68%上升到47.38%，温度交换效率由42.64%上升到58.92%；制热工况室外侧干球温度由-27.1℃上升到5.2℃，焓交换效率由59.11%升高到64.72%，温度交换效率由66.84%上升到73.48%，无论是制冷工况还是制热工况，室外侧温度逐渐升高，交换效率也不断升高，温度效率升高较焓交换效率更加明显。

（2）在新风机组实际安装的过程中应该因地制宜，在适合显热交换芯的地区可以不用安装全热交换装置，可以节约整体造价，避免资源的浪费。

（3）因机组风机运行产生的热量在实际测试过程中无法避免，有利于制热交换效率的计算，但制冷工况反之。因此，新风机组制热交换效率测试更容易达到标准要求，制冷交换效率反之。

参考文献

［1］中国建筑科学研究院，中南大学，等. 空气—空气能量回收装置GB/T 21087-2007［S］. 北京：中国标准出版社，2008.

［2］王立峰，曹阳，陈方圆，等. 空气—空气能量回收装置交换效率影响因素的试验研究［J］. 暖通空调，2013，42（12）：141-144.

［3］中国建筑科学研究院. 民用建筑供暖通风与空气调节设计规范GB 50736-2012［S］. 北京：中国建筑工业出版社，2012.

被动房新风机内循环工艺优化分析

尤军

博乐环境系统（苏州）有限公司

摘　要： 本文提出一种适用于被动房住宅新风机的内循环工艺，利用数值模拟研究阀门高度、排风阀和回风阀的开度等对其性能的影响，并通过实验验证。另外，本文还分析了具有内循环工艺的新风机的节能效果。结果表明：实验值和模拟值相对误差为13.75%，数值模拟结果与实验值基本保持一致；新风机内循环回风阀设置在循环箱体底端上方160mm处最合理，此时通过回风阀的风量为82.32m³/h，空气均由排风通道穿过回风阀进入新风通道，气流均匀；回风阀开度的变化对回风量的影响比排风阀开度的设置对回风量的影响更大；随着送风量的增加回风阀回风量呈线性增大趋势；相对于无内循环工艺的新风机，有内循环工艺的新风机可降低54.6%的能耗。

关键词： 住宅新风机；内循环工艺；优化设计；数值模拟

1　引言

随着我国城市化进程的加快和经济的快速发展，室外空气污染状况持续加重，而住宅建筑内部空气状况也不容乐观，现阶段传统的自然通风已不能满足人们对高品质居住环境的要求，越来越多的家庭开始使用空气净化装置或者新风设备，被动式建筑更是必备新风系统，且从使用效果来看，新风系统更适合现代人的需要。现今市场上涌现出大量新型通风净化装置，即新风机，它不仅能够去除室内污染物而且可以向室内送入大量新鲜空气[1]。目前已出现大量有关新风系统的技术和产品，如松下全热交换新风机系统，采用双向换气，把室外新鲜空气送入室内的同时，把室内污浊空气排向室外；又如博乐新风机，该新风机内设置有新风旁通阀，在过渡季节自动打开，新风不经过换热器，直接过滤送入室内，博乐倡导全新风原则，不混合回风，这样做虽然杜绝了建筑内部的交叉污染，但当室内外温差很大时，如在我国东北地区的冬季，室内的高温空气被排出室外，室外的寒冷新风送入室内，增加室内空调（暖气）的热负荷，增加冬季采暖能耗。因此，在极端寒冷天气下，如何在保证室内空气品质的同时，实现能耗最低是本领域技术人员面临的难题。另外，当室内氧气含量充足仅细颗粒物浓度偏高时采用全新风也会增加室内空调负荷[2]。由此可知，简单的全新风送风只关注空气品质要求，忽视了能耗要求。

　　基于此，本文设计一种利用双阀门控制的内循环工艺的新型住宅新风机，并采用数值模拟与实验相结合的方法确定内循环的相关参数，研究不同阀门开度设置方式、新风机的不同处理风量对通过回风阀回风量的影响。从而实现在保证室内空气品质的同时最大限度地减少能量损失，达到节能减排的目的。

2　内循环工艺的数值模拟

2.1　数值计算模型的建立

2.1.1　物理模型

　　图1为新风机内循环结构示意图，主要由轴流风机、褶型过滤器、新风及回风流道、回风阀门、排风阀门等部件组成。图1中左侧为排风通道，排风由轴流风机上端进入流道，由下部异形管道排出；右侧为室外新风通道，底部为室外新鲜空气入口，从上部开口送入室内。模型的高度为407.5mm，左侧排风通道的宽度为167.6mm，右侧新风通道的宽度为189mm。

2.1.2　数学模型

　　本研究主要采用标准k-ε模型求解气体流动，控制方程包括连续性方程、动量方程、k方程、ε方程。

其中连续方程：

$$\frac{\partial \rho}{\partial_t} + \frac{\partial(\rho u)}{\partial x} + \frac{\partial(\rho v)}{\partial y} + \frac{\partial(\rho w)}{\partial z} = 0 \tag{1}$$

动量方程：

$$\frac{\partial}{\partial_t}(\rho u_i) + \frac{\partial}{\partial x_j}(\rho u_i u_j) = -\frac{\partial p}{\partial x_i} + \frac{\partial \tau_{ij}}{\partial x_j} + \rho g_i + F_i \tag{2}$$

能量守恒方程：

$$\frac{\partial}{\partial_t}(\rho h) + \frac{\partial}{\partial x_i}(\rho u_i h) = \frac{\partial}{\partial x_i}(k + k_i)\frac{\partial T}{\partial x_i} + S_h \tag{3}$$

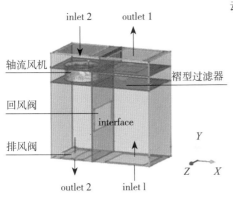

图1　内循环结构示意图

标准k–ε模型需要求解湍流动能k和湍流耗散率ε方程，假设流动为完全湍流，分子黏性的影响可以忽略，标准k–ε模型的湍动能k和耗散率ε方程组分别为：

$$\frac{\partial}{\partial t}(\rho k)+\frac{\partial}{\partial x_j}(\rho k\mu_j)=\frac{\partial}{\partial x_j}\left[\left(\mu+\frac{\mu}{\sigma_k}\right)\frac{\partial_k}{\partial x_j}\right]+G_k+G_b-\rho_\varepsilon-Y_M+S_k \qquad (4)$$

$$\frac{\partial}{\partial t}(\rho\varepsilon)+\frac{\partial}{\partial x_j}(\rho\varepsilon\mu_j)=\frac{\partial}{\partial x_j}+\left[\left(\mu+\frac{\mu}{\sigma_\varepsilon}\right)\frac{\partial_z}{\partial x_j}\right]+G_{lz}\frac{\varepsilon}{k}(G_k+G_{3z}+G_b)-C_{2z}\rho\frac{\varepsilon^2}{k} \quad (5)$$

这些方程可以表示成式（6）所示的通用形式[3]：

$$\frac{\partial(\rho\varphi)}{\partial_t}+div(\rho u\varphi)=div(\Gamma grad\varphi)+S \qquad (6)$$

设定收敛参数，离散方程组的求解方法采用有限体积法中常用的SIMPLE算法，二阶迎风格式。设定显示残差图和出口的质量流量监视图，当出口流量达到稳定时可认为计算已收敛。选择从进口计算，初始化流场。

2.2 模拟工况设计

2.2.1 回风阀位置

为确定回风阀位置，如图2所示，本文对比研究如下5种工况，即H=40mm、H=80mm、H=120mm、H=160mm、H=200mm，新风机处理风量为160m³/h，排风量是新风量的70%，为112m³/h，过滤介质穿透率参数设置为6.5×10⁻⁵。改变回风阀距离底端的高度H，进行数值计算，比较通过回风阀的回风情况来确定最优位置H_0。

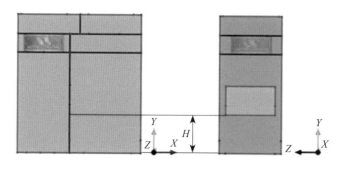

图2　回风阀的位置设计

2.2.2 阀门的设计

本研究设计双阀门结构，阀门尺寸根据机体结构确定，尺寸大小及开度设置如表1所示。

表1 阀门开度设计

排风阀开度	排风阀尺寸（mm）	回风阀开度	回风阀尺寸（mm）
全开	158×90	1/3	160×30
		2/3	160×60
		3/3	160×90
半开	158×45	1/3	160×30
		2/3	160×60
		3/3	160×90

在已确定的回风阀位置H_0的基础上开始研究双阀门的不同开度对回风量的影响，分为如表1所示的6种工况。在送风量为160m³/h，排风量为112m³/h的条件下，对这6种工况的数值计算结果进行分析，分析不同阀门开度设置方式对回风阀回风量的影响。

2.2.3 送风量及排风量的设计

在阀门开度设置为回风量最大的状态，研究不同送排风条件下回风阀回风量的大小。其中排风量设置为送风量的70%。具体设置如表2所示。

表2 送风量及排风量的设置

工况	送风量G_s（m³/h）	排风量G_p（m³/h）
1	70	49
2	100	70
3	130	91
4	160	112

2.3 网格划分

建立几何模型后，进行网格划分，对建立的内循环模型划分非结构化四

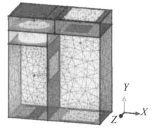 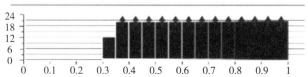

图3　内循环结构网格

边体网格，设置边界条件，定义网格参数，设置内循环模型中网格最大尺寸，经过不断的探索和修改，寻求符合计算精度和计算成本的最优网格，经过网格独立性分析，不同结构模型划分后的网格总量为770000左右时最佳，且网格质量较好，如图3所示。

2.4　数值模拟结果与分析

2.4.1　回风阀位置的确定

图4为对比研究5种设计工况：$H=40mm$、$H=80mm$、$H=120mm$、$H=160mm$、$H=200mm$，通过回风阀的风量G_h随回风阀位置的变化关系，G_h包括由排风通道流向新风通道的风量以及新风穿过回风阀进入排风通道的风量。从该图可以看出，随着回风阀位置的上移，回风量呈增长趋势，风量最大对应的阀门位置在200mm处，此时风量为87.30m³/h；图5（a）、图5（b）分别为$H=160mm$和$H=200mm$时通过回风阀平面空气的流线图，由图5（a）和图5（b）的对比可以看出，当$H=160mm$时，空气均是由排风通道通过回风阀进入新风通道，气流均匀，风量G_h的值即为通过阀门的回风量。而$H=200mm$时，不仅排风通道的空气进入新风通道，而且有部分新风通过回风阀进入排风通道，通过回风阀的气流不均匀。此时，数值计算所得G_h值不完全是回风量，还包括新风进入排风通道的风量。基于上述分析，本文回风阀高度H_0取160mm。

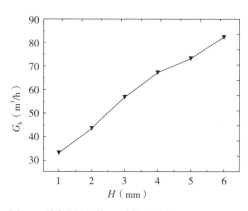

图4　不同回风阀位置时的回风量

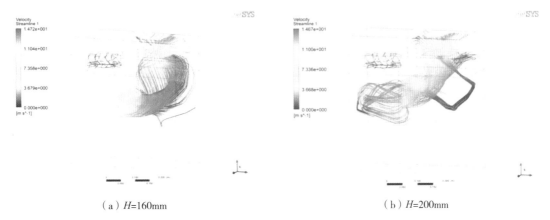

（a）H=160mm   （b）H=200mm

图5　通过回风阀平面空气流线图

2.4.2　不同阀门开度对回风量的影响

本文将阀门开度设置方式进行编号，在回阀门安装高度H_0为160mm，送风量G_s为160m³/h的工况下，计算不同阀门开度时回风量G_h大小，结果如表3所示。

表3　不同阀门设置对应回风量大小

工况	排风阀开度	回风阀开度	回风量G_h（m³/h）
1	2/2	1/3	32.93
2	1/2	1/3	43.26
3	2/2	2/3	56.65
4	1/2	2/3	67.26
5	2/2	3/3	73.29
6	1/2	3/3	82.33

2.4.3　不同送风量对回风量的影响

根据模拟结果，不同送风量、排风量对应回风量的大小如表4所示。

表4　不同风量设置对应回风量大小

工况	送风量G_s（m³/h）	排风量G_p（m³/h）	回风量G_h（m³/h）
1	70	49	36.28
2	100	70	51.63
3	130	91	66.98
4	160	112	82.33

数值模拟结果显示的不同阀门开度设置方式对应回风量的值，以及不同送风量作用下回风量的值可为内循环系统控制方案设计提供依据。

3 新风机内循环工艺的实验测试

3.1 实验内容

实验样机如图6所示。具体实验内容包括：将送风风机和排风风机连接至直流稳压电源；测试送风风机风量、排风风机风量与电源电压的关系；测试不同阀门开度工况下回风阀的回风量，阀门开度的变换通过纸板调节；测试不同送风量作用下回风阀的回风量。

图6 实验样机

3.2 测试方法及测点布置

本实验采用测量平均风速的方法计算风口风量，即在风口合理布置测点，住宅新风机送风口测点的分布如下：共设置15个测点，每排平均布置5个测点。新风机回风阀位置测点在布置时平均分为18个测点，每排平均布置6个测点。当回风阀全开时测量18个测点，开度设置为2/3时，测量前两排即测点1到测点12，设置为1/3开度时，测量前一排即测点1到测点6。系统运行时分别测量每个测点的速度，计算平均风速和通过风口的风量。计算方法如式（7）和式（8）所示：

$$Q_c = A \cdot \overline{V} \tag{7}$$

$$\overline{V} = \frac{v_1 + v_2 + \cdots + v_n}{n} \tag{8}$$

式中：A为所测风口面积（m^2）；$\overline{V}$为风口平均风速（m/s）；v_n为各个测点风速，其中$n=1,2,3,\cdots$（m/s）；Q_c为测得风口风量（m^3/h）。

3.3 实验结果与分析

3.3.1 不同阀门开度对回风量的影响

在送风量为160m³/h、室内排风量为112m³/h的情况下，得出不同阀门开度对应回风量的值，并将实验值与模拟值进行对比，结果如图7所示。

从图7可以看出，模拟值与测试值变化的基本趋势相同，在6种阀门开度设置状态下回风量都有所增加，根据实际测试结果，工况1和2、3、4回风量基本相同，可以看出排风阀开度的变化对回风量的影响较小，对比工况1和3以及工况3和5，可以看出回风阀开度变化对回风量的影响更明显。因此，可考虑内循环系统只采用一个回风阀控制，排风阀部分不设置电动阀门，保持通道截面全开状态，这样的单阀门控制不仅满足设计需要，还能够简化新风机系统组成，降低制作成本。

3.3.2 不同送风量对回风量的影响

测试不同送风量时回风量的大小，其中排风量为送风量的70%，排风阀半开，回风阀全开，并比较模拟值和测试值，结果如图8所示。

从图8可以看出，模拟值与测试值变化基本趋势一致，随着送风量的增加回风量也增加；实验测试回风量的大小与模拟值的相对误差为13.75%；回风量最大可达65m³/h，若在新风机制造过程中完善制作工艺，采取良好的密封措施，使各流道之间相互独立，减少空气的相互渗透，那么回风量与目前测试结果相比还会有所增加。

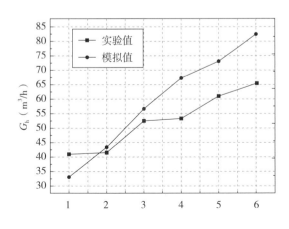

图7 不同阀门开度设置对回风量的影响

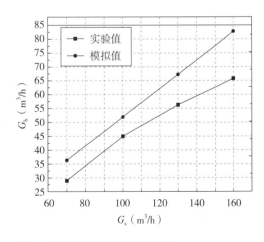

图8 不同送风量对回风的影响

3.4 误差分析

造成上述模拟值与实验值存在误差的原因可能有以下几个方面：

（1）由计算模型设置本身引起的误差

风机实际转速与模拟设置的风机转速可能存在一定差别；另外，内循环模型只是住宅新风机之间一部分，在数值模拟时直接定义内循环新风流道出口的流量为送风量，而实验中是调节住宅新风机送风口风量，送风口与模拟定义的出口之间还有较长的流道，并且中间穿过全热换热器，由于流动阻力增加，造成内循环新风流道出口的实际风量比模拟定义值小。

（2）由样机制作工艺引起的偏差

由于本住宅新风机样机制作条件简陋，制作工艺粗糙，各个部件之间采用机械连接，前盖板与机体之间采用简单的螺钉固定，且整机无密封处理，盖板与机体内部组件之间仍然存在较大孔隙，使得实验测试的回风量普遍小于模拟值。因此，在新风机的生产过程中需提升工艺制造水平，做好机体内部各区域的密封，避免由机体制造方法的不足造成的回风量的减少。

（3）由实验过程引起的误差

在风速测量过程中，由于风机旋转作用，空气湍流强度大，测点速度波动较大，测量所得结果可能与实际风量有偏差[4, 5]。

4 内循环工艺的节能分析

图9为住宅新风机内循环系统开启状态下冬季空气处理过程的h-d图。W为室外状态点，W'为经过全热换热器与室内排风换热后状态点，W'到O为新风机再热装置对新风加热的过程，从W到W'到O为冬季全新风状态下新风机空气处理过程；N为室内状态点，N'为经过全热换热器后状态点，当回风阀开启时，室外新风与通过回风阀的室内排风混合至L，再经全热换热器到L'，L'到O'为新风机再热装置对新风加热的过程，O和O'分别为内循环关闭和开启状态下的送风状态点。假设新风机送风G_s（kg/s）相等，若不开启内循环系统，全新风送入室内，新风机承担的热负荷Q_0可由式（9）计算；当内循环开启时，新风机承担热负荷Q_1如式（10）所示。

$$Q_0 = G_s(h_o - h_w) \quad (\text{kW}) \tag{9}$$

$$Q_1 = G_s(h_{o'} - h_L) \quad (\text{kW}) \tag{10}$$

式中：h_o、$h_{o'}$、h_w、h_L分别为O点、O'点、W点、W'点的焓值，Q_0与Q_1的差值即为冬季有内循环系统新风机节约的能量。显然，当L点越靠近N'，$h_{o'}$与h_L的差越小，Q_0与Q_1的差值越大。

以某北方城市为例，假设室外温度为-20℃，室外空气相对湿度为53%，供暖室内温度为20℃，室内空气相对湿度为42%。针对某一典型住宅建筑，若室内安装本文提出的有内循环工艺的新风机，并开启内循环模式，新风机送风量为160m³/h，根据上文研究结果，会有65m³/h的回风与95m³/h新风混合，查h-d图，按式（2）计算此时新风机承担热负荷为1.04kW，如果新风机无内循环送风，按式（3）新风机承担的热负荷为2.29kW，在上述状态下，相对于无内循环的新风机，有内循环工艺的新风机可降低54.6%的能耗，可以看出有内循环工艺的新风机可以节约更多的能量[6, 7]。

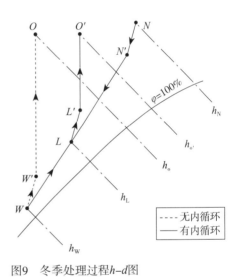

图9　冬季处理过程h-d图

5　结论

（1）由模拟结果可得，回风阀安装高度H为160mm，空气均是由排风通道通过回风阀进入新风通道，气流均匀，此时回风量为82.33m³/h。

（2）阀门按如下顺序设置，回风量逐渐增加：排风阀全开，回风阀开1/3；排风阀半开，回风阀开2/3；排风阀全开，回风阀全开；排风阀半开，回风阀开1/3；排风阀全开，回风阀开2/3；排风阀半开，回风阀全开。且排风阀开度的变化对回风量的影响是非常小的，回风阀开度变化对回风量的影响更明显。

（3）得出不同阀门开度设置、不同风量下穿过回风阀回风量的实验测试值与模拟值，其变化趋势基本相同，但实验值普遍小于模拟值，其误差主要与计算模型设置、样机制作工艺以及实验操作过程有关，应改善设备制造工艺，加强系统密封性。

（4）在室内外温差较大的情况下，有内循环的住宅新风机比没有内循环的更节能。

参考文献

［1］张文霞，谢静超，刘加平. 国内外居住建筑最小通风量和换气次数的研究［J］. 暖通空调，2016，46（10）：86–91.

［2］黄凯良. 北方住宅冬季通风与高效储能新风系统研究［D］. 重庆：重庆大学，2015.

［3］王福军. 计算流体动力学分析——CFD软件原理与应用［M］. 北京：清华大学出版社，2004.

［4］余晓平，刘丽莹，李文杰. 室内外空气 CO_2 浓度对最小新风量标准的影响分析［J］. 暖通空调，2015，45（5）：21–26.

［5］Rasouli M, Ge G, Simonson C J, et al. Uncertainties in energy and economic performance of HVAC systems and en-ergy recovery ventilators due to uncertainties in building and HVAC parameters [J]. Applied Thermal Engineering, 2013, 50（1）：732–742.

［6］Chen A X, Chen Z, Ran C Y, et al. Application analysis of the recovery fresh air heat pump units in energy saving reform of air conditioning in the severe cold regions [J]. Advanced Materials Research, 2015, 1092–1093 (11): 12–16.

［7］王立峰，曹阳. 公共建筑中新风能量回收系统节能量计算和控制方法研究［J］. 暖通空调，2016，46（4）：66–72.

被动式低能耗建筑外窗外挂式
安装热桥数值模拟研究

陈秉学 [1] 郝生鑫 [1] 曹恒瑞 [1] 陈旭 [2]

1 北京康居认证中心；2 北京建筑大学环境与能源工程学院

摘　要： 窗户的安装方式在一定程度上影响围护结构热工性能，对窗户安装方式的研究对
被动式低能耗建筑节能有重要意义。本文主要研究了被动式低能耗建筑中几种不
同窗户安装方式和保温层厚度对围护结构整体性能的影响。通过有限元模拟软件
THERM分别模拟窗户的下口、侧口（上口），得到窗口处的温度场和热流量，利
用热桥计算方法得到安装热桥系数，对多种安装方式进行定量比较分析，得出各
种安装方案的优劣，为被动式低能耗建筑中窗的外挂式安装提供参考。

关键词： 被动式低能耗建筑；数值模拟；线热桥系数；安装热桥；温度场

1　引言

数据统计，建筑能耗从2000年开始就占据社会总能耗的20%以上，近些
年建筑能耗已攀升至总能耗的40%，而通过门窗流失的能耗约占建筑能耗的
50%。可以看到，建筑外门窗性能对建筑节能起关键作用。在《被动式低能耗
居住建筑节能设计标准》中，寒冷地区外门窗传热系数被限定在1.0W/（m^2·K）
以下[1]，因此高质量的窗户和窗户安装时的无热桥设计是实现被动式低能耗
建筑的必要条件。

我国被动式低能耗建筑研究还处于发展阶段，在设计中存在过度重视窗
户材料热工参数，忽视窗户安装节点细部研究的问题。

本文以被动式低能耗建筑中窗户的外挂式安装为例，利用THERM二维数
值模拟软件进行辅助计算，研究了外墙外保温围护结构体系下被动式低能耗
建筑窗户外挂式安装在多种保温厚度及多种不同安装方式的条件下引起的安
装热桥，在此基础上进行对比分析。希望为被动式低能耗建筑工作中合理的
窗户安装节点选择提供依据。

2 热桥

2.1 热桥定义

建筑围护结构热工计算中，由于厚度方向的温度势远大于高度和宽度方向，因此通过围护结构的传热常按一维传热计算。但不可避免某些节点存在二维、三维传热，形成热桥。热桥定义为围护结构中热流强度显著增大的部位。欧盟标准EN ISO 10211-1中关于建筑热桥定义如下：建筑围护结构热桥是由不同导热性能的材料贯穿或者结构厚度变化或者内外面积的不同（如墙、天花板和地板连接处）而引起的。热桥可以分为线热桥和点热桥，线热桥为沿一个方向具有相同截面的热桥，点热桥为可用一个点热桥系数表示的局部热桥。

热桥对建筑有两个影响。其一是增加了建筑能耗，热桥的存在，增加了单元墙体的平均传热系数，导致热流增大，能耗增加。其二是冬季热桥处内表面温度较主断面低，处理不好可能导致墙体内侧结露甚至发霉，影响室内卫生状况。

2.2 线热桥系数

热桥部分本身可看作二维甚至三维传热，而围护结构传热的计算通常按一维传热考虑，因此热桥系数用来衡量二维、三维传热部位比按一维传热计算后多出来的那部分传热量，即附加传热量。建筑中大部分热桥是线热桥，窗上下口和侧口处亦是如此。线热桥系数按下式计算：

$$\Psi = L_{2D} - \sum_{j=1}^{N_j} U_j \cdot l_j \qquad (1)$$

式中：

Ψ —— 线热桥系数，又称线传热系数，W/（m·K）；

L_{2D} —— 热耦合系数，通过热桥部位的二维传热计算得到，W/（cm·K）；

U_j —— 一维传热部分j的传热系数，W/（m²·K）；

l_j —— 一维传热部分j的长度，m。

热耦合系数L_{2D}由下式计算：

$$\Phi_l = L_{2D} \cdot (t_{int} - t_e)$$

式中：

$\varPhi_l$ —— 单位热桥长度的热流量，二维
数值模拟中的总热流，W/m；

$t_{\mathrm{int}} - t_e$ —— 室内外温差，K。

3 窗户安装节点

3.1 不同保温厚度下常见安装节点

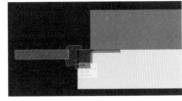

由于被动式低能耗建筑中对墙体保温
的要求很严格，因此保温的厚度通常都在
200mm以上，本小节利用被动式低能耗建筑
中常见窗户下口、侧口安装方案，通过改变
保温层厚度分别为150mm、200mm、230mm、

图1　窗口常见节点安装方案示意图

250mm，模拟计算不同保温厚度下的线热桥系数值。窗口安装方案示意图
如图1所示。

窗户下口方案中延伸型材下面布置厚度为型材2/3厚高150mm的隔热垫块，
隔热垫块用螺栓与主墙体相连；侧口方案中外侧保温覆盖至窗框仅露出15mm，
角钢与基层墙体之间为5mm厚橡胶垫片。

3.2 窗下口安装方案

窗下口设置六个方案，方案之间进行对比。方案的节点示意图如图2所示。

基础方案中窗框与主墙体之间用角钢连接，洞口与窗框底部平齐，角
钢与墙体之间为5mm橡胶垫片；方案1至方案5都采用了在窗框下连接相同
尺寸延伸型材的安装方式。方案1中延伸型材与主墙体之间用角钢连接，延
伸型材底部与洞口平齐，角钢与墙体之间垫5mm橡胶垫片；方案2中延伸型
材与墙体之间用角钢连接，延伸型材底部低于洞口15mm，角钢与墙体之间
垫5mm橡胶垫片；方案3中延伸型材与角钢之间垫15mm高强度聚氨酯隔热垫
片，角钢与墙体之间垫5mm隔热垫片；方案4中延伸型材与角钢之间垫30mm
高强度聚氨酯隔热垫片，角钢与墙体之间垫5mm隔热垫片；方案5中窗框下

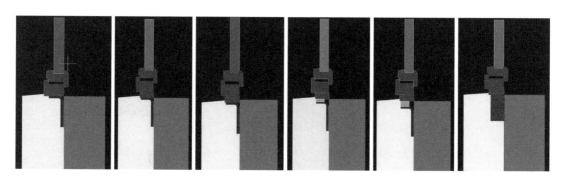

图2　窗下口节点安装方案

面布置厚度为型材2/3厚、高150mm的隔热垫块，隔热垫块用螺栓与主墙体相连。

3.3　窗侧口（上口）安装方案

窗侧口和上口节点构造完全相同，故本文只讨论窗侧口安装方案。窗侧口设置4个方案，方案之间进行对比。窗框与墙体之间用角钢连接，如图3所示。

方案1中外侧保温覆盖窗框30mm，角钢与基层墙体之间为5mm厚橡胶垫片；方案2中外侧保温覆盖至窗框，仅露出15mm，角钢与基层墙体之间为5mm厚橡胶垫片；方案3中外侧保温覆盖至窗框，仅露出15mm，角钢与基层墙体之间垫10mm厚高强度聚氨酯隔热垫片；方案4中外侧保温覆盖至窗框，仅露出15mm，角钢与基层墙体之间垫10mm厚高强度聚氨酯隔热垫片，角钢与窗框之间垫10mm厚高强度聚氨酯隔热垫片。

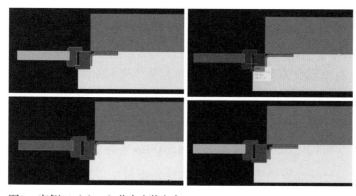

图3　窗侧口（上口）节点安装方案

4 模拟计算

本文采用THERM软件来对窗户的安装方案进行数值模拟。

本文物理模型分别选取窗框及主墙体的一部分建立模型。为了避免玻璃边缘热桥对安装热桥的附加，本研究中将玻璃用一块导热系数为0.035的板材代替。

本模拟涉及热传导、对流换热、辐射换热。而在THERM中，导热系数考虑对流换热和辐射换热后，得到一个等效的导热系数λ_{eff}，利用等效导热系数进行计算。因此模拟中能量偏微分方程为一个导热方程，如下：

$$\frac{\partial^2 t}{\partial x^2} + \frac{\partial^2 t}{\partial y^2} = 0 \tag{2}$$

室内侧和室外侧边界条件为第三类边界条件，其数学表达式为：

$$-\lambda \frac{\partial t}{\partial n}|_{\text{w}} = h(t_{\text{w}} - t_{\text{f}}) \tag{3}$$

其他边界条件为绝热边界条件。

物理条件和几何条件如下：窗选用常用的被动式塑钢窗；保温层材料为岩棉条，基层墙体为钢筋混凝土墙，岩棉默认厚度取200mm；角钢材料为Q235钢；模型中其他材料的导热系数以《实用供热空调设计手册》为参照，材料厚度和尺寸取工程中的厚度和尺寸。室内外环境参数如下：室外计算温度为–10℃，墙体外表面对流换热系数为23W/（m²·K）；室内计算温度为20℃，墙体内表面对流换热系数为7.6W/（m²·K）。其他物理条件和几何条件见表1[2]。

表1　窗户安装节点材料及其参数

材料	厚度（mm）	导热系数［W/(m²·K)］	发射率（无因次）
钢筋混凝土	200	1.74	0.9
岩棉条	200	0.045	0.9
PVC	—	0.17	0.9
Q235钢	—	50	0.8
EPDM	—	0.25	0.9
假想板材	—	0.035	0.9
铝合金	—	160	0.9

5 安装热桥对比分析

5.1 保温厚度变化对热桥的影响分析

模拟计算结果见表2。

表2 不同保温厚度的热桥系数

方案	保温层厚度 （mm）	安装线热桥系数 ［W/(m·K)］
窗下口方案	150	0.029
	200	0.030
	230	0.033
	250	0.034
窗侧口 （上口）方案	150	0.100
	200	0.103
	230	0.104
	250	0.106

由表中可以看出，随着保温层厚度的增加，安装线热桥系数增大，即由热桥而产生的附加传热量增大。

从表2数据可以看出，在安装方式保持不变、室内外温差相同的条件下，随着墙体保温层厚度的增加，外窗的安装线热桥系数不断升高。换句话说，主墙体平均传热系数越低，热桥附加传热量占比越高。本小节研究表明，在主墙体平均传热系数或墙体性能不同的情况下，外窗安装热桥值本身也会发生变化，附加传热量是不同的。主墙体保温性能越好，同样的节点构造热桥值越大，附加传热量增多。反之亦然。

因此，在对围护结构保温性能要求严苛的被动式低能耗建筑中，断热桥的节点细部设计更为重要，热桥引起的附加传热量的影响更加不容忽视，在能耗计算当中亟待更精细的考虑。

5.2 窗下口结果分析

窗下口模拟计算结果见图 4 和表 3：

表3 窗下口线热桥系数

窗下口方案	安装线热桥系数 [W/(m · K)]
基础方案	0.130
方案1	0.096
方案2	0.092
方案3	0.068
方案4	0.056
方案5	0.030

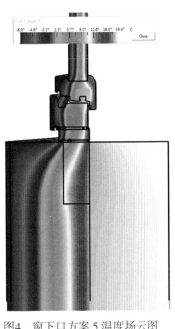

图4 窗下口方案 5 温度场云图

从表3中看出，基础方案的安装热桥系数最高，方案1至方案5的安装热桥系数依次减小。实际上，被动式低能耗建筑外窗外侧均应设置窗台板，为了固定窗台板，塑钢窗框下方的延伸型材是很有必要的。如果不设置延伸型材，窗台板只能安装在窗框下方的隔热垫块上，从而增加外保温系统的施工难度。因此，无论是从降低安装热桥的角度，还是从提升外窗的系统性、便于外窗系统与外保温系统的交叉作业施工的角度，基础方案都不能被视作为一种优化方案。这也从一个侧面证明了，我国的门窗研发和生产单位，不仅应考虑外窗本身性能的提升，更应统筹考虑产品的系统性。

方案1与基础方案相比，差异仅在于延伸型材，但热桥系数却减小26%，可见具有良好设计延伸型材的安装可以有效降低热桥值。方案2与方案1相比，安装线热桥系数减小0.004，表明将窗框延伸型材嵌入洞口以下15mm的这种方式对降低热桥影响仍有一定作用，但影响较小。

与方案1和2相比，方案3和方案4总体上安装热桥有所下降，说明在窗框下口与角钢之间设置隔热垫片具有积极作用。一方面，角钢能够更好地被包覆在保温层中；另一方面，能够加大角钢最外端尖角与室外金属窗台板的距离，确保不会出现由于施工误差而造成的金属连通、墙体温度过低的现象。在方案3和方案4中，延伸型材与角钢之间分别垫15mm和30mm厚隔热垫片后，安装热桥系数相比方案1分别减小29%、42%，断热桥效果显著。但降低热桥效应的程度与隔热垫片的厚度并非线性相关，随着隔热垫片厚度的增加，热桥值降低的趋势减小。因此，隔热垫片的厚度选择可综合考虑经济性和实际效果。

方案5热桥值最小，是被动式低能耗建筑中较好的一种窗户安装方式，将角钢用隔热垫块取代后，热桥系数相比方案1降低超过65%。

5.3 窗侧口（上口）结果分析

窗侧口和窗上口用保温层材料覆盖窗框来减小热量损失。模拟计算结果见图5和表4。

从图5温度云图可以看出，二维传热的热流已不再是单向传递，而是沿着温度降最快的方向，即等温线法线方向。窗框附近的热流整体上不是垂直向外侧流动，而是向左偏下的方向流动。

从表4中可以看出，侧口（上口）处方案1，当保温层仅覆盖窗框3cm时，由角钢引起的热桥系数仍处于较高水平。而当保温覆盖至窗框露出15mm时，方案2热桥系数相比方案1减小21%。

方案3比方案2热桥系数降低10%，方案4比方案3热桥系数降低20%。因此，我们可以推断出这样的结论，同样是10mm的高强度聚氨酯隔热垫片，放在窗框和角钢之间比放在角钢与基层墙体之间断热桥效果更好。该结论有待进一步研究。

表4 窗侧（上）口线热桥系数

窗侧口方案	安装线热桥系数
方案1	0.123
方案2	0.103
方案3	0.093
方案4	0.074

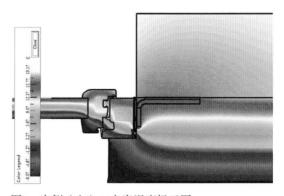

图5 窗侧（上）口方案温度场云图

6 结论与展望

由本研究能够看出，窗户的不同安装方式会导致热桥系数的不同，进而造成围护结构传热量的不同。因此，尤其对节能建筑而言，安装节点处热桥的研究极为重要。本研究仅从热桥对传热的影响出发对窗户的一些常见安装做法进行模拟计算，定量地比较不同窗户节点处热桥值的大小，得出结论。而在实际设计节点时，还应配合考虑经济性和节点安装的难易程度，从多个角度来衡量一个节点的优劣。

鉴于此，本研究结论如下：

（1）外挂式安装相同安装节点随着保温层厚度增加，热桥系数值有所增大，即热桥附加传热量更多。因此相比于普通建筑，在被动式低能耗建筑中若对窗户节点不加以谨慎处理，热桥危害更大。（2）外挂式安装窗户下口节点处，设计良好的延伸型材能有效减小热桥引起的附加传热；以隔热垫块固定窗户的方式优于文中其他方案；在角钢与窗框之间增加聚氨酯隔热垫片，可以有效减小热桥值，但随着厚度增加，减小热桥值的程度降低；在不改变窗台板和窗框相对位置的情况下，将窗框部分地嵌入保温层对热桥值影响很小。（3）外挂式窗户上口和侧口节点，在窗框外侧覆盖保温的方法，能使热桥系数明显降低；在窗框型材和角钢之间或角钢与基层墙体之间垫10mm高强度聚氨酯隔热垫片可有效降低热桥对建筑的影响，其中窗框型材和角钢之间隔热垫片的作用可能大于角钢与基层墙体之间隔热垫片的作用，有待进一步研究。

国际标准ISO-10211中已有关于热桥数值模拟的一系列理论和方法，而我国在这一方面稍有欠缺。在热桥理论研究的基础上，本研究认为可在有条件的情况下更多地进行细部节点的热桥模拟实践后，最终确立一套符合我国国情的热桥和结露标准化工程数值计算方法。

参考文献

[1] 河北省住房和城乡建设厅. 被动式低能耗居住建筑节能设计标准 DB13（J）/T 177-2015 [S]. 北京：中国建筑工业出版社，2015.

[2] 陆耀庆. 实用供热空调设计手册 [M]. 北京：中国建筑工业出版社，1993.

新型低能耗环保建筑材料软木性能与应用的研究

利诺·罗查[1] 卡洛斯·曼纽尔[1] 徐升[2]

1 Amorim Cork Insulation； 2 得高健康家居有限公司

摘 要： 随着人们对绿色环保的追求和健康生活的向往，软木这种低碳环保的新型材料逐渐走入大众视野。本文主要围绕软木的材料、性能以及软木在家装建筑领域的应用等方面展开论述，对其材料性能进行解析。天然环保的软木，以自身优越的性能和表现，在世界各地得到大力推广和应用。

关键词： 环保材料；软木性能；保温隔热：吸声降噪；建筑家装

1 引言

软木，又叫栓皮或木栓，是软木橡树的外皮产物。具有优良的物理化学性能，富有弹性、防滑耐磨、保温隔热、消声减震、安全无毒，是一种可再生的绿色环保材料。近几年，软木的应用范围越来越广，从一开始的葡萄酒瓶塞到现在的家具、灯具、箱包等各类日用品都开始出现软木的应用。而软木作为可再生可循环利用的绿色材料，相比其他木质材料更加柔软，使用起来更加舒适。与传统使用的家具制造的材料比较，软木是一种既时尚又环保的新兴替代品。[1]

软木地板/墙板、隔离软木等作为一种新型环保的家装建筑材料，100%纯天然，可回收利用，具有保温、静音、抗震、耐用等优越的性能，是目前世界上极具可持续性、技术性能优越的家装建筑材料。尤其是隔离软木，可用在建筑外墙、内墙、空心墙及家庭装修等，是生态建筑和室内家装的理想解决方案。

2 软木材料介绍

2.1 什么是软木

软木是纯天然环保产品。软木结构和蜂巢的结构很相似：每立方厘米由4000万个细胞组成，在细胞之间充满了类似空气的气体，具有降噪、隔热、减压和减震的作用（图1）。加之它可以降低噪声、触感温暖，以及行走舒适的特性，使其成为理想的家装建筑材料（图2）。

2.2 软木的自然特性和物理性能

（1）软木的自然特性

野生软木橡树在地中海周边地区较为常见，其中尤以葡萄牙盛产此资源。软木橡树是世界上唯一可以无损剥皮的树种，其收割有利于促进林木健康成长，还能从大气中吸收大量CO_2[2]（图3）。

（2）软木的物理性能

软木的物理性能：①质轻，可以浮在水上；②可压缩，具有弹性；③热传导性很差；④极好的绝缘性（热量、声音和电）；⑤耐磨；⑥防火（不易燃烧/燃烧缓慢）；⑦无毒害；⑧不吸尘（对哮喘病人是个保护，并且不会引起过敏症状）。

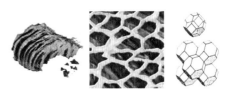

树皮　　细胞结构　多面体细胞图形

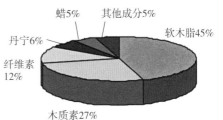

蜡5%　　其他成分5%

丹宁6%　　软木脂45%

纤维素12%

木质素27%

图1　软木成分

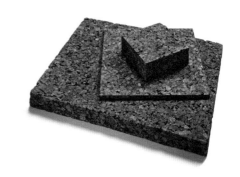

图2　成形的隔离软木

图3　工人采剥软木橡树皮

3 隔离软木介绍

隔离软木是只用软木作为原材料，利用软木自身产生的树脂（软木脂）聚合，无任何添加剂，100%纯天然生产。其生产过程中产生的废物100%可重复利用（膨胀软木颗粒和粉尘）。隔离软木是目前世界上极具可持续性的环保材料，具有保温、静音、抗震、耐用等优越性能，是生态建筑的理想解决方案。

膨胀凝聚后的隔离软木，良好的稳定性赋予软木其他物质无法比拟的众多用途。它被用作隔热、隔声或者防震材料，可用于所有材料表面，与涂层材料结合，在各种建筑中扮演着重要的角色，提供一系列有效的解决方案。

3.1 隔离软木的优越性能概括

环保健康——100%纯天然产品，350℃高温蒸汽下，软木自身释放软木脂聚合而成，无任何化学添加剂。

保温隔热——热导率低，是很好的保温材料，低碳节能，适用于建筑物内墙保温和地暖保温层。

隔声降噪——具有良好的隔声、吸声性能，是家庭影音室、钢琴房隔声降噪的理想选择。

稳定耐久——结构非常稳定，在-180~120℃温度下，性能指标稳定不变，可使用50年以上。

应用广泛——内墙保温、隔声降噪、室内隔墙、吸声吊顶、内墙装饰、地暖保温层、地下室（不吸潮）、机械设备减震等，具体数据见表1、表2。

表1 隔离软木的优越性能

隔离软木标准ICB Standard	单位	值
密度	kg/m³	110~120
尺寸	mm	1000×500，1200×600 或915×610
厚度	mm	10~300/40~300/12.5~300

续表

基本特征（EN1370）	性能	结果
防火性	防火	欧标E级
耐热性	热导率	$0.040W/（m \cdot K）$
透水性	吸水性	WS
透水汽性	水蒸气穿透率	MU20
抗压强度	10%变形度下抗压强度	CS（10）100
高温、天气因素、老化/退化下防火性能持久度	耐久性	达标
高温、天气因素、老化/退化情况下耐热性能持久度	热阻和热导率	达标
	耐久性	达标
抗拉强度/弯曲度	垂直于表面方向的抗拉强度	TR50
老化/退化下抗压强度的持久度	压缩下的流畅度	CC（0.8/0.4/10）5
比热	$J/（kg \cdot ℃）$	1560
全球变暖潜能值	$kg\ CO_2/m^3$	-1.98×10^2
主要可再生能源的总使用量（TRR）	$MJ,P.C.I./m^3$	6.79×10^3

表2 隔离软木的优越性能

ICB MDFACADE	单位	值
密度	kg/m^3	140～160
尺寸	mm	1000×500
厚度	mm	10～220
基本特征	**性能**	**结果**
防火性能	防火等级	欧标E级
耐热性能	热导率	$0.043W/（m \cdot K）$
抗压强度	10%变形度下抗压强度	220kPa
透水性	吸水性	$0.17kg/m^2$

3.2 "自然的"工业生产程序

（1）原材料的提取

沿着软木橡树的切割痕迹，通过人工和机械相结合的方法采剥树皮作为原材料。之后，把从树上采剥下来的软木暴露在自然环境中。阳光、风霜、雨水联合起来犹如催化剂，促进了原始采剥软木的自然变化，使其在进入生产环节之前提高产品品质。

值得强调的是，在此过程中没有添加任何其他成分。此外，这个过程也以极低能耗而著称（100%纯天然、无任何添加剂的可再生原材料）。

（2）原材料的转化

暴露于自然界之后，按照不同设计将软木碾成各种尺寸的颗粒。然后按照尺寸或特定用途比例严格筛选。放入高压灭菌器，经过极热蒸汽和极高压力的作用，引起软木颗粒发生膨胀。在此过程中，软木释放天然的树脂，产生"免费"粘合胶凝聚软木颗粒，永久粘合，加工过程无需添加化学胶粘剂，天然环保。

（3）软木块处理

进入高压灭菌器中成形之后，取出，之后用大约100℃的循环水冷却。

（4）最后程序

无需经过任何准备，就进入倒数第二步，按尺寸将软木板切割成不同的宽度、长度和厚度。

经机械化包装和贴标签后，一个生产周期便完成了。随时可以运输，可以陆运，但通常为海运。

（5）后期处理阶段

所有破碎的木块和薄木片都要进入循环加工阶段以备其他用途。任何剩余的粉尘和碎片都为上述加热过程提供了主要能源。软木这种极低能耗的特性是其他绝缘材料所无法比拟的。

3.3 隔离软木的产品性能——环保健康

100%纯天然产品：

内含能量低，具有天然的持久性，软木橡树森林是天然的CO_2吸收器。

自然、环保的绝缘材料；不与化学物品发生反应；可循环利用。

100%纯天然生产过程：

只使用软木作为原材料。无添加剂，利用软木自身产生的树脂（软木脂）聚合。

93%的能源消耗来自生物质能燃料（其生产过程中产生的废物）。生产过程中产生的废物可100%重复利用（膨胀软木颗粒和粉尘）。

3.4　隔离软木的产品用途——吸声隔声、结构稳定

膨胀隔离软木颗粒作为隔热、隔声材料，具有广泛的工业用途，而且成本低。膨胀隔离软木与砂土、水泥混合，是生产轻质混凝土的极佳材料，同时可用于填补人行道。隔离软木还由于其良好的吸声隔声性能，广泛适用于影音室、音乐厅、剧院等场所。

膨胀隔离软木隔热、隔声以及减震性能好，尤其适用于内外面和空心墙，水泥平板、平屋顶和斜屋顶，以及辐射采暖地面（图4）。

膨胀隔离软木的特殊系列，外墙覆盖性能佳。内墙和顶棚都可用，直接裸露在外面即可（图5）。

膨胀软木颗粒，适用轻量填充，隔声，可用于地板铺设和空心墙内（图6）。

膨胀隔离软木在建筑工业中扮演着重要的角色，这些领域的舒适度取决于温度、湿度、空气质量、声音条件、振动等因素。膨胀隔离软木可用于所有材料表面，与涂层材料结合，具有一系列有效的解决方案。隔离软木结构稳定，为闭孔结构，作内墙，不吸潮，不生霉；作外墙，免维护，可使用50年。

图4　软木用于屋顶　　　　　　　图5　软木用于外墙隔热

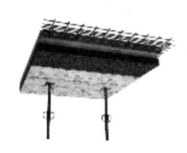

图6 膨胀软木颗粒用于地板或空心墙

工业用途：

（1）保温隔热——屋顶或阁楼；

（2）保温隔热——墙体（通风处）；

（3）保温隔热——平屋顶；

（4）保温隔热——地下通道；

（5）保温隔热和隔声——外墙；

（6）防止振动噪声；

（7）隔热+绝缘——门。

3.5 隔离软木性能试验——保温隔热、稳定耐久

（1）45年后性能依旧如初

用于冷藏库的绝缘软木建于1964年。2009年由于房地产原因而被拆除。独立实验室进行测试，热导率为0.39W/（m·K）。意味着45年过后保温绝缘性能良好，可拆除后再次循环利用。

（2）置于沸水中不会破裂（测试时间为3个小时）

经热扩散率水平公式证实，膨胀隔离软木是很好的热绝缘体。这一特征说明了导热能容量和积累热能容量的关系。例如：如果密度更高、热容更大，隔离软木积累热量的能力更强，扩散性更小，可以使一个特定空间的内部温度保持长久不变（不考虑外部温度的变化情况）。换句话说，软木是很好的保温隔热材料。

（3）隔离软木表面为闭孔结构，性能稳定

隔离软木稳定性测试报告见图7。

（4）隔离软木导热性能研究

导热系数是指在稳定传热条件下，1m厚的材料，两侧表面的温差为1℃（K，℃），在1秒（1s）内，通过1m²面积传递的热量，单位为W/（m·K），此处为K可用℃代替。通常把导热系数较低的材料称为保温材料［我国国家标准规定，凡平均温度不高于350℃时，导热系数不大于0.12W/（m·K）的材料称为保温材料］，而把导热系数在0.05W/（m·K）以下的材料称为高效保温材料。

导热性能是评价保温材料的重要指标，国内外学者对软木材料的导热性能进行过大量深入的研究。从得高健康家居有限公司递交的一份关于隔离软木测验报告中可以看到，经检测，隔离软木导热系数（25℃）为0.042W/（m·K），数值远远低于国家标准规定的保温材料数值，属于高效保温材料。得高导热性能检验报告见图8。

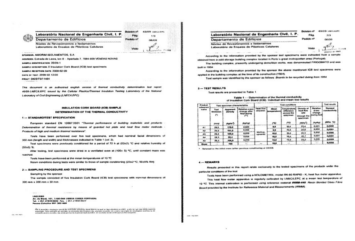

图7　隔离软木稳定性测试报告

图8　得高隔离软木导热性能检验报告

4　隔离软木应用案例

隔离软木现已拓展到航天航空、交通运输、建筑装饰、家居生活、运动时尚等高端领域，在不断地为世界各国众多行业提供可持续发展的解决方案（图9～图17）。

图9　2010年上海世博会葡萄牙馆

图10　波特葡萄酒酿造厂

图11　葡萄牙的一家酿酒厂

图12　葡萄牙贝拉斯地区的建筑

图13　葡萄牙维亚纳堡的一处冲浪中心

图14　葡萄牙里斯本的一所学校

图15　葡萄牙埃武拉市的一家酒店

图16 韩国坡州市政厅　　　　　图17 土耳其的隔离软木展示厅

5 结语

　　材料供应商出于环保和维护声誉的保证，投入了大量的资本，从而维护和保障软木的质量。为达到高品质的要求，从原材料到最终的产品都要经过严格的质量控制过程。根据不同市场的规定，产品要在独立的实验室里进行众多的测试、检测。

　　现今，中国正在开展绿色环保、生态发展的建设，隔离软木在建筑领域中的应用有毋庸置疑的好处。

参考文献

［1］屈安平，江湘芸. 合理应用材料对产品设计的影响及意义——以软木为例［J］. 建筑设计，2016，43：118.

［2］陆全济. 软木饰面材料主要加工工艺研究［D］. 西安：西北农林科技大学，2011.

德国Aluplast门窗系统关键技术解析

马广明

阿鲁特节能门窗有限公司

摘　要：本文主要是介绍德国Aluplast门窗系统先进的无钢衬技术、内部粘接技术、整窗填充聚氨酯保温材料技术、中空玻璃与型材槽口填充膨胀棉等技术，结合阿鲁特系统门窗的后安装工艺，以此达到超低能耗被动式建筑门窗的各项性能指标。

关键词：Powerdur；Bonding；聚氨酯填充；组合型材；鲨鱼鳍；被动窗后塞口安装

1　优异的热工性能

1.1　无钢衬设计

Energeto[R]系统门窗采用了无钢衬型材制造技术，可以有效减少热桥传递现象，是由世界化学巨头BASF研发的一种新型高分子材料Powerdur（图1），该材料已广泛应用于汽车、高铁外壳等关键部位，具有非凡的机械强度，是增强门窗框架结构的理想材料。该型材技术的运用，能有效替代传统塑钢窗中使用的钢衬，结构形式见图2。该型材大大降低了钢衬的热桥现象，有效避免钢衬自身形成的热量传导，提高了型材整体的保温性能（图3）。同时，该种材料具有与型材相同的热熔性能，实现整体材料与型材本身无差异焊接，极大地增

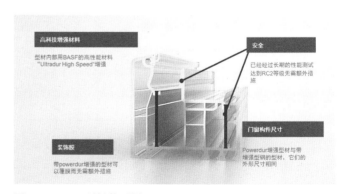

图1　BASF公司研发的Powerdur

图2　Energeto型材截面图

强了型材整体的焊接强度，有效避免了传统塑钢窗经常出现的角部开裂现象。

采用Powerdur型材技术，极大地增强了整体型材的强度，同时解决了铰链安装过程中螺钉的加强固定问题，不用担心螺钉没有固定好而造成的扇子掉落现象（图4）。

1.2 内部粘接技术

为了增强玻璃与型材之间的稳定配合，Aluplast开创性地研发了内部粘接技术。该技术主要是改进了窗扇的槽口结构，配合定位构件，使玻璃自动定位于槽口的中心位置，然后在玻璃与型材槽口之间涂抹特殊定制的强力胶进行粘接，起到固定粘接和密封的作用（图5）。通过粘接，有效地利用玻璃的平面内刚度，抑制型材的变形，达到阻止开启扇变形的目的。

该技术的运用，使玻璃与框扇之间得到强有力的粘接，可以有效防止窗扇的侧弯、变形，还可以防止因玻璃自重导致的窗框局部的变形，也大大降

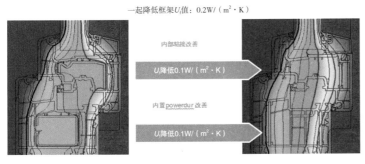

图3　热工对比

图4　德国产品质量保证与标识研究所 RAL 认证

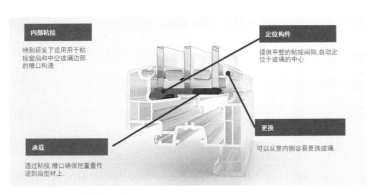

图5　玻璃粘接结构形式

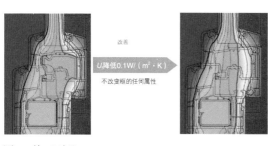
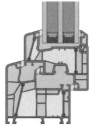

图6　热工对比　　　　　　　　　　　　　图7　聚氨酯保温材料填充截面保温性能

低了由于玻璃单点受力不均而出现的玻璃爆裂现象。与此同时，因为不再需要钢衬，有效地改善了窗的保温性能（图6）。

1.3　整窗填充聚氨酯发泡材料技术

　　众所周知，能量的传递有三种途径：辐射、对流、传导。为了减少空腔内空气对流带来的能量损失，型材腔室内部填充聚氨酯保温材料是近几年的一项技术突破（图7）。但是，由于缺乏行业标准和规范，特别是受技术工艺等条件的限制，许多填充聚氨酯保温的工艺技术并不完善，进而导致出现发泡无法填满型材腔室的现象，既增加了技术成本，又不能达到理想的效果，这让许多门窗企业倍感头痛。

　　Aluplast整窗腔室全填充技术（图8），解决了以前不能全部填满腔室的技术难题，同时，型材角部也同样可以实现全填满，无死角。利用Aluplast自行开发软件（图9），在保证填充密实的前提下，还可以准确地测算出聚氨酯

图8　聚氨酯保温材料填充截面　　　　　图9　聚氨酯保温材料计算工具

的材料用量，做到节约不浪费。

聚氨酯材料是一种双组份高分子液体材料，遇空气能快速膨胀，体积大约可以增加到20倍以上，充满整个腔室。由于该发泡材料安全环保无污染，可以实现全部回收再利用，不会对人体造成健康影响，是一种理想的保温隔热材料。

1.4 中空玻璃槽与型材玻璃槽口之间缝隙填充技术

传统门窗玻璃与框扇的组装方式，最直接的就是在玻璃槽内放置玻璃垫块，然后把玻璃放到型材框内，再用压条压实。这样的制作工艺虽然简便快捷，但是却给整窗的性能留下了许多后患。增加玻璃垫块后，玻璃与型材槽口之间形成了一道天然的缝隙，成为热量和声音传递的专属通道，直接导致整窗的保温、隔声等性能的下降。

针对这个问题，阿鲁特系统门窗采用了在玻璃槽口增设预压膨胀胶带技术。在玻璃与槽口的间隙里增加一道防护屏——预压膨胀胶带。通过胶带膨胀的张力，把中空玻璃与槽口间的缝隙填满，可以有效降低框传热系数0.3左右（图10），既阻隔了热量、声音等的传递，又能充分纠正玻璃自重的偏差，降低玻璃受型材等外力挤压损坏的概率。

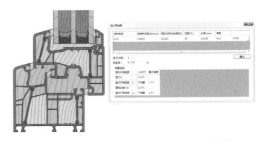

图10 中空玻璃槽口填充膨胀胶带热工计算

2 力学及安全性能

2.1 多腔室结构

Energeto^{R}8000系统的型材采用6腔室结构设计，不仅对隔热腔室形成有效的防护，而且有效地提高了型材自身的保温隔热性能，相比于传统铝合金窗简单的盒状腔室结构，阿鲁特系统门窗的型材具有更多的腔室结构，通过增多腔室，可以有效分解外力的冲击力，同时还阻隔了热量、声音等的传递速度。

2.2 铝合金、型钢复合结构

在满足保温性能的同时，抗风压及抵抗变形能力也不容忽视，现在的建筑不乏开窗尺寸较大的情况，这就要求窗户有较强的抗风压能力，阿鲁特采用了aluskin®铝盖板结构设计，并利用钢、PVC、铝三种材料的有效结合，提高了整窗的物理性能。一方面，利用加强型钢的结构强度，支撑整窗的结构稳定不变形，保证门窗整体结构的持久耐用；另一方面，利用铝合金材料自身的优点，保证整窗的外部抗老化、抗风压能力更强，并且可以根据不同的气候风压情况，增加相应的辅助增强龙骨。同时，利用PVC材料优良的隔热性能，为整窗的保温性能再上一道保险。三种材料相辅相成，发挥各自的优势，完美呈现出最佳的高性能门窗解决方案。

计算背景：计算北京市100m高度的建筑外窗，主受力杆件受荷宽度按1.2m考虑，计算相应受力杆件在适用不同组合截面的最大适用高度（表1）。

表1 相应受力杆件在适用不同组合截面的最大适用高度

	方案一（型材+增强型钢）	方案二（型材+增强型钢+铝合金装饰盖）	方案三（型材+增强型钢+铝合金装饰盖+40×25钢管）	方案四（型材+增强型钢+增强铝合金装饰盖+40×25钢管）	方案五（型材+增强型钢+增强铝合金装饰盖+60×40钢管）
型材截面					
组合截面刚度 EI（N/m²）	1.37×104	1.71×104	2.4×104	4.56×104	10.31×104
最大适用高度（m）	1878	2007	2221	2695	3480

地点：北京，基本风压0.45kN/m²

建筑高度：100m

地面粗糙度：B

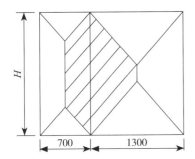

图11 计算用窗型图

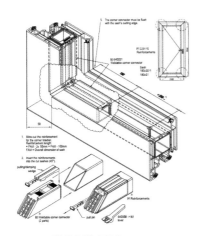

图12 增强焊块图纸

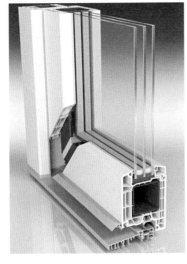

图13 增强焊块实物

窗型：见图11

根据《建筑结构荷载规范》GB 50009–2012，计算北京市高度100m处风荷载标准值（北京市基本风压0.45kN/m²，地面粗糙度B）。

$$W_k = \beta \times \mu_{SL} \times \mu_Z \times W_0 = 1.5 \times 1.1 \times 2 \times 0.45$$
$$= 1.485 kN/m^2$$

根据《建筑用塑料窗》GB/T 28887–2012，窗主要受力杆件相对面法线挠度要求不大于L/150。

根据不同需要，可以更换不同的增强系统，既满足强度要求，又不至于造成浪费。

2.3 角部增强焊块设计

角部增强焊块技术，是根据门窗角强度性能要求进一步做的技术升级和改进。随着国家建筑节能标准要求的提高，除了不断提高型材、密封材料、五金等性能质量，对于玻璃的使用要求也在不断提高。门窗也由过去的单层玻璃转变为双层中空玻璃、三层中空玻璃甚至四层中空玻璃。玻璃层数增加，重量也随之翻倍。同时，随着人们对审美要求的不断提高，结合欧美等发达国家和地区的建筑要求，对门窗的透光率要求也在不断提高，大开启、高透光率的门窗使用逐渐成为一种常态。这就要求进一步提高整窗的结构稳定性，而首先要解决的问题，就是门窗角部焊接强度的增加。

相比于传统塑钢窗的角部焊接工艺，阿鲁特系统门窗赋予角部更强的焊接处理技术。在处理型材角部焊接时，Aluplast在型材中间隔热腔室内使用增强焊块（图12、图13），并把焊块与增强型钢通过卯榫方式牢牢固定在一起。由于焊块与型材具有十分相近的熔点，加热到相同的熔点温度后再进行整体材料的焊接。因为直接增加了焊接接触面积，门窗的角强度最高可达10000N，远远高于3000N的角强度质量标准。

通过设计角部增强焊块技术，极大提高了框扇的承重能力，传统塑钢窗经常出现的角部开裂等现象大大减少。

2.4　360°多锁点设计

门窗主要是通过五金把手带动连接杆把锁头送入锁座来实现关闭状态。锁点的数量，取决于窗扇的规格及配置需求，关系着整窗的气密性、水密性及安全性，Aluplast锁点布置如图14所示。

阿鲁特系统门窗对五金锁点的安装间距提出了严格的规范要求，锁点安装间距不得超过70cm。加了锁点的门窗，由于是围绕整窗在四周加固锁点，形成了围绕整窗360°的全防护式锁点设计，无形中增加了框与扇的咬合力量，既增加了门窗整体的结构强度，又提高了室外防撬性能，整窗更加安全稳固。

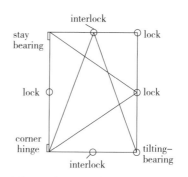

图14　平开上悬窗锁点布置

Aluplast采用的蘑菇头式防盗锁点，自身带有防撬功能，极大地提高了这种五金结构设计的完整性。

2.5　型材中间鲨鱼鳍结构设计

门窗是建筑的眼睛，却也成了一些不法分子入室偷盗的主要通道，所以，门窗的结构安全至关重要，防盗、防撬功能是衡量门窗结构安全的重要标准之一。

Aluplast型材在中间结构上非常巧妙地增加了一道屏障——根据仿生学原理设计的鲨鱼鳍结构（图15），有了这道屏障，在

图15　型材中间鱼鳍结构

满足腔内第三道密封的前提下，从室外窗扇部位很难把工具穿透伸到五金槽里实施破坏，从而对五金件起到了有效的防护作用。根据测试，配合相应五金系统，整窗最高可达国际防盗RC3级。

图16　三道 TPE 胶条密封

2.6　采用 TPE胶条与型材共挤技术

阿鲁特系统门窗型材采用TPE胶条（图16）。这种胶条于1997年已经广泛使用，具备近30年的市场检验，已经被广泛应用在汽车车窗上面，是一种抗老化性能卓越的密封材料。

同时，采用软硬共挤技术，即把胶条与型材通过挤出机直接粘合在一起，形成一体。相较于铝木窗，由于无法实现木材与胶条的共挤工艺，铝木窗经常会出现胶条脱落的现象。这种软硬共挤工艺，能有效避免成窗安装完毕后胶条的开裂、老化、脱落等，使用寿命更长，防尘、防风密封效果更强。

图17　平开门无障碍门槛设计

2.7　无障碍门槛设计

阿鲁特系统门窗在做好产品与技术运用的过程中，十分重视整窗使用过程中的人性化设计，本着为用户提供产品极致体验的原则，在产品设计的每一个环节上力求方便、简洁、人性化。

阿鲁特平开门（图17）及提升推拉门（图18），门槛均采用无障碍设计，

图18　提升推拉门无障碍门槛设计

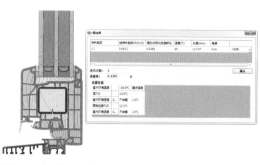

图19　平开门无障碍门槛热工计算

图20　新款宏舒赫膜WOODEC系列

为了保证保温性能（图19），材料均为成品复合材料。

门槛采用铝合金GFK复合结构，较低的滑轨设计，配合地板砖的厚度，可以很好地实现隐藏式的门槛外观，实现自由通行，满足国内消防规范要求。

2.8　窗内侧采用德国宏舒赫覆膜工艺

德国宏舒赫膜（图20）是配套宝马汽车内饰和LV包外饰等高档用品的专业装饰化产品。该膜以其优越的纹理结构和超强的抗划伤、抗老化等性能越来越多地运用在高端奢侈用品中。阿鲁特系统门窗内侧就采用了该膜作为内饰，各种颜色可定制，实现多种选择。而且该膜为冷膜，可以有效降低型材外表面的温度，抑制型材因高温产生的膨胀变形。

3　外挂式系统门窗安装工法

根据被动式建筑的施工要求，需要用外墙保温覆盖窗框，所以在做保温施工前，就得先把门窗安装完毕。这种施工方法，受人为因素的影响特别大，无法有效解决对门窗产品的防护，门窗或多或少会受到各种磨损和污染。

随着国家对建筑节能标准要求的不断提高，被动式建筑以及各类配套产品得以大量应用和推广。特别是对门窗而言，"三分生产，七分安装"直接说明了门窗安装过程的重要性。但由于受工程时间进度的影响，门窗的安装与其他施工工艺得不到有效衔接，特别是受人为施工因素影响，洞口粗糙，不方便整幢楼宇的安装施工。即使是提前完成门窗的安装，也保证不了门窗性能的完好无损，而且还会因施工过程的不可控因素出现门窗的划伤、污染等情况，严重影响了门窗的性能和质量，进而影响到整个建筑的顺利验收。

为此，针对超低能耗被动式建筑门窗的安装工艺进行完善和提升，有利于整个行业的进步和发展。外挂式门窗系统定型框就很好地解决了窗的保温和防水问题，同时，配套采用外挂式门窗系统的施工工艺，大大提高了门窗的性能和使用品质。

3.1 外挂式系统门窗定型框

外挂式门窗定型框是适用于超低能耗建筑标准门窗系统重要的组成部分，是对超低能耗门窗系统安装工艺的完善和有益补充，可以有效解决在建筑施工过程中出现的各类门窗问题隐患，是一种先进的超低能耗门窗系统集成安装技术。由钢衬、PVC两种材料组成，腔室内全填充聚氨酯发泡材料。其中，钢衬壁厚为3mm，塑型材壁厚为2.5mm。

定型框图例见图21。

定型框特点说明：

（1）钢衬主要起到结构支撑的作用，保证附框的结构强度满足窗扇的安装需求。

（2）外层PVC材料主要起到保温防水的作用。PVC材料具有良好的保温性能，加上其自身具备的防水和耐水性，可以起到防水保温双重作用。

（3）在附框腔室内全填充聚氨酯发泡材料，进一步保证附框的保温节能效果。

（4）通过全填充式发泡技术，把聚氨酯发泡材料全部注满整个框体内腔。加上聚氨酯材料的粘合作用，使定型框内外结构形成一个有机的整体，更加坚固耐用。

（5）具备耐火性，使用螺钉连接起定型框与窗框的钢衬，使其完全形成一个整体，结构坚固耐用。再加上PVC型材的阻燃属性，遇火碳化，不

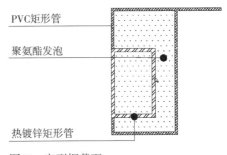

图21　定型框截面

轻易出现窗框坠落。

①一般而言，PVC材料在遇火温度达到240～340℃时出现燃烧，然后加温至400～470℃时发生碳化。这个过程延续时间可达0.5～1小时。

②聚氨酯材料具有阻燃性好的特点，材料离火3秒即自熄，表面出现碳化能阻止燃烧，且不会产生熔滴。聚氨酯在添加阻燃剂后，是一种难燃的自熄性材料，它的软化点可达到250℃以上，仅在较高温度时才会出现分解。另外，聚氨酯在燃烧时会在其泡沫表面形成碳化层，这层碳化层有助于隔离下面的泡沫，能有效地防止火灾蔓延。而且，聚氨酯在高温下也不产生有害气体。

③钢是含少量碳的铁合金的通称，合金的熔点比组成它的金属低，普通钢材的熔点为1500℃左右，耐火时间约为2小时。

（6）外挂式系统门窗定型框属于整个系统门窗重要的组成部分。在实际施工过程中，通过分体式安装方式，先安装好定型框之后，可以实现交叉式施工，而不影响后面的门窗安装，可以有效地解决传统建筑施工过程中出现的因先安装窗子而造成的污染、划伤等质量隐患。方便了施工，缩短了施工周期。

（7）通过采用外挂式系统门窗的施工法，采用三层防水、保温、密封等先进的施工工序，满足了超低能耗建筑门窗更高的保温、密封、防水等处理要求，是目前最先进的外挂式门窗安装施工解决方案。

3.2 外挂式系统门窗施工法

因为是后塞口安装工艺，门窗在与外墙保温交接的位置就会出现缝隙，而有了缝隙，就意味着存在保温、防水、密封等隐患。针对出现的缝隙，在施工时，通常先用预压膨胀胶带进行外侧防水密封，中间采用保温预压膨胀胶带与聚氨酯发泡结合，室内侧则采用防水隔汽膜密封（图22）。

具体施工分4个步骤：

（1）定型框与墙体之间

①将附框与墙体之间通过定制的"L"形五金连接件进行连接、固定。

②五金连接件，一侧与墙体直接固定，一侧与定型框进行连接固定。

③五金连接件与墙体之间填加保温隔热膨胀棉。

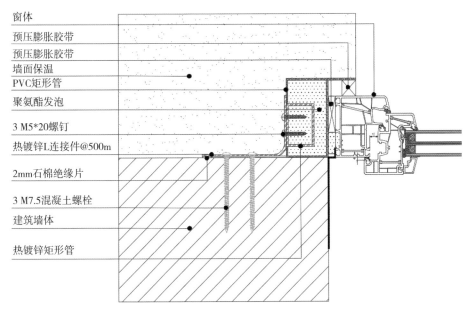

窗体
预压膨胀胶带
预压膨胀胶带
墙面保温
PVC矩形管
聚氨酯发泡
3 M5*20螺钉
热镀锌L连接件@500m
2mm石棉绝缘片
3 M7.5混凝土螺栓
建筑墙体
热镀锌矩形管

图22 安装节点

（2）定型框与外墙保温材料

①保温材料的安装以定位角码宽度为参考，不得超越定位角码的宽度。

②安装完保温材料，将定位角码拆除，并用泥灰抹平、抹匀。

③保温材料与定型框或窗框之间预设保温防水二合一膨胀棉。

（3）窗框与保温材料

①保温材料以覆盖至窗框外侧2/3处为宜。

②窗框外侧与保温材料之间的缝隙预压二合一（防水、保温）膨胀棉。

③在室内侧采用防水隔汽膜做密封处理。

（4）定型框与窗框之间

①先把窗框和定型框进行连接固定。

②窗框底部增加垫高型材，为安装披水板和窗台板等预留空间。

③垫高料内侧部分（室内）加膨胀棉，做好密封处理，同时铺设防水隔汽膜。

④垫高料外侧部分（室外）加披水板，解决排水问题。

通过上述4步施工法，既实现了门窗安装的"零污染、零划伤"，加快了工期，提高了质量，又很好地实现了门窗安装的防水密封效果。

4 结语

Aluplast作为一家有着丰富门窗行业经验的系统供应商，在门窗制造与研发领域积累了大量先进的技术，对于帮助和提高中国超低能耗被动式建筑门窗标准和质量等具有十分重要的推动作用。在整个门窗系统建设中，安装环节尤其重要，阿鲁特公司结合中国建筑节能要求和丰富的现场施工经验，建立和完善了一套真正属于中国市场的超低能耗被动式门窗系统安装工艺，是对整个门窗行业标准和规范的积极探索和有益补充。

只有走出价格竞争的泥潭，我们的门窗行业才会有更广阔的发展空间；只有建立高品质的全生态系统化产品，我们的行业才能有一个更美好的未来。这是每一个有社会责任的企业都应该潜心学习和研究的。鉴于水平有限，我们愿意与更多行业专家及同仁一同探讨更多的门窗系统技术，共同促进行业的发展与进步。

被动式门窗用五金系统的研究
——被动隐藏式五金系统设计探索

伍军

春光五金有限公司

摘　要： 在被动式门窗中使用隐藏式五金系统，可以保证密封胶条的完整性，同时降低热导率；减少因内外温差引起的热对流。对提高被动窗的气密性、水密性、隔热性有明显的帮助。

关键词： 被动隐藏式五金系统；外漏式合页；侧边外挂式合页

1　引言

自从在2010年上海世博会上，展出了一栋代表世界先进水平的"汉堡之家"之后，中国开始引入"被动房"这一源于欧洲的创新节能建筑概念，同时中国政府及地方主动引入并发展被动房；北京、天津、河北、山东、河南、黑龙江、辽宁、江苏、福建、陕西、内蒙古等省市出台了相关政策鼓励发展被动房，并完善了相关节能标准；促进了与建筑相关的企业对节能、环保材料的研究。

据统计，建筑能耗已占全社会总能耗的40%以上，而通过门窗损失的能耗约占建筑总能耗的50%。由此可见，建筑的门窗节能成为关键环节，研究门窗节能也成为节能的重要方面，门窗节能除了研究型材、玻璃、胶条外，所配套使用的五金也非常关键。

2　设计理念

在门窗中五金实现了门窗的开启（包括内倒、外悬）与关闭功能；同时在框和扇中主要起连接、承重作用。以上两点在大家的认知中是显而易见的，但与隔热节能联系起来，好像是风马牛不相及，下面我们来看以下3种窗型结构图。

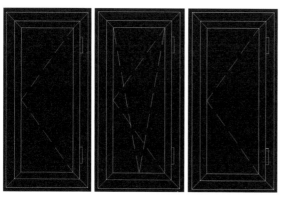

图1 市场上的常见窗型

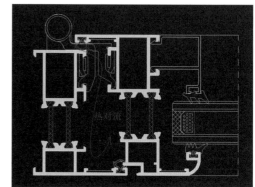

图2 热对流

图1是现在市场上比较常见的3种窗型，无论使用铝合金型材，还是PVC类型材（本次讨论对象不包括木窗），为保证合页安装，必须对室内侧的胶条进行断割，现有的工艺水平是无法达到完全密封的，同时增加了门窗厂加工制作的难度。

从图2中我们不难理解，外露式合页安装后，除了断割胶条外，还有合页与型材之间的缝隙形成漏气点，而且框、扇之间形成热对流。

我们对寒冷地区的北京、河北，严寒地区的东北多处工地现场及业主家庭进行了调查了解：京津冀等寒冷地区，冬天室内外温差较大，一般屋内温度为20℃，屋外温度为-10℃以下，温差近30℃；东北等严寒地区，冬天室内外温差更大，一般屋内温度为20℃，屋外温度为-20℃以下，温差近40℃；内外温差较大，窗户的合页处开始结露、结冰、结霜（图3、图4）。

图3 合页处结露

图4 合页处结霜

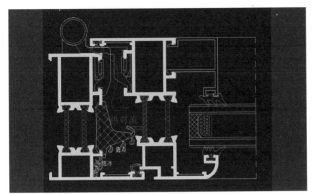

图5　等压胶条的室外侧表面形成水珠　　　　　　图6　窗户结冰

同时，我们对中间加装了等压胶条的窗型进行了观察，冬天因室内外温差较大，在等压胶条的室外侧表面形成了大量水珠，流入框的下排水口处，结冰后会堵住排水口（图5），导致凝结水越来越多，冰越来越厚，挤压等压胶条变形；最后窗户失去密封性，有的甚至打不开（图6）。

现在市场上门窗上下合页均采用外挂式的也很多，采用图7侧边外挂合页的型材主要是PVC和木质型材（本次讨论对象不包括木窗）；采用图8正立面外装式合页的型材主要是铝合金型材。

图7侧边外挂式门窗其强度就取决于型材本身，一般用于重量小于20公斤的窗型。

现假设一个窗户用两只侧边外挂式合页，用4个ST4.2螺丝固定并穿过两腔，PVC壁厚为$c=3mm$，型材的屈服强度$\sigma=60MPa$。

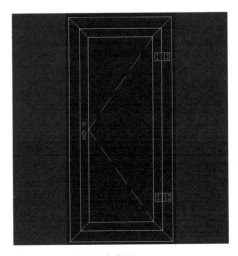

图7　侧边外挂合页　　　　　　　　　图8　正立面外装式合页

窗扇所承受的最大拉力$F=2\times 4\times S\times\sigma$

螺纹接触表面积$S=\pi\times\left[\left(\dfrac{b}{2}\right)^2-\left(\dfrac{a}{2}\right)^2\right]\times\dfrac{d}{c}\times 2\times\dfrac{2}{\sqrt{3}}$

$$=\pi\times\left[\left(\dfrac{4.2}{2}\right)^2-\left(\dfrac{3}{2}\right)^2\right]\times\dfrac{4.2}{3}\times 2\times\dfrac{2}{\sqrt{3}}=21.83\text{mm}^2$$

从理论计算看F值只有105N，所以PVC窗现在一般不用侧边外挂式合页的主要原因是强度不足。

采用图8外装式合页的基本是门，主要的问题是生产制作过程中破坏了型材的腔体，合页与型材腔体之间存在缝隙，同样会在腔体内产生热对流，包括门锁孔漏气等问题一直是业内无法解决的问题。

现在河北省对被动房用门窗作出了"外门窗应具有良好的气密、水密和抗风压性能。依据现行国家标准《建筑外门窗气密、水密、抗风压性能分级及检测方法》GB/T 7106，其气密性等级不应低于8级、水密性等级不应低于6级、抗风压性能等级不应低于9级"的规定。所以五金安装要保证门窗胶条的完整性是非常重要的。

3 结构方式

通过与众多门窗企业相关人员沟通，发现传统五金水密性能基本在4级左右，气密性能在5～6级之间，主要原因是传统五金破坏了门窗密封胶条或型材的完整性。我们设计研究发现，采用隐藏式方案可以保证密封胶条的完整性，同时要降低热导率，减少因内外温差引起的热对流。

图9为适用于PVC型材的五金系统隐藏设计方案（部分），图10为适用于铝合金型材的五金系统隐藏设计方案（部分），从设计方案可以看出，完全保证了密封胶条完整性，达到降低热导率、减少热对流的要求。

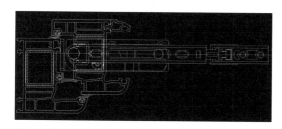

图9　适用于 PVC 型材的五金系统隐藏设计方案

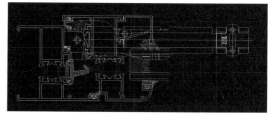

图10　适用于铝合金型材的五金系统隐藏设计方案

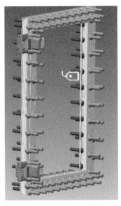 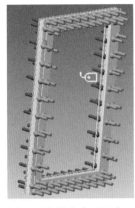

图11　外装式合页门窗　　图12　隐藏式合面门窗

通过PTC-Creo-Simulate的热传导及热辐射可以看出，图11为外装式合页门窗，热辐射大量集中在合页表面上，图12为隐藏式合页门窗，热辐射表面非常均匀，与窗面呈直线分布。

在《防火窗》GB 16809-2008标准中规定："6.3五金件、附件、紧固件应满足功能要求，其安装应正确、齐全、牢固，具有足够的强度，启闭灵活，承受反复运动的五金件、附件应便于更换。"采用隐藏式设计便可以满足这一要求。同时行业内的耐火窗的五金件通常采用钢制构件，因钢质材料的热容率低，热传导系数大，如果采用传统的外露方式会将大量的热量传入框、扇之间，导致型材变型；同时断割胶条可能导致门窗的跑火、窜火现象发生。采用隐藏式的设计可以完全避免此问题。

4　结语

在使用铝合金型材及PVC型材的被动门窗中采用隐藏式五金系统改变了传统门窗的加工工艺，保证了门窗密封系统的完整性，杜绝了因外装式合页向框、扇之间的热传导，降低了门窗的隔热系数；对提高被动窗的气密性、水密性有明显的帮助；同时在耐火窗中采用隐藏式五金系统可以降低门窗跑火、窜火现象发生的概率，提高门窗的耐火性要求。

参考文献

［1］孙义明．PVC型材及应用材料指标可行性分析报告．

［2］张小玲．我国被动房发展现状及影响健康发展的制约因素．

［3］防火窗GB 16809-2008［S］．

［4］建筑外门窗气密、水密、抗风压性能分级及检测方法GB/T 7106-2008［S］．

［5］http://www.gba.org.cn/.

被动式建筑围护结构一体化
施工重要性的探讨

黄永申

绿建大地建设发展有限公司

摘　要： 超低能耗建筑围护结构组件包括屋面、外墙、地下部分，正是这些组件组合成了
整个建筑中最主要的热交换集合体，建筑能耗中的热损失有四分之三是围护结构
传热造成的，改善围护结构组件的性能成为建筑节能的重中之重，超低能耗建筑
围护结构一体化施工的重要性更是建成节能、环保、舒适、智慧、健康建筑的关
键。本文探讨了超低能耗建筑围护结构一体化施工的重要性，并对维护结构一体
化施工的具体工艺进行了介绍。

关键词： 超低能耗；围护结构；建筑节能；一体化施工

1　引言

　　超低能耗建筑在能源和环境矛盾日益突显的当今社会发展迅猛，其一方
面通过被动式建筑设计有效降低了对建筑供暖、空调、照明的需求，另一方
面通过主动技术措施，最大限度提高了能源设备和系统效率，以最少的能
源消耗达到室内五恒的效果，建成真正的高舒适、高节能的百年超低能耗
建筑。

　　近年来，我国在超低能耗建筑方面取得了飞速的发展，尤其在降低严寒
和寒冷地区居住建筑供暖能耗、公共建筑能耗和提高可再生能源建筑应用比
例等领域取得了显著的成效。但目前超低能耗建筑的围护结构施工仍存在着
一定的问题，围护结构施工涉及多工种、多部位，是超低能耗建筑施工中的
重中之重，因此对超低能耗建筑围护结构实施一体化施工显得尤为重要。

2　超低能耗建筑围护结构施工现状

　　目前在国内的围护系统施工中主要有保温和防水两大类，就一整栋被动

式建筑的施工而言，一些建设方会将地下室、侧墙、外立面、屋面等不同部位的保温和防水分给不同的施工方，通常参与分包施工的单位多达5~7家，这些分包队伍在施工中往往各行其是，没有与其他施工单位进行配合沟通，这样会发生很多施工错误，尤其是工序倒置问题。比如某些项目还没有做外墙保温施工，就完成了龙骨支架的安装，后续的保温施工就只能对龙骨进行拆卸，从而在施工作业中造成极大的人力物力浪费，严重影响整个项目的三控三管和组织协调。

除了施工工序倒置，分包施工还可能会出现施工工艺衔接错误的问题，这很可能对项目的施工成品造成二次破坏，还可能会导致地下结露、地下漏水、产生热桥、屋面漏水、施工过程进水等诸多问题的产生，对工程质量产生极其不利的影响。

此外，如果建筑的围护结构施工出现了问题，建设方就修补索赔的问题进行责任划分时，很容易造成对分包工程队责任划分不明确，分包队伍之间互相推卸责任，发生分包队和分包队以及分包队和建设方之间多次"扯皮"的现象，给甲方造成困扰，严重影响被动房的建造进度和建筑质量。

不仅如此，某些分包单位在被动式建筑施工领域不够专业，不了解被动式建筑围护结构的施工工艺，从而产生一系列的问题，对被动式建筑的建造质量造成非常不利的影响。接下来，我们将从地下底板及侧墙、建筑外立面和屋面等三个方面来分析。

在被动式建筑地下底板及地下侧墙施工中，某些施工单位采用不正确的施工工艺，造成地下室顶板漏水、地下室顶板未错缝粘贴等问题，甚至出现了没有铺设防水层，以及保温板竖向使用等严重的施工错误。

在外立面的施工中，有些施工单位对被动式锚栓不够熟悉，不知道如何正确地进行使用，用锤子猛砸旋入式的锚栓，直接造成锚栓失效。甚至用锚栓直接把墙打穿，对建筑气密性造成极大的损害。

在屋面的施工中，部分施工单位采用错误的施工工艺，造成屋面产生热桥现象或出现严重的漏水，使屋面隔热系数显著升高，严重破坏了房屋的保温性能。

这些问题的出现也恰好表明了我们现在所提倡的被动式建筑围护结构一体化施工的重要性和必要性。

3　超低能耗建筑围护结构一体化施工简介

超低能耗建筑围护结构一体化施工主要部位包括地下底板、地下侧墙、外立面、屋面等，超低能耗建筑围护结构一体化施工就是将外围护结构分包施工改为一体化施工，采用航空服式的一体化施工理念，有效减少外围护结构施工过程中的各分包衔接节点问题，从而缩短工期。减少施工过程中出现的质量问题和责任推诿问题。超低能耗建筑围护结构一体化主要包括石墨聚苯板被动式外墙薄抹灰系统、岩棉被动式外墙薄抹灰系统、岩棉复合板被动式外墙薄抹灰系统、平屋面被动式保温防水一体化施工系统、坡屋面被动式保温防水一体化施工系统、地下外墙被动式保温系统等。

下面就超低能耗建筑围护结构一体化施工中的系统和具体技术要点进行深度剖析。

4　超低能耗建筑围护结构一体化施工系统解析

超低能耗建筑围护结构一体化施工对于施工工艺有着近乎严苛的要求，针对这一特点，本公司严格按照图集《被动式低能耗建筑——严寒和寒冷地区居住建筑》的要求进行施工，并对其中很多工艺进行了改善和创新，总结归纳出了相对应的技术要点。

4.1　石墨聚苯板被动式外墙薄抹灰系统

外墙采用石墨聚苯板保温板，双层错缝粘贴，首层框点粘，二层满粘。外墙采用3～5cm厚的抗裂砂浆，门窗洞口采用门窗连接条防止雨水通过门窗两侧向室内渗透，并采用被动房无热桥专用锚栓，保证外墙保温系统的连续性，无热桥产生。

4.2　岩棉被动式外墙薄抹灰系统

采用岩棉保温板，两面涂刷界面剂、双层错缝粘贴，首层框点粘，二层满粘。粘锚托结构，以粘为主，以锚、托为辅，网格布为双层铺贴，抹面砂浆压入首层网格布后，根据当地风压环境进行锚栓数量测算，排布锚栓布置图安装被动房无热桥专用锚栓。锚栓安装完成，抹面砂浆压入二层网格布，抹面砂浆找平。门窗洞口采用门窗连接条防止雨水通过门窗两侧向室内渗透。

4.3 岩棉复合板被动式外墙薄抹灰系统

采用岩棉复合保温板，省去了涂刷界面剂的工序，并且粘贴更加牢固。粘锚托结构，以粘为主，以锚、托为辅；网格布为双层铺贴，抹面砂浆压入首层网格布，被动房无热桥专用锚栓安装完成，抹面砂浆压入二层网格布，抹面砂浆找平。门窗洞口采用门窗连接条防止雨水通过门窗两侧向室内渗透。

4.4 平屋面被动式保温防水一体化施工系统

保温防水一体化系统是建立在干作业的理论基础上，基层涂刷冷底子油，铺贴1.2mm厚带铝箔面隔汽卷材，采用PU胶双层错缝粘贴保温板，3mm厚自粘SBS防水卷材，4mm厚板岩面SBS防水卷材。上人屋面还需要增加一层混凝土保护层。采用高密度石墨聚苯板，尺寸稳定性好，还可采用石墨聚苯板进行找坡，保证屋面整体导热系数30年无明显变化。

4.5 坡屋面被动式保温防水一体化施工系统

保温防水一体化系统是建立在干作业的理论基础上，基层涂刷冷底子油，铺贴1.2mm厚带铝箔面隔汽卷材，采用PU胶双层错缝粘贴保温板，3mm厚自粘SBS防水卷材，4mm厚板岩面SBS防水卷材。上人屋面还需要增加一层混凝土保护层。采用高密度石墨聚苯板，尺寸稳定性好，檐沟更是加强了屋面的排水性能，保证屋面整体导热系数30年无明显变化。

4.6 地下外墙被动式保温系统

采用保温防水一体化系统，先铺贴4mm厚PE面热熔SBS防水卷材，再铺贴3mm厚PE面热熔SBS防水卷材，采用PU胶双层错缝铺贴保温板，保温板外侧铺贴3mm厚自粘SBS防水卷材。保证整体导热系数30年无明显变化。

5　如何做好超低能耗建筑围护结构一体化

作为施工方，我们不能仅仅以利益为出发点，把被动房当作单纯的商机，也不能以做传统保温工程的随意心态来进行被动房外围护结构施工。应以工程质量为导向，用心做好被动房围护结构施工，以高质量的施工为用户提供优质的超低能耗建筑。

做好被动房围护结构一体化施工工作，需要施工方在项目全周期中做到积极参与，严格管控。具体应从以下方面入手。

5.1　从项目立项设计就参与外围护结构技术优化

被动房的施工不同于普通楼房的施工，每一个设计步骤都必须严格把控，因为如果设计出错，再次修改就要涉及很多方面，对工程的施工造成很多不便。施工方应在设计阶段提出切实可行的优化意见，对设计图纸和施工工艺进行相应的优化，从根源上保证被动房围护结构一体化施工高质量完成。

5.2　施工过程中需加强管控

（1）人员管控

项目进场前对施工人员进行安全技术及思想培训，并培训两次以上，培训考核通过，由监察部颁发上岗证后方可允许进场，施工节点应可追可查，建立施工档案；对施工人员采用安全帽二维码识别身份；对工人的施工分配进行合理的安排，保障施工现场整洁有序，工人施工有条不紊。

（2）材料管控

对施工材料的质量进行严格监管，保证不合格的施工材料不会应用于施工过程中，同时在外围护结构施工之前，施工所需要的材料必须全部到位，材料不到位，就好比"巧妇难为无米之炊"，再好的施工队伍也只能干等。被动房施工材料的生产周期一般都很长，运输到现场也需要时间，所以就必须要提前订料，提前开始生产。

（3）施工衔接管控

为了确保围护结构施工的合理性和完整性，在施工过程中要对每一个施工步骤进行严格的管控。因此，每一个工序之间的衔接就显得尤为重要，围护结构一体化，就是为了解决工序衔接不当的问题，运用积累的施工经验在每一道工序衔接时对施工工人进行指导，这样才能保证整个施工过程有序进行，工序不遗漏、不倒置。让超低能耗建筑真正做到超低能耗，恒温、恒湿、恒静、恒氧、恒洁。

（4）成品保护

①施工中各专业工种应紧密配合，合理安排工序，严禁颠倒工序作业；

②对抹完外保温罩面剂的保温墙体，不得随意开凿孔洞，如确实需要，应在外保温罩面剂达到设计强度后方可进行；

③安装物件后周围应恢复原状；

④应防止重物撞击墙面；

⑤涂料施工时，应对成品门窗进行覆膜保护，防止涂料污染成品；

⑥室内施工时禁止将施工垃圾等物品外抛；

⑦已施工完毕的防水层上严禁堆放重物及尖锐物品，应禁止非施工人员随意进入场地；

⑧自然地坪向上1m，应在散水施工完成后，再做涂料施工。

6 结语

围护结构一体化施工是超低能耗建筑整个项目管理和现场施工的核心和关键，要将这些技术要点贯彻到项目每一个节点之中，更要灌输到项目参与的每个员工的思维之中，只有这样超低能耗建筑围护结构一体化施工的每一个技术要点才能更好地落实到整个超低能耗建筑之中。作为施工方，应秉承工匠精神，用最优质的产品、最精细的施工、最严谨的管控模式，紧抓超低能耗建筑围护结构一体化施工中的技术要点，以严肃认真的态度对待每一个被动房项目。未来的超低能耗建筑必定是高舒适、高节能的百年建筑，为了这一目标，我们定会在超低能耗建筑围护结构一体化施工这一领域中开拓奋进，砥砺前行。

参考文献

［1］杨柳，杨晶晶，宋冰，朱新荣. 被动式超低能耗建筑设计基础与应用［J］. 科学通报，2015，（18）.

［2］上海现代建筑设计（集团）有限公司技术中心. 超低能耗建筑设计技术与应用.

［3］赵金玲. 渤海沿岸超低能耗太阳能建筑热性能的研究［D］. 大连：大连理工大学，2008.

［4］刘阔. 石家庄地区村镇居住建筑超低能耗太阳能利用优化研究［D］. 西安：西安建筑科技大学，2013.

［5］刘秦见，王军，高原，熊峰. 可再生能源在被动式超低能耗建筑中的应用分析［J］. 建筑科学，2016，（4）：25-29.

［6］陈强，王崇杰，李洁，等. 寒冷地区被动式超低能耗建筑关键技术研究［J］. 山东建筑大学学报，2016，31（1）：19-26.

被动式低能耗建筑
政策梳理及分析展望

郝生鑫 陈旭 曹恒瑞 陈秉学

北京康居认证中心

摘 要： 被动式低能耗建筑可有效实现降低建筑能耗及维持室内良好环境的目的，因而该类建筑发展迅速，但就目前发展形势有待进一步分析。本文通过文献分析法整理了2016年到2020年3月国内各省市及各气候区被动式低能耗建筑的政策概况，对被动式低能耗建筑在不同发展阶段的政策进行了解读并对各类政策对技术的推动作用进行了分析。分析表明，各省市及各气候区对被动式低能耗建筑颁布的政策不均衡，重视程度各有不同，一定程度上限制了被动式低能耗建筑的发展。被动式低能耗建筑发展需完善配套政策、引入第三方评价机构、制定产业工人培训的扶持政策，望该建议对被动式低能耗建筑发展起推动作用。

关键词： 被动式低能耗建筑；政策解读；配套政策；第三方评价机构；扶持政策

被动式低能耗建筑作为超低能耗建筑被各国广泛认可。自2009年起，住房和城乡建设部科技与产业化发展中心与德国能源署开始在中国合作指导建设被动式低能耗建筑[1]；2011年秦皇岛"在水一方"住宅项目作为中国首个被动式低能耗建筑示范项目建成；到2019年底全国各地在建及建成项目已近1000万 m^2，被动式低能耗建筑已从鲜为人知的概念成为逐渐被市场认可的亮点。预计到2050年全国将有80亿 m^2 到260亿 m^2 的超低能耗建筑产业容量，其也将成为越来越多的地区重点推广的建筑。2016年到2020年3月，全国不同层面累计发布相关政策文件上百项，多个省市地区结合自身实际情况，纷纷出台政策，鼓励本地区新建建筑采用被动式低能耗建筑技术。本文将针对各地被动式低能耗建筑政策进行归纳研究，希望对被动式低能耗建筑在中国的发展起到一定的积极作用。

1 被动式低能耗建筑政策概况

目前，被动式低能耗建筑在全国各地得到飞速发展，而该类建筑政策颁布较为复杂，需初步总结全国范围内各省市（即21个省市（自治区）相关政策文件数量）及各气候区（即寒冷、严寒、夏热冬冷及夏热冬暖地区）在被动式低能耗建筑推广方面所颁布的政策情况。

1.1 各省市颁布政策概况

各省市对被动式低能耗建筑重视程度各有不同，导致其政策颁布各有不同，各省市被动式低能耗建筑政策颁布统计，如图1所示。

由图1所示，截止到2020年3月，全国各省市共发布76项政策用以加快推动被动式低能耗建筑发展，可看出全国各省市对被动式低能耗建筑的大力重视。但就目前全国各省市发布的政策情况看，全国各省市被动式低能耗建筑的发展处于不均衡的状态，其中河北、河南、山东三地颁布政策数量较多（占全国总数的57%）；而新疆、湖南、吉林等地颁布政策较少，未能有力推动被动式低能耗建筑发展。造成以上问题的原因在于以下两点：（1）部分地区原有产业结构与现有被动式低能耗建筑供应链未能契合，使得部分地区缺少先天优势；（2）部分地区对被动式低能耗建筑认知较少，仅将被动式低能耗建筑与墙体外保温相互关联，忽略被动式低能耗建筑可降低建筑能耗及提供舒适室内环境等主要优势。

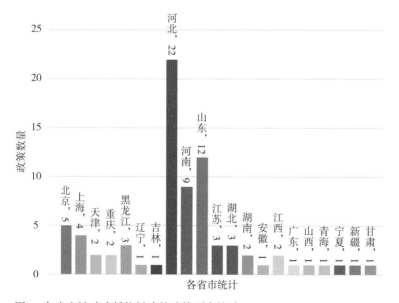

图1 各省市被动式低能耗建筑政策颁布统计

1.2 各气候区颁布政策概况

各气候区对被动式低能耗建筑的影响较大，导致其政策颁布各有不同，各气候区被动式低能耗建筑政策颁布统计，如图2所示。

由图2所示，截止到2020年3月，严寒地区共有7个地区发布9项政策，占比12%；寒冷地区有6个省市共发布政策51项，占比65%；夏热冬冷地区有7个省市发布17项政策，占比22%；位于夏热冬暖地区的广东省发布政策1项，占比1%。造成以上问题的原因主要在于

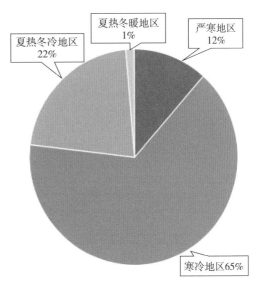

图2 各气候区被动式低能耗建筑政策颁布统计

部分地区未能根据气候区对被动式低能耗建筑的影响进行特定的研究总结，导致欠缺相关被动式低能耗建筑施工标准及案例，限制了该类建筑的推广应用。如河北省地处严寒地区，与德国所处气候区（德国被动式低能耗建筑标准已出台）类似，故河北省《被动式超低能耗居住建筑节能设计标准》DB13（J）/T 273-2018率先出台[2]。同时，该省已颁布22项政策，居全国首位，密集的政策发布也使河北成为全国被动式低能耗建筑的前沿阵地，大力推动被动式低能耗建筑又好又快地发展。

2 被动式低能耗建筑政策颁布详细数据

被动式低能耗建筑受气候区等条件影响较大，应因地制宜，方能达到该类建筑要求，故全国各省市根据其当地气候区等室外工况的不同制定了相应政策，需进一步详细总结全国范围内被动式低能耗建筑推广方面采取的政策情况，其详细政策颁布数据见表1。

如表1所示，部分地区未能较好地推广被动式低能耗建筑，仅颁布了绿色建筑等实施方案或条例，如新疆、宁夏、湖南及重庆等地。随着河北省出台被动式低能耗建筑标准后，黑龙江省已于2018年出台《被动式超低能耗居

表1 全国各省市详细政策颁布数据

省市	政策范围	政策名称
北京	北京	《北京市超低能耗建筑示范工程项目及奖励资金管理暂行办法》（京建法〔2017〕11号）
		《北京市超低能耗示范项目技术导则》及《北京市超低能耗农宅示范项目技术导则》
		《超低能耗建筑列入2020年度建筑绿色发展课题研究》
		《北京市推动超低能耗建筑发展行动计划（2016-2018年）》
		《2020年生态环境保护工作计划和措施》
上海	上海	《上海市超低能耗建筑技术导则（试行）》（沪建建材〔2019〕157号）
		《关于印发2019年本市各区和相关委托管理单位建筑节能工作任务分解目标的通知》（沪建建材〔2019〕167号）
		《上海市建筑节能和绿色建筑示范项目专项扶持办法》（沪住建规范联〔2020〕2号）
天津	天津	《关于加快推进被动式超低能耗建筑发展的实施意见（试行）》（津建科〔2018〕535号）
		《关于印发天津市建筑节能技术、工艺、材料、设备的推广、限制和禁止使用目录（2019版）的通知》（津住建科〔2019〕13号）
重庆	重庆	《关于推进绿色建筑高品质高质量发展的意见》（渝建发〔2019〕23号）
		《2020年绿色建筑与建筑节能工作要点》渝绿建〔2020〕2号
河北	河北	《河北省促进绿色建筑发展条例》
		《关于印发河北省绿色建筑和超低能耗建筑评价工作要点的通知》
		《河北省推进绿色建筑发展工作方案》
		河北省《被动式超低能耗公共建筑节能设计标准》（DB13（J）/T 263-2018）
		河北省《被动式超低能耗居住建筑节能设计标准》（DB13（J）/T 273-2018）
		《关于印发2020年全省村镇建设工作要点的通知》（冀建村建函〔2020〕34号）
		《2020年全省建筑节能与科技和装配式建筑工作要点》
		《被动式超低能耗建筑产业发展专项规划（2020-2025年）》
		《河北省被动式超低能耗建筑产业发展专项规划实施方案（2020-2025年）》
		《关于〈加强被动式超低能耗建筑工程质量管理二十条措施（征求意见稿）〉向社会公开征求意见的通知》
	石家庄	《石家庄市建筑节能专项资金管理办法》
		《关于落实被动式超低能耗建筑优惠政策工作的通知》（石住建办〔2018〕108号）
		《关于被动房和装配式建筑有关工作的通知》（石低能耗办〔2018〕6号）
		《关于加快被动式超低能耗建筑发展的实施意见》（石政规〔2018〕3号）
		《2020年全市建筑节能、绿色建筑与装配式建筑工作方案》
	保定	《关于推进被动式超低能耗绿色建筑发展的实施意见（试行）》（保政函〔2018〕54号）
		《加快推进绿色建筑发展实施方案》（保住建发〔2020〕33号）

续表

省市	政策范围	政策名称
河北	承德	《关于加快推进建筑产业现代化的实施意见》（承市政字〔2018〕79号）
	衡水	《关于加快推进被动式超低能耗建筑发展的实施意见（试行）》
	张家口	《关于做好装配式和被动式超低能耗建筑推进工作的通知》（张住建科字〔2018〕3号）
	沧州	《关于加快推进超低能耗建筑发展的实施意见》（沧政办发〔2019〕11号）
山东	山东	《山东省绿色建筑促进办法》（省政府令第323号）
		《关于印发〈山东省被动式超低能耗绿色建筑示范工程项目管理办法〉的通知》（鲁建节科字〔2016〕21号）
		《被动式超低能耗居住建筑节能设计标准》（DB37/T 5074-2016）
		《关于印发〈山东省被动式超低能耗绿色建筑示范工程专项验收技术要点〉的通知》（鲁建节科字〔2017〕19号）
		《关于印发山东省省级建筑节能与绿色建筑发展专项资金管理办法的通知》（鲁财建〔2016〕21号）
		《关于发布山东省建设科技成果推广项目〈山东省超低能耗建筑施工技术导则〉的通知》（JD 14-041-2018）
		《关于实施绿色建筑引领发展行动的意见》（鲁建节科字〔2019〕8号）
		《关于下达2020年装配式建筑和超低能耗建筑示范计划任务的通知》
	青岛	《青岛市"十三五"建筑节能与绿色建筑发展规划》
		《青岛市推进超低能耗建筑发展的实施意见》（青建办字〔2018〕117号）
	济南	《关于贯彻落实〈山东省绿色建筑促进办法〉的实施方案》（济建发〔2019〕22号）
河南	河南	《关于印发河南省财政支持生态环境保护若干政策的通知》（豫政办〔2019〕13号）
		《河南省节能和资源循环利用专项资金及项目建设管理办法》
		《河南省超低能耗居住建筑节能设计标准》（DBJ41/T 205-2018）
		《关于支持建筑业转型发展的十条意见》
	郑州	《关于发展超低能耗建筑的实施意见》（郑政〔2018〕42号）
		《关于印发郑州市清洁取暖试点城市示范项目资金奖补政策的通知》（郑政文〔2018〕95号）
	焦作	《我市冬季清洁取暖财政专项资金管理暂行办法解读》
江苏	江苏	《关于组织申报2020年度江苏省节能减排（建筑节能）专项资金奖补项目的通知》
湖北	宜昌	《关于推进被动式超低能耗建筑发展的意见（试行）》（宜府办函〔2018〕103号）
青海	青海	《被动式低能耗建筑技术导则（居住建筑）》（DB63/T 1682-2018）
宁夏	宁夏	《关于印发〈宁夏回族自治区绿色建筑示范项目资金管理暂行办法〉的通知》（宁建科发〔2017〕25号）

续表

省市	政策范围	政策名称
黑龙江	黑龙江	《被动式低能耗居住建筑设计标准》
		《2020年全省建设标准和科技工作要点》
	哈尔滨	《哈尔滨市"十三五"期间开展绿色建筑行动实施方案》（哈政办综〔2016〕20号）
辽宁	辽宁	《辽宁省绿色建筑条例》
江西	江西	《江西省"十三五"节能减排综合工作方案》（赣府发〔2017〕24号）
		《关于印发〈江西省建筑节能与绿色建筑发展"十三五"规划〉的通知》（赣建科〔2017〕10号）
新疆	乌鲁木齐	《全面推进绿色建筑发展实施方案》
湖南	湖南	《湖南省绿色建筑发展条例》（征求意见稿）
吉林	吉林	《吉林省超低能耗绿色建筑技术导则》

住建筑节能设计标准》DB23/T 2277–2018，满足了在寒冷地区气候下被动式低能耗建筑的设计要求[3]，国内仅缺少夏热冬冷及夏热冬暖地区有针对性的被动式低能耗建筑研究。

3 被动式低能耗建筑政策阶段分析

通过对各省市政策的分析，结合被动式低能耗建筑发展不均衡的现状，根据推广力度的不同，我们将被动式低能耗建筑的发展分为三个阶段：

第一个阶段是技术研究和试点示范阶段。该阶段为技术探索阶段，以政策制定为研究对象，并设立试点示范项目来推行技术的实际应用，具体表现为：相关部门根据技术要求，组织人员制定技术标准，设立政府投资项目作试点示范等。天津、甘肃、湖北、青海、黑龙江、辽宁、宁夏、江苏、江西、重庆、广东、安徽、湖南和吉林14个地区主要处于这个阶段，占发布政策地区总数的67%。例如湖北省发布的《2017年全省建筑节能与绿色建筑发展工作意见》指出："组织开展被动式超低能耗建筑建设试点，研究探索适宜湖北省气候特点的被动式超低能耗绿色建筑的技术路线与方法，为大力推进被动式超低能耗建筑奠定技术基础。"这类政策仅仅提出目标，但不具备可操作性，后续需进一步政策明确具体做法。

第二个阶段是实施推广阶段。经过上一阶段的探索，不论是政府监管部门还是相关的开发建设单位，均对技术有了一定的了解。政策层面开始大力推广技术的实际应用的同时催化本地化的产业链形成，其体现在政策上主要通过规划指标奖励、程序优化、专项资金、配套费减免、消费引导等方式引导开发建设单位使用新技术。北京、山东、河南、上海、乌鲁木齐、山西处在实施推广阶段，占发布政策地区总数的29%。2019年河北省发布的《关于印发河北省绿色建筑和超低能耗建筑评价工作要点的通知》中指出："超低能耗建筑的评价工作分为设计评价和施工评价。设计评价应在施工图设计文件审查通过后进行；施工评价应在建设工程竣工验收通过后进行；采用专家评审方式评价，将大大规范河北省超低能耗建筑市场，可有效地控制超低能耗建筑的设计和施工质量。"该文件明确了超低能耗建筑在实施过程中各阶段的评价方式，有较强的可操作性，对实际工程具有很强的指导意义。

第三个阶段是普及应用阶段。经过前两个阶段的探索和推广，技术得到社会的认可并达到普及的条件。政策层面主要表现为政策由引导变为要求，该阶段往往取消第二个阶段的各种奖励、引导措施，而将相关要求变为地方规定。目前只有河北部分地区进入应用阶段。占发布政策地区总数的4%。2020年河北省保定市八部门联合发布的《加快推进绿色建筑发展实施方案》指出："2020年起，超低能耗建筑用地面积应不少于当年建设供地面积总量的20%。鼓励发展超低能耗建筑项目建设。在绿色建筑专项规划中要明确超低能耗建筑要求及比例，鼓励建设超低能耗建筑全覆盖住宅小区、集中连片建设超低能耗建筑。对出让、划拨地块在100亩（含）以上或总建筑面积在20万平方米（含）以上的商品房项目（包括分期建设项目），明确必须建设一栋以上（不低于1万平方米）超低能耗建筑，且超低能耗建筑面积不低于总建筑面积的10%。"该文件将被动式低能耗建筑提升到了规划条件的高度，将被动式低能耗建筑由鼓励变为强制规定。

以河北省为例，2016年到2020年3月，河北省共发布相关政策22项（涉及石家庄、保定、承德、衡水、沧州），其中主要措施有流程支持、容积率支持、用地支持、项目补贴、用户供热补贴、上浮商品房备案价格、《商品房预售证》提前、公积金贷款优惠等类型。内容涵盖了从土地、优化流程、商品房销售到用户使用几个关键阶段，从政策上调动了开发建设单位以及消费者的积极性，极大地推动了被动式低能耗建筑在当地的发展。此外，河北省还先后出台多部被动式低能耗建筑地方标准，涵盖住宅和公建的设计、施

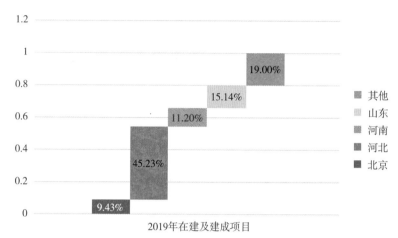

图3　2019年在建及建成被动式低能耗建筑全国占比

工、评价标准，标准的制定有效地规范了被动式低能耗建筑的实施和推广。

如图3所示，2019年全国在建及建成被动式低能耗建筑超过700万m^2，其中河北省316.62万m^2，占比45.23%。可见，合理有效的政策引导将极大地推动被动式低能耗建筑的发展。

4　被动式低能耗建筑政策建议

我国的被动式低能耗建筑仍处于发展的初级阶段，各省市应加强政策引导，制定符合本地实情的推广政策。并根据以上被动式低能耗建筑政策概况及阶段分析，对被动式低能耗建筑推广建议如下：

（1）完善配套政策

被动式低能耗建筑是一个系统工程，在推广初期应利用示范试点项目，同时完善项目各个阶段的相关政策，保证基本建设程序全过程的各阶段均能满足被动式低能耗建筑的实施要求，着手制定符合本地区实际情况的政策，为被动式低能耗建筑的实施提供有力保障。

（2）引入第三方评价机构

传统的评价机制往往只针对国家强制性规范的最低要求，被动式低能耗建筑作为高品质的建筑形式，从设计开始便应当引入具有专业经验的第三方评价机构对项目的设计、施工、验收及运维进行评价，以保障被动式低能耗建筑全过程得到有效监管。

（3）制定产业工人培训的扶持政策

以试点项目为起点，扩大区域范围内产业工人的培训范围，为被动式低能耗建筑的发展提供良好、坚实的基础。

参考文献

［1］孙金栋，陈旭，张小玲，等. 被动式建筑策略下新风行业的发展［J］.
建设科技，2019（15）：12-15.

［2］河北省工程建设标准-被动式超低能耗居住建筑节能设计标准DB13
（J）/T 273-2018［S］.

［3］黑龙江省工程建设标准 - 被动式低能耗居住建筑节能设计标准DB23/T
2277-2018［S］.

被动式低能耗建筑的策划、
质量控制及认证

马伊硕 曹恒瑞
北京康居认证中心

摘　要： 被动式低能耗建筑的设计、施工及运行，应采用性能化的设计方法、精细化的施工方法和智能化的运行模式实施，有效的项目策划和有力的工程管理尤为重要。本文基于建设工程动态管理方法，针对被动式低能耗建筑阐明了项目的策划决策、过程管理和建筑认证方法。以全过程质量控制流程为核心的建筑认证，通过检查、监督、审核等一系列手段，实现对建筑质量的敦促及有关建筑品质的对外申明。

关键词： 项目策划；工程动态管理；全过程质量控制；建筑认证

1 引言

在全球气候变化明显、能源供应紧张，以及人们提升生活品质、改善舒适度的需求不断增长的背景下，被动式低能耗建筑提供了一种协调和平衡的解决路径，其最大优势莫过于可同时实现高度的建筑室内舒适性和高度的建筑能效性，即平衡了当代人对健康和舒适生活的需求与社会和环境可持续发展的需求。

为了同时实现室内舒适度和建筑能效性的双控目标，被动式低能耗建筑主要采用了以下五方面的关键技术：设置连续完整的气密层确保良好的建筑气密性；采用高效的外围护结构外保温系统；采用高性能的外门窗系统；执行无热桥的设计理念与建筑节点构造方式；设置带有高效热回收装置的通风系统。

上述技术措施，不仅大部分与传统建筑做法具有颠覆性的区别，而且无论是在设计阶段还是在施工阶段都必须以极高的执行力度贯彻全部的细节处理。因此，与普通建筑不同，被动式低能耗建筑的设计、施工及运行，应以室内环境指标和建筑能耗指标为约束目标，采用性能化的设计方法、精细化的施工方法和智能化的运行模式实施，实现精细化设计、精细化施工、精细化运行。

对于这类精细化水平要求极高的高能效建筑，有效的项目策划和工程管理尤为重要。特别是在当下的时代和环境背景下，对于积极探索并寻求符合时代需求和家国利益的建筑产品解决方案的开发建设单位而言，了解被动式低能耗建筑的策划重点，实施贯穿于项目策划、实施、运营全寿命周期的质量管理，是至关重要的。

本文基于建设工程动态管理方法，针对被动式低能耗建筑阐明了项目的策划决策、过程管理和建筑认证方法，以及在项目全寿命周期的质量控制过程中，以控制能效目标（即建筑能耗指标）和舒适性目标（即室内环境指标）为核心，项目参与各方的质量保证分工职责和协作流程。以全过程质量控制为核心、以建筑认证为建筑质量敦促和对外申明的手段，通过设置在建筑策划决策、勘察设计、招标采购、施工安装、检测检验、竣工验收、交付运营各个阶段的检查、监督、审核等措施，实现对被动式低能耗建筑质量的全面保障。

2 策划决策

策划决策阶段，应首先对项目预计实现的能效目标作出决策，继而策划项目的开发建设规模、实施阶段组织方案、实施阶段管理模式及质量保证措施，以及项目技术及运营方案的相关内容。

2.1 建筑能效目标

确定建筑物的能效目标是决策阶段的首要任务。建筑能效目标（要达到何种能效水平）一旦确定并执行，建筑物的能效水平和舒适度水平将在后续长久的运营过程中得以体现，并回馈于建设方和投资方。

2.2 开发建设规模

应综合考虑以下因素，决策被动式低能耗建筑开发建设规模：

（1）当地政策；

（2）公司策略；

（3）产品定位；

（4）舒适度要求；

（5）增量成本；

（6）工期要求；

（7）当地房价水平；

（8）当地用户接受程度；

（9）市场产品供应量。

2.3 组织方案

组织是目标能否实现的决定性因素。被动式低能耗建筑项目管理的组织，决定了项目的成败。实施阶段的项目管理组织方案，包括建立项目负责团队，确定组织结构、工作任务分工、管理职能分工、工作流程。

2.4 管理模式及质量保证措施

应决策以下内容，以确保被动式低能耗建筑的质量水平。

（1）采取全过程质量控制的模式

选择具有丰富的被动式低能耗建筑实施经验和技术储备，具备明确的全过程质量控制工作流程和丰富的多方沟通经验的技术支撑单位，从设计、选材、施工、检测、验收到交付、运营，进行全过程质量控制，保障项目质量。

（2）取得被动式低能耗建筑认证

选择被动式低能耗建筑领域的专业认证，通过获取第三方认证敦促项目质量满足高标准要求，对项目的设计和施工质量、能效水平和室内舒适度进行自我申明，使住户、使用者、投资者明确地了解项目的性能和品质，同时为监管机构提供项目符合高能效建筑标准要求的证明。

（3）确定合理的合同结构

合同结构反映建设方与项目各参与方之间，以及项目各参与方之间的合同关系。在被动式低能耗建筑项目中，尤其重要的是涉及项目施工阶段，各参建方的工作界面划分。应确定项目合理的合同结构、合同内容，体现被动式低能耗建筑倡导系统化施工的理念。

（4）选择适宜的设计单位

应综合考虑以下因素，选择适宜的设计单位：

①具备国家认可资质的被动式低能耗建筑设计师参与具体项目实施；

②具体项目设计人员具有被动式低能耗建筑的设计经验；

③设计单位临近项目所在地，便于项目现场调度；

④设计团队稳定，固定设计人员持续负责至项目验收。

（5）选择适宜的施工总包单位

应综合考虑以下因素，选择适宜的施工总包单位：

①接受过专业的被动式低能耗建筑施工培训；

②技术负责人具有被动式低能耗建筑的施工经验；

③施工管理和施工水平适应于被动式低能耗建筑的精细化施工要求。

（6）确定适宜的施工分包模式

采取外墙外保温系统（包括饰面）、屋面防水保温系统、外门窗系统、遮阳系统、新风系统的方式进行工作切分，并综合考虑以下因素，选择专业的分包单位：

①具备国家认可资质的被动式低能耗建筑施工人员参与具体项目关键工序；

②掌握系统施工技术，具有成熟的系统施工工艺及施工能力；

③现场负责人具有被动式低能耗建筑的施工经验；

④施工团队稳定，关键技术人员持续负责至项目验收；

⑤施工管理和施工水平适应于被动式低能耗建筑的精细化施工要求；

⑥具备良好的信誉、售后服务能力和赔付能力。

（7）制定合理的设计和施工周期

应制定合理的设计和施工周期，避免大量压缩设计和施工正常工作时间的现象，以满足被动式低能耗建筑精细化设计和精细化施工的要求。严禁边设计边施工，由此避免后期大量设计变更和施工整改所带来的不必要的损失。

（8）采用全专业协同控制方式

遵循多专业协同的工作模式，在设计和施工阶段，协调建筑、暖通、结构、给水排水、电气与室内装修专业共同参与，以便优化设计，合理安排进度和资源配置。

2.5 项目方案

应决策以下与项目技术及运营方案相关的内容：

（1）建筑立面：建筑立面应简洁、规整，尽量避免装饰性构件和干挂幕墙系统。

（2）建筑平面：建筑平面应综合考虑设备、管线排布，避免各类管线相互影响。

（3）建筑层高：综合考虑结构布置、设备安装、管线敷设等，避免出现净高过小。

（4）交付方式：被动式低能耗建筑宜采取精装修的方式交付。

（5）物业管理模式：应针对项目运营成本低的特点选择适宜的物业管理模式。

3 全过程质量控制

3.1 控制目标

项目管理的核心任务是项目的目标控制，可以说，没有明确目标的建设工程不是项目管理的对象。在被动式低能耗建筑工程实践中，普遍意义上的项目目标当然包括投资目标、进度目标和质量目标，但是对于被动式低能耗建筑而言，其特殊意义的核心控制目标在于：

（1）建筑的能效目标；

（2）建筑的舒适性目标。

3.2 控制过程

被动式低能耗建筑项目的全寿命周期包括项目的决策阶段、实施阶段和运营阶段。全过程质量控制应覆盖被动式低能耗建筑的全寿命周期，包括

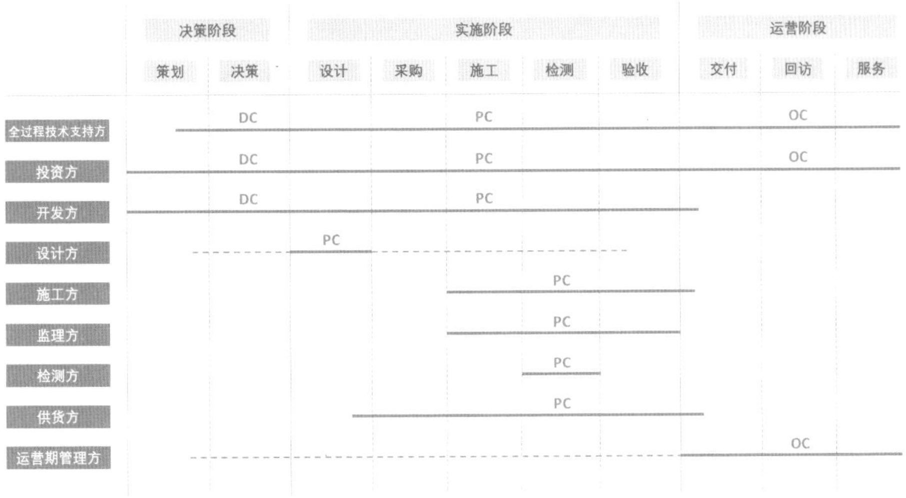

图1 被动式低能耗建筑的全过程质量控制系统

决策阶段质量控制（即决策控制，Decision Control，DC）、实施阶段质量控制（即过程控制，Process Control，PC）、运营阶段质量控制（即运营控制，Operation Control，OC）。

在决策、实施、运营三个阶段中，以下工作过程均应处于全过程质量控制系统的控制范围：策划与决策过程、勘察设计过程、设备材料采购过程、施工组织与实施过程、检测检验过程、项目质量评定与竣工验收过程、交付过程、回访维修过程、运营服务过程。

被动式低能耗建筑项目的质量目标，同时涉及了设计质量、材料/产品质量、设备质量、施工质量，以及最终在运营过程中建筑物所表现出来的服务质量。因此，全过程质量控制，是项目参与各方所共同致力于实现项目控制目标的一系列活动的总和。实施质量控制的主体是工程项目的建设方（投资方、开发方）以及项目的全过程技术支持方，涉及参与质量控制的各方，包括工程项目的设计方、施工方、监理方、供货方和项目运营期的管理方。被动式低能耗建筑的全过程质量控制系统中，项目参与各方的工作历程，见图1。

3.3 控制措施

被动式低能耗建筑的实施阶段质量控制，是全过程质量控制系统的核心控制过程。针对项目的勘察设计、招标采购、施工安装、检测检验、竣工验收阶段，质量控制措施主要包括：设计培训、技术指导、图纸审核、建筑能耗审核、施工培训、设备材料性能控制、现场见证取样送检、施工现场质量检查、项目检测监督、现场质量和资料验收等。

被动式低能耗建筑的运营阶段质量控制，是针对项目的交付、运营等阶段，以建筑能效和舒适性为目标，利用数字化基础设施，跟踪优化能源系统的运行效果，优化物业管理与用户之间能源服务的双向互动，强调建筑与设备系统之间的调适与持续优化。运营阶段质量控制措施主要包括：物业及用户技术指导、室内环境及建筑能耗数据监测、建筑质量回访、项目检测监督、用户满意程度调查等。被动式低能耗建筑的全过程质量控制流程，见图2。

3.4　分工职责

被动式低能耗建筑的全过程质量控制系统中，项目建设单位、技术支持单位、设计单位、施工单位应分别承担以下职责，见表1～表4。

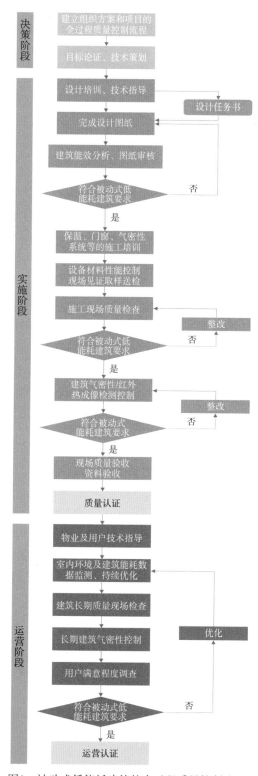

图2　被动式低能耗建筑的全过程质量控制流程

表1　建设方职责

项目阶段	建设方职责
决策阶段	1. 决策项目的能效目标和开发建设规模； 2. 决策项目的组织方案，建立项目负责团队，并指定固定的项目负责人； 3. 决策项目的质量保证模式和认证类型； 4. 确定项目合理的合同结构； 5. 选择适宜的全过程技术支持单位、设计单位、施工总包单位和施工分包单位； 6. 决策项目的合理设计和施工周期； 7. 决策项目的技术方案、装修方式和物业管理模式
设计阶段	1. 组织设计培训、技术方案讨论会； 2. 协调技术支持单位和设计单位制定项目进度安排表，提出项目节点安排； 3. 协调技术支持单位和设计单位互提技术资料，直至完成符合被动式低能耗建筑要求的全专业施工图、专项技术方案、能效分析报告等
招标阶段	1. 收集被动式低能耗建筑适用材料和产品的市场信息，对产品供应单位进行工厂考察，并依托具有公信力的被动式低能耗建筑产品认证构建企业产品选用目录； 2. 依据关键产品性能控制性指标，协调总包和分包单位选择符合要求的产品，并及时向技术支持单位提供所选产品的信息
施工阶段	1. 指定施工阶段项目负责人，配合实施施工阶段质量控制； 2. 协调总包单位建造小型样板间/工法墙，并准备相关建筑材料，组织施工培训； 3. 沟通施工进度，在重要施工节点组织技术支持单位进行工地质量控制，并协调总包和分包单位针对现场施工质量检查报告完成整改及回复； 4. 对现场施工质量进行监督管理
检测阶段	1. 组织实施建筑气密性测试和建筑红外热成像测试； 2. 协调总包和分包单位进行整改，直至达到指标要求
验收阶段	1. 组织实施项目现场质量验收； 2. 协调技术支持单位、设计单位、总包和分包单位提交完整的项目验收资料； 3. 取得被动式低能耗建筑质量认证
交付阶段	1. 组织编写技术指导手册，对物业管理单位和建筑使用者给予恰当的使用指导； 2. 组织营销部门学习了解被动式低能耗建筑知识； 3. 布置被动式低能耗建筑工艺工法展示区
运营阶段	1. 协调安装室内环境和建筑能耗监测设备，并将监测数据反馈至技术支持单位和认证单位，以便对运营状况进行分析、优化； 2. 组织项目现场质量回访，以便对建筑长期质量水平进行控制； 3. 在项目运营1~2年后再次组织实施建筑气密性测试； 4. 协助技术支持单位对使用者的用户体验进行调查； 5. 取得被动式低能耗建筑运营认证

表2 技术支持方职责

项目阶段	技术支持方职责
决策阶段	1. 建立项目技术支持团队，并指定固定的项目管理负责人； 2. 对项目进行可行性分析，协助建设方确立项目的能效目标，并对目标进行论证； 3. 对项目的建筑方案、能源方案、设备系统方案提出初步建议； 4. 针对项目提出包括建筑、暖通、结构、给水排水、电气与室内装修等多专业的初步意见，以便项目控制，合理安排进度和资源配置
设计阶段	1. 建立项目的全过程质量控制方案和管理流程，以及资料管理平台，以便相关项目资料的交换和汇编； 2. 对项目管理人员、设计人员、施工技术人员进行设计培训，并在培训期间为项目的初步方案提供建筑能效优化的指导和答疑； 3. 编制设计任务书，将项目的设计目标传达给各相关方，明确室内环境设计指标、建筑能效设计指标，以及建筑性能设计要求； 4. 针对方案设计图纸，提出初步方案建议，包括外围护结构做法、被动区规划、气密层设计、暖通系统方案、设计注意事项等，协助设计单位开展设计工作； 5. 针对初步设计图纸，进行图纸审核、建筑能效分析，以及建筑和设备关键参数的敏感性分析，确定项目技术方案； 6. 针对施工图设计图纸，进行图纸审核、建筑能效分析，确保满足被动式低能耗建筑要求； 7. 编写被动式低能耗建筑专项技术方案和建筑能效分析报告
招标阶段	1. 为建设方提供适用材料和产品的市场信息，以便建设方进行产品考察； 2. 确立关键材料、产品和设备的控制性指标，作为项目招标依据； 3. 根据建设方提供的产品信息，审核所选材料是否符合技术要求，并提出改进建议
施工阶段	1. 在项目施工现场组织施工培训，演示正确的建筑节点施工操作方法； 2. 对进场的关键材料、产品和设备进行质量控制，以及工地现场见证取样送检； 3. 对项目施工过程进行关键节点质量控制，实施施工现场质量检查，并出具完备的现场施工质量检查报告，详述存在问题及整改方式； 4. 对项目的整改意见反馈以及整改过程和效果进行监督
检测阶段	1. 对建筑气密性测试、建筑红外热成像测试的实施过程进行现场监督控制； 2. 提出整改意见，并对项目的整改意见反馈以及整改过程和效果进行监督
验收阶段	1. 到项目现场进行质量验收，并出具完备的现场质量验收报告； 2. 收集、核查验收资料，包括全专业施工图纸、被动式低能耗建筑专项技术方案、建筑能效分析报告、施工过程质量检查报告、产品技术指标证明文件和建筑气密性检测报告等
交付阶段	配合建设方编写用户指导手册，说明建筑特性及使用注意事项
运营阶段	1. 收集分析室内环境和建筑能耗数据，审核能效措施成果，有必要时对不理想的流程实施优化； 2. 进行项目现场质量回访，考察建筑的长期质量水平和维护水平； 3. 对建筑运营期间的气密性测试进行现场监督，评估建筑的长期气密性能； 4. 对建筑使用者的实际体验进行调查，综合评估用户对建筑的满意程度

表3　设计方职责

项目阶段	设计方职责
决策阶段	1. 建立项目设计团队，并指定固定的项目负责人； 2. 给出项目的初步方案，并根据技术支持方建议进行调整
设计阶段	1. 参加设计培训，并针对项目具体问题进行技术交流； 2. 给出方案设计图纸，并针对技术支持方审图报告进行调整和回复； 3. 给出初步设计图纸，并针对技术支持方审图报告进行调整和回复； 4. 给出施工图设计图纸，并针对技术支持方审图报告进行调整和回复，确保满足被动式低能耗建筑要求
施工阶段	参加技术支持方进行的施工现场质量检查，必要时针对现场问题给出设计变更
检测阶段	必要时针对现场问题整改意见给出设计变更
验收阶段	1. 参加项目现场质量验收，必要时针对现场问题给出设计变更； 2. 提交相关验收资料，包括全专业施工图纸等

表4　施工方职责

项目阶段	施工方职责
施工阶段	1. 建立项目技术团队，并指定固定的项目负责人； 2. 采购符合被动式低能耗建筑技术指标要求的材料、产品和设备； 3. 配合技术支持方在项目现场实施施工培训； 4. 参加施工现场质量检查，并针对现场施工质量检查报告进行整改和回复； 5. 对暖通系统进行调试，并出具调试报告
检测阶段	1. 配合建筑气密性测试、建筑红外热成像测试进行必要的准备和配合工作； 2. 针对现场问题整改意见进行整改和回复
验收阶段	1. 参加项目现场质量验收，并针对技术支持方现场质量验收报告进行整改和回复； 2. 提交相关验收资料，包括产品技术指标证明文件等
运营阶段	保修期内对建筑在运营过程中的质量问题，进行维护、维修

3.5　协作管理

（1）设计阶段的协作与提资

被动式低能耗建筑的全过程质量控制系统中，设计阶段技术支持方与设计方之间的协作流程，以及相互提资节点和内容，见图3。

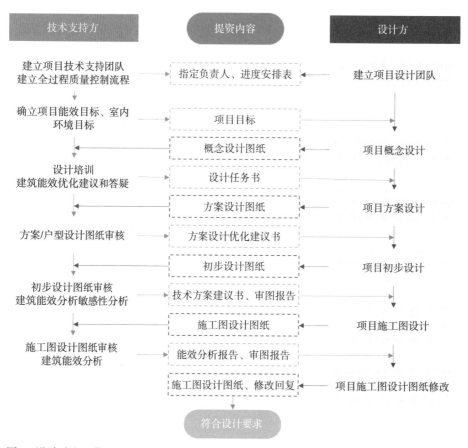

图3　设计阶段工作流程及提资内容

（2）施工阶段的协作与提资

被动式低能耗建筑的全过程质量控制系统中，施工阶段技术支持方与施工方之间的协作流程，以及相互提资节点和内容，见图4。

（3）验收阶段的协作与提资

被动式低能耗建筑的验收，分为现场质量验收和资料验收两部分。其中，现场质量验收中不可缺失的重要一环是对于项目现场检测检验的监督和质量控制。在对建筑气密性测试、建筑红外热成像测试的实施过程进行现场质量控制的前提条件下，对现场施工质量进行检查验收，并形成质量验收报告。对于资料验收部分，被动式低能耗建筑的验收资料一般应包括的内容，见表5。

（4）运营阶段的协作与提资

在运营阶段，主要是项目的运营期管理方与技术支持方配合工作，工作的成效很大程度上取决于项目初期决策阶段确定的物业管理模式。

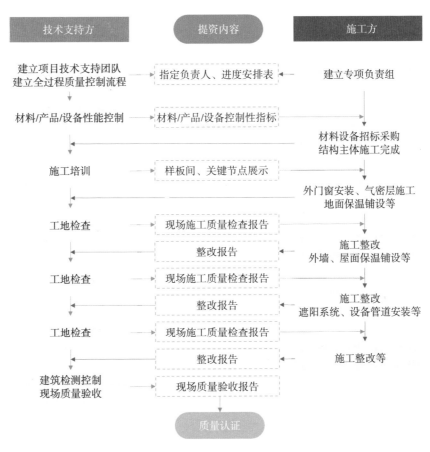

图4 施工阶段工作流程及提资内容

表5 验收资料清单

类别	名称	内容
基本资料	项目审批文件	（1）国有土地使用证；（2）立项批复文件；（3）建设用地规划许可证；（4）建设工程规划许可证；（5）建筑工程施工许可证；（6）工程竣工验收报告
	参建单位信息	（1）建设单位简介及资质证明；（2）咨询单位简介及资质证明；（3）设计单位简介及资质证明；（4）施工单位简介及资质证明；（5）监理单位简介及资质证明；（6）产品供应单位列表
设计文件	项目图纸/照片	（1）全专业施工图纸；（2）项目效果图；（3）项目竣工全景照片
	技术报告	（1）被动式低能耗建筑专项技术方案；（2）建筑能效分析报告；（3）图纸审核报告
施工质量控制文件	建筑质量检查报告	（1）现场施工质量检查报告（至少3次），及整改记录和回复；（2）现场质量验收报告，及整改记录和回复；（3）关键施工阶段的现场照片及录像

续表

类别	名称	内容
施工质量控制文件	产品技术指标证明文件	（1）保温材料检测报告；（2）外墙保温系统及组成材料检测报告；（3）门窗幕墙检测报告；（4）玻璃检测报告；（5）密封材料检测报告；（6）隔汽和防水材料检测报告；（7）隔热垫片/垫块材料检测报告；（8）通风设备清单及检测报告；（9）供热/供冷设备清单及检测报告；（10）产能设备清单及检测报告；（11）电气设备清单及检测报告；（12）给水排水设备清单及检测报告；（13）室内用电设备清单及用能需求参数；（14）通风系统调试报告
	建筑气密性能检测文件	（1）建筑气密性能检测方案；（2）建筑换气体积计算文件；（3）建筑气密性能测试准备情况及现场记录；（4）建筑气密性能检测报告
	建筑红外热成像检测文件	（1）建筑红外热成像检测方案；（2）建筑红外热成像照片；（3）建筑红外热成像检测报告

在项目投入运营的2~3年内，技术支持方收集室内环境（包括室内温度、相对湿度、CO_2浓度、PM2.5浓度、PM10浓度等）和建筑能耗（包括暖通空调、照明、生活热水、电器设备的分项能耗）的24小时监测数据，实时监控项目运行效果，审核能效措施成果，有必要时对不理想的流程实施优化。同时，对建筑使用者的实际体验进行调查，针对建筑本体和建筑的室内环境两部分综合评估用户的满意程度。

针对建筑的长期质量水平，应通过运营期建筑质量回访、运营期建筑气密性测试等方式，检查建筑在运营过程中的长期质量维护水平和气密性性能。

4 建筑认证

建设工程项目从本质上来说是一项建筑产品，与普通产品不同的是，建筑产品采用单件性策划、设计和施工的生产组织方式，决定了各个建筑产品质量特性的差异，也决定了建筑产品的质量控制必须采取过程控制的方式。

因此，被动式低能耗建筑的认证，必须采取过程控制的认证方式，以全过程质量控制的手段作为建筑认证的核心。仅仅某一阶段的某单项指标或证明，不足以成为建筑认证的有力支撑。本文上述的遍布在建筑策划决策、勘察设计、招标采购、施工安装、检测检验、竣工验收、交付运营各个阶段的检查、监督、审核等一系列全过程的质量控制措施，确保建筑产品的能效目标和舒适性目标得以落实，是建筑认证的重要途径。

如图2所示，建筑产品实施阶段完成、竣工验收合格，取得质量认证，意味着建筑产品达到了设计、施工阶段的质量要求；建筑产品进入运营阶段2～3年、运营水平合格，取得运营认证，意味着建筑产品真正实现了其预期的质量特性。

建筑的质量认证、运营认证使住户、使用者、投资者以及更为广泛的利益相关方更明确地了解建筑物的关键性能指标，以及建筑物实际的舒适度和质量水准，以此来解决其对建筑物品质的关注；使建设方在租售、推广和宣传的过程中表明其建筑的品质标准；为监管机构提供建筑物符合高能效标准要求的证明；亦可向市场表明第三方独立机构的全过程审查和监督。

5 结论与展望

建设工程管理工作是一种增值服务工作。在现实的传统工程实践中，通过管理为项目的建设阶段增值（提高工程质量、利于投资控制、利于进度控制）往往得到更多的重视，而通过管理为项目的运营阶段增值（提升能源效益、提升环境效益、降低运营成本、满足用户使用需求、提高建筑服务水平、利于项目维护）却常常被忽视。

被动式低能耗建筑的全过程质量控制和建筑认证，核心任务是使项目在建设阶段和运营阶段同时实现增值。项目建设方在工程建设过程中的增量投资，将在建筑运营的能源成本大幅降低和不动产整体附加值大幅提升的收益中得以抵偿，乃至转为持续盈利。同时，将从建筑物作为服务者而提供的耐久的、高品质的服务中得到最佳回报。

基于 Airpak 的被动房办公室地送风数值模拟研究

张雨铭[1] 陈旭[2] 陈晖[3] 郝生鑫[2] 王汝佳[2] 陈秉学[2]

1 北京建筑大学环境与能源工程学院；2 北京康居认证中心；

3 北京工业大学建筑工程学院

摘　要： 被动房仅依靠新风换气机实现通风和热回收，能大幅度降低建筑能耗，且办公室作为工作人员长时间停留场所，增强室内通风效果具有重要意义。本文主要研究了地送风出风口与排风口的不同数量及不同位置对被动房办公室气流组织的影响。利用Airpak软件对被动房办公室地送风进行数值模拟，得到室内气流组织的温度场及速度场，并采用PMV-PPD对室内人员热舒适性及空气品质进行了评价。在通风效果方面，对被动房办公室的地送风设计进行了优化。

关键词： 被动房；地送风；数值模拟；气流组织

　　早在20世纪80年代初，瑞典隆德大学博·亚当姆森（Bo Adamson）教授和德国达姆施塔房屋与环境研究所沃尔夫冈·菲斯特（Wolfgang Feist）博士提出了一种新的理念：在不设传统采暖设施而仅依靠太阳辐射、人体放热、电器散热等自然得热方式的条件下，建造冬季室内温度能达到20℃以上，具有必要舒适度的房屋，这种理念的房屋称为被动房[1]。经过国内外学者的研究，被动房必须依靠建筑的保温隔热性能和气密性来实现舒适的冬季[2]，这会导致有害气体滞留在室内。加之人们长时间停留在办公室，所以被动房办公室的通风必须依赖于新风换气机。传统的上进上出模式中，入射气流不能很好地贯穿室内，不仅不能有效降低室内温度，同时室内污染气体也不能很好地排出室外[3]。而地送风将新鲜空气送至室内顶部，使得顶部污浊热空气排出室外。不但如此，地送风还具有便于建筑物重新装修、局部气候环境的个人控制、提高人员活动区的空气品质、节能及降低新建筑物楼层高度等优点[4]。

　　本文利用Fluent公司推出的Airpak3.0这一专业软件，研究了地送风出风口与排风口的不同数量及不同位置对被动房办公室气流组织的影响，对未来被动房办公室地送风的风口设计具有重要指导作用。

1 Airpak软件简介

本次被动房办公室的数值模拟分析研究采用的是现在常见的计算流体动力学（CFD）软件——Airpak。Airpak软件是在FLUENT（CFD技术的一个软件包）基础上发展而来的一个工具软件，主要是针对通风系统的空气品质、热舒适性、空气调节及污染控制进行气流组织的模拟，并面向工程师、建筑师和设计师的专业应用于HVAC领域的软件[5, 6]。Airpak软件的特点如下。

（1）快速建模。Airpak是基于object的建模方式，这些object包括房间、人体、块、风扇、通风孔、墙壁、隔板、热负荷源等模型。

（2）自动的网格划分功能。其自适应功能能对网格进行细分或粗化，或生成不连续网格、可变网格和滑动网格。

（3）强大的计算功能。采用有限体积法离散方程，其计算精度和稳定性都优于传统编程中使用的有限差分法。

（4）具备全面综合性评价。可以模拟不同空调系统送风气流组织形式下室内的温度场、速度场、空气龄场、PMV场、PPD场等，对房间的气流组织、热舒适性进行评价[7]。图1为Airpak应用流程图。

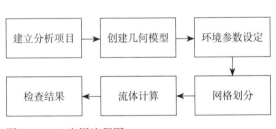

图1 Airpak应用流程图

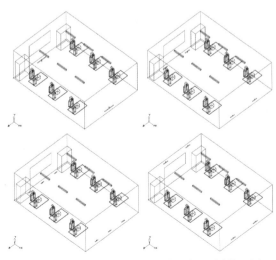

图2 被动房办公室地送风不同数量、不同位置风口三维物理模型

2 创建模型

2.1 建立分析项目

本文选取的研究项目为一个被动房办公室，其主要作为科研办公场所。图2为被动房办公室三维物理模型，X轴正方向表示该办公室的长度，Y轴正方向为高度（即重力负方向），Z轴负方向为宽度，其长、宽、高尺寸分别为8m、6m和3m。在

Y-Z面，X=0m处，设置两扇长、宽分别为2m、1.5m的窗体；在X=8m处，设置一面长、宽分别为1.2m、2.2m的门体。在办公室地面与地板间隙中安插管道，采用地送风方式，利用新风换气机送风及排风，其送风口及排风口均匀分布在房间两侧。

根据面积及人口数量，总风量均设定为720m³/h，每个出风口及排风口风速均为2m/s。设定不同数量、不同位置地送风进风口及排风口工况：（1）均为0.05m和0.1m的单独进风口及排风口，位于室内地面中心并以x轴正向分布；（2）均为0.05mm的双进风口及排风口，位于室内地面四个角落对称分布；（3）均为0.05m和0.333m的三进风口及排风口，分别位于室内地面中心及四个角落并以x轴正向对称分布；（4）均为0.05mm的双进风口及排风口，双进风口位于室内地面靠近东侧墙以x轴正向对称分布，排风口位于室内顶层靠近西侧墙以x轴正向对称分布。

2.2 创建几何模型

被动房办公室墙体所选用材料、门窗的传热系数等参数设定参照《被动式低能耗居住建筑节能设计标准》DB13（J）/T 273-2018，如门窗传热系数0.8W/（m²·K）[8, 9]等。室内热源主要涉及人员及电器散热。温度场及速度场计算按照顶面受风情况，PMV-PPD计算按照人员静坐情况。房间室内有6个人，每个人各有1台电脑及1个工作用桌，共6盏电灯。具体参数初始条件如表1所示。

表1 数值模拟计算初始条件

名称	数量	尺寸	模型类型	边界条件	取值
房间	1间	8m，6m，3m	Room	西墙：定传热系数	$K=0.15W/（m²·K）$
				其余墙体：绝热	—
西窗户	1扇	2m，1.5m	Walls	定传热系数	$K=0.8W/（m²·K）$
人员	6人	1.73m，0.3m，2m	Persons	定热流密度	1met
电脑	6台	0.3m，0.3m，0.3m	Blocks	定热流量	100W/台
电灯	6盏	0.1m，1m，0.1m	Blocks	定热流量	35W/台
办公桌	6桌	0.7m，1.2m，0.05m	Blocks	绝热	—

2.3　环境参数设定

探讨在新风系统不承担室内负荷的条件下，被动房冬季的室温极限，尽可能降低新风系统能耗，对制定被动房在夏热冬冷地区冬季合理的新风系统运行控制策略具有重要意义[10]。故环境设定为冬季，室外温度为–5℃，且房间西墙为外墙，考虑太阳辐射的影响。其余墙体与其他办公室相邻，并与邻室及楼道均无温差，将围护结构设为绝热边界。根据被动房标准要求及新风换气机全热交换效率以70%进行计算，引进新风温度设定为17℃，相对湿度设定为50%，以保障室内温度维持在26℃左右即可。

同时，为了简化问题以便计算，作以下假设：室内空气流低速流动，可视为不可压缩流体[11]；由于被动房气密性及保温性远远大于普通房屋，不考虑漏风影响。

3　数值模拟方法

3.1　数学模型

冬季被动房办公室室内采用新风换气机进行新风与排风热交换时，属于受迫对流换热，计算方法采用将湍流黏性系数与湍流时均参数联系起来的两方程模型，其控制方程为[12]：

（1）连续性方程

对于不可压缩流体，其流体密度为常数，连续性方程可简化为：

$$\frac{\partial u_i}{\partial x_i} = 0 \tag{1}$$

式中：u_i为i方向的速度。

（2）动量守恒方程

$$\frac{\partial}{\partial x_j}(\rho u_i u_j) = \frac{\partial p}{\partial x_i} + \frac{\partial \tau_{ij}}{\partial x_j} + \rho g_i + F_i \tag{2}$$

式中：ρ为流体密度；p为静压力；τ_{ij}为黏性力张量；ρg_i为i方向的体积力；F_i为源项。

$$\tau_{ij} = \left[\mu \left(\frac{\partial u_i}{\partial x_j} + \frac{\partial u_j}{\partial x_i} \right) \right] - \frac{2}{3} \mu \frac{\partial u_i}{\partial x_i} \sigma_{ij} \qquad (3)$$

式中：μ 为动力黏度。

（3）能量守恒方程

$$\frac{\partial}{\partial x_i}(\rho u_i h) = \frac{\partial}{\partial x_i}(k + k_i)\frac{\partial T}{\partial x_i} + S_h \qquad (4)$$

式中：k 为导热率；k_i 为湍流传递引起的导热率；S_h 为体积热源。

3.2 数值模拟方法

本文对被动房办公室进行模拟分析，采用计算流体力学中有限体积法离散控制方程，设置离散格式为一阶迎风格式，默认松弛因子参数（压力为 0.3；k 为 0.5；ε 为 0.5；动量为 0.7；速度为 1.0；温度为 1.0），流态为稳态流动。方程收敛精度如表2所示。

表2 方程收敛精度（相对误差）

连续性方程	动量方程	能量方程
110^{-3}	110^{-3}	110^{-6}

3.3 网格划分

网格划分的质量影响着计算结果精度。在求解方程前，将屋顶、地面和四周墙壁的优先等级设置为0，保证靠墙物体在划分网格中有着比墙更高的优先权。且由于办公室内部环境复杂，为更准确地反映室内气流组织变化，针对相应物体，如办公桌、电脑、电灯等需要细化网格。同时出风口与排风口数量较多及速度梯度大等原因，网格划分也应较为密集。

本文模型采用六面体非结构化网格，网格处理方式为Normal型，网格最大单元X、Y、Z尺寸为该空间对应尺寸的1/20。网格划分如表3所示。

表3　网格划分表

不同类型风口	网格数	节点数
地面单送排风口	160221	144129
地面双送排风口	139047	124864
地面三送排风口	167608	151723
地面送风顶面回风	161595	145369

4　模拟结果对比分析

通过温度场、速度场对被动房办公室室内气流组织进行分析，并根据PMV、PPD对室内热环境的评价［PMV指数是根据人体热平衡计算生成用来表征人体热反应（冷热感）的评价指标；PDD指数则为预计处于热环境中的群体对于热环境不满意的投票平均数］，研究地送风出风口与排风口的不同数量及不同位置对被动房办公室气流组织的影响。

在办公室环境下，工作人员以坐姿进行操作计算机等办公活动，因此离地面高1.5m左右的温度场是工作人员头顶上方感知温度区，离地面高0.6m的PMV场是腿部对热舒适性判断区。对于室内新风能否较好地充满整个房间，则分别根据离地面高0.6m、2.7m处的速度场来对地面及屋顶空气流动进行分析，并在Y=2.4m处对室内热环境不满意率进行评价。

4.1　温度场对比

根据图3中的温度分布图像显示，在Y=1.5m处，无论是地面或顶面排风的温度分布差异都不大，基本上维持在25℃以上，温度最低处与最高处相差不到4℃。引进新风的温度（17℃）与室内温度相比较低，所以东侧办公人员的位置温度较低，在最西侧办公人员与柜子之间的温度最高；而西北侧及西南侧，离新风口较远，且靠近角落，加之人员和计算机散热等因素，温度较高。但当仅设置单独的地面送风进风口和排风口时，室内最西侧的温度分布表明，引进的新风没有较好地向西侧迁移。设置多个地送风进风口和排风口时，随着进风口和排风口数量增多，气流都能够较好地到达室内较远的地方，引进的新风能够和最西侧空气较好地混合，使得室内西侧温度有所降低，室内温度分布更加均匀。

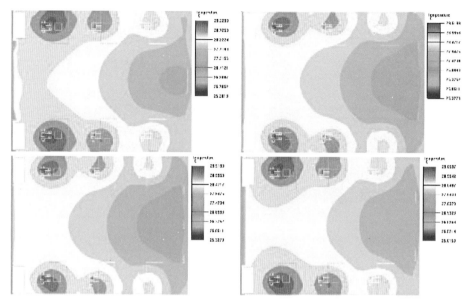

图3　地面单、双、三送排风口及顶面回风风口在 Y=1.5m 处温度云图

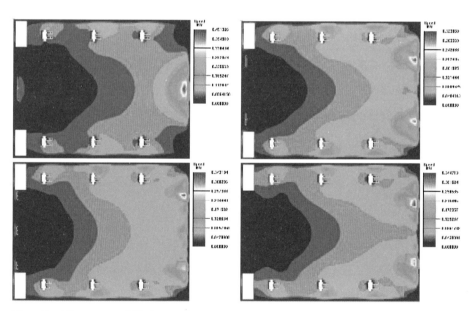

图4　地面单、双、三送排风口及顶面回风风口在 Y=0.6m 处速度云图

4.2　速度场对比

（1）Y=0.6m处速度分布对比

根据图4中的速度分布图像显示，在Y=0.6m处，室内风速平均在0.04～

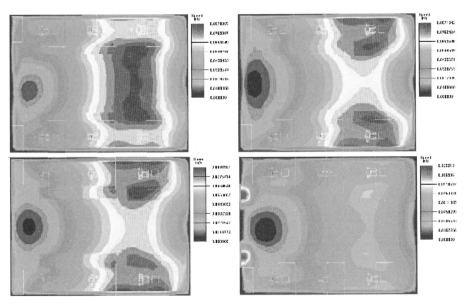

图5 地面单、双、三送排风口及顶面回风风口在 Y=2.7m 处温度云图

0.17m/s；且由于离地送风进风口和排风口较近，风速局部最快处于室内最东侧，约等于0.3m/s，使人有较强的吹风感；进风口比排风口对室内气流扰动较大，故而图像东侧变化较大。但当设置为地面两进风口、顶面两回风口时，会促使室内西侧下方空气形成滞流区，不利于此处空气流动，导致空气不能较好地与新风实现交换，空气质量下降。设置多个地面送风进风口及排风口时，虽然依旧会形成滞流区，但滞流区面积减小，逐渐带动气流从地面流出。

（2）Y=2.7m处速度分布对比

根据图5中的速度分布图像显示，在Y=2.7m处，设置在地面单、双、三送排风口的室内风速平均在0.05～0.08m/s，且由于排风口设置在室内西侧地面，导致刚进入的新风更多向地面回风口迁移，故而在室内东侧顶层气流稍快，导致室内西侧顶层会产生滞流区。设置在顶面回风的室内风速平均在0.015～0.12m/s，初始新风速度较快，贴近墙壁流动，导致新风易到达顶面回风口，对室内东侧顶面新风起到引导作用，使得室内顶面气流组织更加均匀。

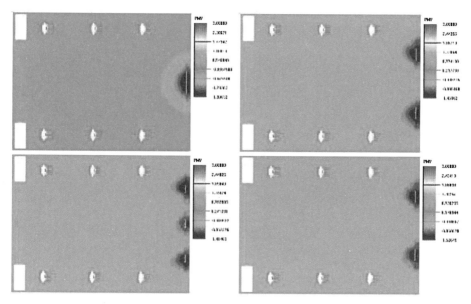

图6 地面单、双、三送排风口及顶面回风风口在 Y=0.6m 处温度云图

4.3 PMV场对比

PMV将人体热感觉从冷到热依次划分为冷（–3）、凉（–2）、微凉（–1）、适中（0）、微暖（+1）、暖（+2）、热（+3）7个等级[12]。

根据ISO7730规定，–0.5＜PMV＜0.5时，人体感觉舒适[13]。根据图6中的PMV场分布图像显示，Y=0.6m处的PMV场在室内东侧波动较大，且PMV值较低，处于–1.6～–0.6，其原因是室内的东侧离新风口较近，温度较低，风速较快。其他区域，PMV值大面积相同，处于–0.3～0.3，符合标准规定区间内。但随着进风口和排风口数量增多，超出–0.5～0.5的范围增多，即不舒适面积变大。

4.4 PPD场对比

根据ISO7730规定，PPD＜10%时人体感觉舒适[14, 15]。根据图7中的PPD场分布图像显示，在Y=2.4m处室内南北侧PPD值较好，基本处于5.3左右，而出风口处略高，但都保持在10以下。

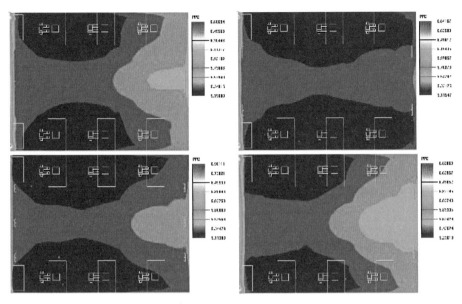

图7　地面单、双、三送排风口及顶面回风风口在 Y=2.4m 处温度云图

5　结论与优化

通过对被动房办公室室内地送风进行数值模拟，对比不同数量、不同位置的地送风进风口及排风口，可以得出以下结论：

（1）随着地送风进风口和排风口数量增多，气流都能够较好地到达室内较远的地方，引进的新风能够更好地充满整个房间，使得室内温度分布更加均匀。在被动房办公室工程设计中，应适当增加地送风进风口和排风口。

（2）仅在顶面排风，易形成室内地面空气滞流区，不利于室内顶面局部区域气流扩散。仅在地面排风，易形成室内顶面空气滞流区，不利于室内顶面局部区域气流扩散。在被动房办公室工程设计中，应结合地面排风和顶面排风。

（3）离地送风进风口较近区域，由于风速过快，易导致人体舒适感下降。在被动房办公室工程设计中，应将地送风进风口设置在远离办公区域（如房屋角落等）。

参考文献

[1] 文林峰，张小玲. 中国被动式低能耗建筑年度发展研究报告（2017）

［M］. 北京：中国建筑工业出版社，2017：1-2.

［2］陈剑波，陈莹，江盼. 基于被动房建筑的新风机组性能试验研究［J］. 流体机械，2018，46（07）：64-68.

［3］杨丽，BingWang. 不同通风方式与室内空气环境质量的数值模拟分析［J］. 建筑科学，2014，30（04）：78-83.

［4］孔琼香，俞炳丰. 办公楼地板送风系统应用与研究现状［J］. 暖通空调，2004（04）：26-31.

［5］刘希女，申江，杨永安，邹同华，吴双. Airpak在客车空调系统设计中的应用［J］. 天津商学院学报，2004（03）：1-4+14.

［6］钱锋. 基于Airpak的体育馆室内热环境数值模拟分析［J］. 建筑学报，2012（S2）：1-4.

［7］狄育慧，王善聪. 利用Airpak模拟室内气流组织的误差分析［J］. 西安建筑科技大学学报（自然科学版），2013，45（01）：73-78.

［8］河北省工程建设标准-被动式低能耗居住建筑节能设计标准DB13（J）/T 273-2018［S］.

［9］黑龙江省地方标准-被动式低能耗居住建筑节能设计标准DB23（J）/T 2277-2018［S］.

［10］孔文憭，龚延风，于昌勇，王立华，王杰村. 被动房冬季运行室温响应实测分析［J］. 建筑科学，2016，32（04）：71-76.

［11］黄挺，孙文龙，李琼. 夏热冬暖地区燃煤电厂封闭式锅炉房自然通风设计模拟研究［J］. 暖通空调，2018，48（09）：85-89.

［12］陶文铨. 数值传热学（第二版）［M］. 西安：西安交通大学出版社，2001：332-388.

［13］黄寿元，赵伏军，李刚. 基于Airpak的夏季空调室内热环境数值模拟研究［J］. 湖南科技大学学报（自然科学版），2011，26（02）：11-17.

［14］李杨，郁文红，王福林. 基于Airpak的夏季柜式空调机办公室内热环境数值模拟分析［J］. 北方工业大学学报，2017，29（02）：122-130.

［15］刘彩霞，邹声华，杨如辉. 基于Airpak的室内空气品质分析［J］. 制冷与空调（四川），2012，26（04）：381-384.

论被动式超低能耗建筑
特殊时期的使用及优势

张福南 魏贺东 赵及建

河北奥润顺达窗业有限公司

摘 要： 文章从特殊时期出发，对特殊时期被动式超低能耗建筑新风系统、给排水系统、被动式门窗的优势及使用进行总结和探讨。这对被动式超低能耗建筑在特殊时期的使用和今后被动式超低能耗建筑的发展及设计具有重要意义。

关键词： 被动式超低能耗建筑；新风系统；给排水；被动式门窗

2020年伊始，新型冠状病毒肺炎疫情在我国爆发，各地区均受到不同程度的影响。在这一特殊时期，防疫成为全社会乃至国家的重点工作。此次疫情正值春节期间，人员大规模密集流动，通过人传人的传播方式造成人员大规模的感染。特殊时期，居家隔离和自我隔离是最基础、有效的手段。在被动式超低能耗建筑中，其优良的气密性能可以有效地隔绝室外未经处理的空气和颗粒物进入室内，避免造成室内污染。被动式超低能耗建筑的气密层像"医用防护服"，为建筑内部提供有效的隔离防护。新风系统像"医用口罩"对进入室内的空气进行有效过滤，保证室内舒适度的同时，也为我们的呼吸安全提供保障。被动式门窗像"护目镜"提供视野，也能保证不被"传染病毒入侵"，但是不会像"护目镜"起雾结露，阻挡我们的视线。被动式超低能耗建筑应对疫情有天然的优势，为人们在室内防止感染提供了合理有效的防护。

1 我国传统建筑居住环境及防疫问题

改革开放以来，随着我国经济社会的高速发展，人民群众居住水平得到了极大提高，我国城乡住宅建设取得了显著成就。但是，与国际发达国家相比，我国住宅建筑卫生防疫、居住健康安全保障和建筑部品产业化技术方面还存在不少差距，目前我国住宅仍然处于从数量到质量建设的转型发展阶段[1]。

第二次世界大战后相关研究资料显示，由于"致病建筑"与"致病住宅"大量爆发，室内空气品质相关的致病建筑物综合症（SBS）、建筑物关联症（BRI）和室内化学物质过敏症（MCS）三种建筑与住宅疾病引起了全世界的强烈关注。在2003年"非典"期间，传统建筑的弊病暴露无遗，发生同栋建筑内不同楼层房间居住者交叉感染等大规模疫情事件，调查显示是建筑内部排水、门窗及各个房间的气密性差，导致病毒随空气在同一建筑内部进行传播。新型冠状病毒的传播途径及应对方法，见表1。

表1　新型冠状病毒的传播途径及应对方法

传播途径	预防措施
空气传播	室内勤通风，外出正确佩戴口罩（N95、医用外科口罩等），室内借助机械、自动过滤装置（新风系统）过滤室外空气
接触传播	居家减少或不外出，不与外地返乡人员进行直接接触
飞沫传播	佩戴口罩，与其他人交流间隔 1.5 m以上
其他	不进食未经检疫的野生动物和生鲜食品，勤洗手、勤消毒

传统建筑具有建筑密集、人口集中、人际交往频繁、采暖（制冷）能耗高、四处漏气、隔声差、发霉结露等影响居住者健康、安全防护的一系列问题。

2　被动式超低能耗建筑的特点

被动式超低能耗建筑优异的气密性和独特的建造工艺可以有效降低室内能量与室外进行交换。目前被动式超低能耗建筑气密性最好，可达到建筑物气密性能在压差50Pa下，每小时换气次数≤0.6h^{-1}。对于被动式建筑的门窗整窗气密、安装气密、穿墙管线的气密处理（图1）、给排水管道的气密，供暖与非供暖房间全部都进行了有效的气体防渗漏处理。优异的建筑气密性可以增加建筑能效，降低通过围护结构缝隙流失冷热量。避免因潮气

图1　穿墙管线密封

渗入，凝结在建筑构件上后产生发霉结露，损坏或降低建筑构件的质量和寿命。提高居住者的舒适度和居住质量，具有保温隔热的效果（表2），避免穿堂风，极大地提高了建筑的隔声效果。特殊时期被动式超低能耗建筑的气密性，可实现通过有组织地排风和过滤新风，有效降低居住在建筑内部的居住者患病几率。

表2　寒冷地区被动式超低能耗建筑与传统建筑（节能65%）性能对比表

性能指标	《居住建筑节能设计标准》DBJ 11-602-2006（北京65%节能）	《近零能耗建筑技术标准》GB/T 51350-2019（国标＞90%节能）
冬季室内设计温度（℃）	18	20
夏季室内设计温度（℃）	29	26
门窗传热系数[W/（m^2·K）]	2.8	1.2
换气次数n_{50}	/	≤0.6
外门窗气密	≥4 级	≥8 级

3　被动式超低能耗建筑的使用

特殊时期我们居住的环境是否安全是极为重要的，居住建筑作为我们的第一道人身安全防线，也是我们最后一道守护防线。人与空气不能进行隔离，当然我们也不可能24小时佩戴口罩，所以室内环境是否被污染、是否安全成为所有人关注的重点。即使是居住在气密性能极好的被动式超低能耗建筑中，也可能存在上述问题，所以必须掌握正确的使用方法才能保证我们室内环境安全。

3.1　被动式超低能耗公共建筑中央空调及居住建筑新风设备

据相关权威媒体报道，截至2020年2月8日6时，天津某百货大楼聚集性疫情确诊病例已增至29人，占天津全市确诊病例的1/3左右；其中1人死亡，系天津唯一一例死亡病例。此前，某百货大楼疫情中已有194名销售人员和

9200名顾客采取相应隔离措施。经研究某百货大楼疫情发展如此迅速，确诊人数高主要是该百货大楼的空调设备造成的。通过中央空调风机盘管的回风和送风对病毒进行了迅速传播，进而造成了大量人员被感染。

3.1.1 目前常见的通风设备

目前常见的空调系统有三种：全空气系统、风机盘管+新风系统、变频多联机系统。全空气系统是指对空气的冷却、去湿或加热、加湿处理完全集中于空调机房内部的空气处理机组来完成的空调系统。风机盘管+新风系统是指通过空气流动加热（制冷）装置后携带热量（冷量），再由专门的设备对送入室内的空气进行过滤的系统设备（图2）。变频多联机系统是指由一台室外机和若干台室内机组成的冷媒循环系统。室内常见的空调设备见图3~图6，室内通风及采暖（制冷）设备相关专业名词见表3。

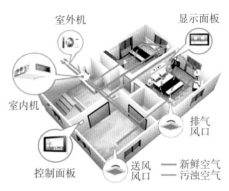

图2 风机盘管+新风系统

图3 酒店、写字楼空调出风口

图4 写字楼中央空调出风口

图5 常见喷口、散流器送风口

图6 家用柜式空调、壁挂式分体空调

表3 室内通风及采暖（制冷）设备相关专业名词

专业名词	简单释义
新风	室外洁净地方的清新空气
回风	室内空气进入空调循环、形成空调风的气体
排风	部分离开室内的气体，一般由排风扇排出或通过门窗排出
机械排风	一般有排风扇排风或排风机排风两种机械排风形式
中央空调	由一台空调主机带多个末端装置，给不同房间送风，即"一对多"

3.1.2 被动式超低能耗建筑新风系统

目前国内的被动式超低能耗建筑中使用的通风加热（制冷）设备绝大多数采用风机盘管+新风系统，在业内新风设备更是被称为被动式超低能耗建筑的心脏。新风系统在建筑中扮演多个角色，通风换气、加热制冷、能量回收、新风过滤、除霾加湿均由新风系统完成，是保证室内环境舒适度的核心。

此次疫情期间新风系统能否满足使用需求，主要是判断其对室外进入室内空气的净化能力如何。以国内某知名厂家生产的环境一体机（新风系统）为例，其采用的是G4+H11的高效组合过滤器，可对室外新风和室内污风进行双重净化。该设备对直径$0.3\mu m$的颗粒过滤效率可达到99.7%，医用N95口罩对直径$0.3\mu m$颗粒过滤效率为95%，两者对比说明环境一体机完全满足特殊时期的使用要求（表4）。

表4 防疫设备过滤对比

防疫设备	直径$\geqslant 0.3\mu m$ 颗粒过滤效率（%）	备注
某厂家新风系统	99.7	飞沫直径：$\geqslant 5\mu m$
N95 口罩	95	

3.1.3 新风系统的使用

（1）加大新风量，提高出风温度

加大新风量是公认的最为有效的预防手段。对于有新风系统的空调系统，可以加大新风阀开度，而对于家用分体机，就只能靠定时开窗来增加新风量了。新风量加大意味着室外进来的冷风更多，所以需要提高空调温度，以防受凉感冒。

（2）开启机械排风，及时开窗通风

为了确保通风换气次数足够多，获得更多室外新风，需要开启机械排风，如开启排风扇等装置。在无机械通风条件的情况下，需要及时开窗换气。

（3）关闭回风，防止二次污染

建议关闭室内回风，全部使用洁净的室外空气。此举能防止二次污染、降低交叉感染的风险。而对于无法关闭回风的空调系统，比如家用分体机，则必须经常开窗通新风。

（4）定期清洁消毒，消除隐患

对于办公建筑中央空调系统，需要请专业清洗公司对过滤网、表冷器等整个空调机组与风管做定期清洁消毒。对于家用分体机过滤器（网），一般可以卸下清洗并消毒；其他部件切勿在家自行用化学药剂清洗，否则化学消毒试剂会卷入空气中，对健康产生危害。

（5）特殊时期立即停用

一旦室内有疫情或疑似病例出现，立即停止使用空调相关设备。按要求对空调和整个环境进行消毒处理，经评价合格以后，再确认中央空调是否打开。

（6）关闭新风热回收功能

开启旁通阀，不建议开启诱导新风设备打开热回收的相关功能。《办公建筑应对"新型冠状病毒"运行管理应急措施指南》T/ASC 08-2020中相关内容表明聚合物模式全热回收设备（纸芯传质）的新风受排风的污染率为6%～9%，转轮式热回收双向换气机污染率为10%～30%[2]。这一研究结果表明具有传质特点的热回收装置在实际使用时，排风对新风存在一定的污染。采用金属芯的热回收双向换气机的新风热回收设备可正常开启新风热回收功能。

（7）在出风口加装过滤芯

在出风口加装过滤芯防止新风进入设备内部及管内对室外新风造成二次污染。将H11等级的过滤滤芯更换为H13等级的医用过滤滤芯，此项为特殊时期需设计人员考虑的手段之一。

3.2　被动式超低能耗公共建筑中央空调及居住建筑给排水系统

2003年"非典"疫情后，全国建筑给排水专业人员、政府机构、世卫组织等从多角度开展了总结，认定排水系统的水封、存水弯、地漏失效，是污水排放系统传播病毒污染的核心原因。排水系统中的每个用水器具都通过一个水封装置与下水管道隔开，阻断下水管道内的污染气体进入室内。若水封失效，则室内空气与下水道中的污染气体连通，通过建筑烟囱效应和卫生间排风的抽吸作用，污染气体进入室内，携带的致病微生物散布在室内物体表面，导致居民通过皮肤接触受到感染[3]。通过水封切断下水管道和室内的连接即可切断污染源，故建筑排水系统同样是防疫期间的关键点。

3.2.1　建筑给排水密封系统

目前防止建筑给排水管道气体渗漏有水密封（图7）、深水封、塑料筐式密封、偏心块式密封、弹簧式密封（图8）、吸铁石式密封、机械重力式密封、硅胶式密封（图9）8种防止气体渗漏的密封措施。

给排水管道密封系统，是被动式超低能耗建筑实际使用过程中气密性重要的保障措施之一。给排水管道密封和穿墙管线密封的好坏直接影响居住者的居住体验，同时也是特殊时期防止室外气体进入室内产生交叉感染的关键点。

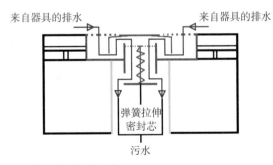

图7　水封原理图

图8　弹簧式密封原理图

图9　硅胶式密封

3.2.2　建筑给排水系统的使用

（1）在用水器具与排水系统的连接方面，必须通过水封阻断下水管道内的污染气体进入室内。

（2）应对器具排水是否具有水封进行逐一排查确认，对于没有水封或水封不完整、有漏水现象的器具应记录，更换带有完整水封的排水管或将排水器具封闭，对于漏水器具应及时修理。可用塑料布、湿毛巾、胶带等暂时性完全覆盖封严。

（3）发生排水系统反味，应立即排查原因。排查部位应包括下列各项：

①洗手盆（台面）下部排水管；

②挂式小便器下部排水管；

③上层卫生间蹲便器排水管（通常在吊顶内）；

④上层立式小便器排水管；

⑤拖布池排水管；

⑥地漏必须配备水封，未设置水封的地漏，应将其封闭；

⑦空调凝结水排水管；

⑧设有浴缸的卫生间，应检查确认浴缸排水水封，不能确认的宜封闭堵严；

⑨检查厨房与隔油器连接的水封装置；

⑩其他排水点的排水管。

（4）洗手盆不宜采用盆塞，以防止盆塞拔开放水形成自虹吸造成水封损失。如果保洁清洗必须采用盆塞时，拔开盆塞放水后要用细水流把水封充满。

（5）清洁消毒后坐便器宜盖上盖子减少水封中水分的蒸发。

3.3 被动式门窗的使用

（1）要对门框、门把手、窗、窗框、窗台表面消毒，尤其是公共建筑出入口及长时间开窗通风的窗户。

对于木质及其他高端门窗，不建议直接使用消毒液进行消毒，应用常温清水将表面擦拭2~3遍后迅速将其擦干，用抹布进行消毒。

（2）应及时提高门窗的气密性能，在室外风速较大的情况下，在门窗四周用打火机检查火苗无明显晃动为合格，发现漏气点后应及时使用密封胶进行封堵。

（3）提高入户门密封性，防止同一单元或楼层人员感染后出现交叉感染。目前绝大部分家庭均设置防盗门不再设置入户门，可使用密封胶进行封堵，在特殊时期将"猫眼"及时封闭。

（4）当同一住房内出现需隔离观察人员，应在其房间室内门底部加装密封装置。同时，其他房间非同一朝向（隔离室内窗户朝向）的门窗应经常保持打开，及时通风换气。

（5）采用表面镀有具杀菌抑毒功能涂层的门窗执手（图10）。

图10　建筑出入口门窗执手

4　结论

被动式超低能耗建筑作为当下建筑节能领域节能水平较高的建筑，其良好的气密性能是防止室内热（冷）量流失的重要技术保障措施，在特殊时期要保证整个建筑的气密性，重点检查如穿墙管线、给排水管道、门窗气密性能。被动式超低能耗建筑以节能为主要手段，但特殊时期增加必要的开窗通风以及正确地使用和理解其中的原理才能避免其中的误区，守护好个人身心健康最后一道防线。

参考文献

［1］刘东卫. 住宅建设的卫生防疫与健康安全保障问题、思考与建议——从致病宅到理想家［Z］. 2020.

［2］办公建筑应对"新型冠状病毒"运行管理应急措施指南T/ASC 08-2020［S］.

［3］梁挺雄. SARS 在香港的流行病学调查与防治［J］. 中华医学杂志，2003，83（11）.

建筑外围护系统节能保温形式及
发展趋势浅析[①]

董恒瑞 刘军 秦砚瑶 张辉刚

中煤科工集团重庆设计研究院有限公司绿色建筑技术中心

摘 要： 节能是建筑的基础性指标，也是贯彻落实新发展理念的重要一环，随着国家对建筑节能指标要求的不断提高，保温技术不断丰富完善，各省市也在大力研发推广新型节能保温技术，该文通过对不同形式的节能保温技术的梳理、对比、分析，指出了建筑外围护系统节能保温形式可能的发展趋势，以期为相关人员提供参考。

关键词： 节能；保温形式；自保温；结构保温一体化；趋势

建筑能耗占社会总能耗的30%左右，在严峻的能源形势下，推行建筑节能已是世界性潮流[1]，我国确立了"资源开发和节约并举，把节约放在首位，提高资源利用效率"的方针，并将其作为可持续发展战略的重要措施之一[2]。同时，推动生态文明建设必然要将建筑节能工作放在重要位置，这对保证能源安全、保护环境、提高生活水平、拉动经济增长等都具有重要意义[3]。一般而言，建筑节能主要分为建筑本体节能和建筑设备节能。本文讨论的范围属于建筑本体节能的范畴，随着建筑节能技术体系的深入研究和发展，新型保温材料和施工方式不断涌现。当前，我国诸多省市按照因地制宜、被动优先、安全耐久、产业升级、简化施工、提高质量的原则，尝试新节能保温形式的工程示范，使建筑节能更加技术先进、安全耐久、经济合理、绿色环保。

1 建筑节能保温基本形式

建筑本体节能中外墙围护系统保温是主要载体。外墙围护系统通常采用附加保温材料实现建筑节能，根据保温材料在建筑外墙中的位置，将外墙保

---

① 基金项目：2018 年度重庆市技术创新与应用示范专项社会民生类重点研发项目"装配式非承重围护墙与内隔墙系统集成应用技术研究与示范"（项目编号：cstc2018jscx-mszdX0097）。

温分为外保温、内保温及夹芯保温。同时，随着新技术、新工艺、新材料、新部品的不断出现，具有自保温功能的墙体材料逐渐普及，可与结构主体复合成一体、有效解决热桥问题的结构保温一体化墙体应运而生。因此，目前的建筑节能保温形式可细分为以下几种形式：外保温（后贴）、内保温（后贴）、夹芯保温、建筑自保温、结构保温一体化等。

2 外墙附加保温形式

外墙附加保温（后贴）属于非自保温，是在墙体砌筑或浇筑完成后，在墙体外侧或内侧额外粘贴保温层的构造做法，一般简称为外墙保温，属于主动式节能保温技术，是目前工程应用最广泛、最成熟的保温形式。

2.1 外墙外保温

外墙外保温属于常规做法，我国各省市已在工程中大规模应用多年，目前主要以板类保温材料为主。经调研，各省市均有较为完备的标准技术体系和大量的工程案例，实践表明，外墙外保温整体效果较好，但不同省市也基本都出现过外墙保温层空鼓、开裂、脱落、火灾等质量安全事故，成为行业通病。

当前，该种体系逐渐趋向于采用无机不燃材料作为外墙保温层，连接形式强调粘锚形式及满粘形式，抹面层逐渐由厚抹灰发展为薄抹灰，通过以上措施，改善外墙外保温形式存在的通病。

2.2 外墙内保温

外墙内保温也属于具有多年工程应用经验的技术体系，外墙内保温消除了高层建筑保温脱落的风险，施工简单，不受外界天气环境影响，对饰面及保温材料的耐候性、防水性能要求不高。

但由于影响建筑实际使用面积、影响后期二次装修、热桥保温（后贴）处理难度较大、易结露发霉以及不适合重物吊挂，该技术体系应用比例不高，不过依托建筑全装修作为着力点，内保温系统的优势愈加明显。

2.3　外墙夹芯保温

外墙夹芯保温在工程中应用较少，主要有多孔砖夹芯墙体以及混凝土砌块夹芯墙体等复合形式[4]。

3　建筑自保温

通过对不同省市相关技术标准体系的归纳，建筑自保温一般包括填充墙砌体自保温、结构自保温、预制墙板自保温。

3.1　填充墙砌体自保温

填充墙砌体自保温的主体材料主要是各类建筑砌块（砖），包括烧结类、蒸养类、蒸压类、复合类等多种产品。国家及地方颁布实施诸如《蒸压加气混凝土建筑应用技术规程》JGJ/T 17、《自保温混凝土复合砌块墙体应用技术规程》JGJ/T 323、《砌块墙体自保温体系技术规程》DBJ41/T 100等标准，涉及蒸压加气自保温系统、陶粒增强泡沫混凝土砌块自保温系统、陶粒混凝土小型空心砌块自保温系统、烧结自保温砌块系统、自保温复合砌块系统、加气混凝土板自保温系统等[5]。

当前，国家及各省市均在大力推广应用填充墙砌体自保温形式。这是一种替代外墙外保温较为理想的节能材料，但随着高层、超高层建筑的普及，剪力墙结构、框架—剪力墙结构中仍须对热桥进行保温（后贴），增加了现场施工作业量，而且热桥与填充墙连接部位存在开裂风险。

3.2　结构自保温

结构自保温是指利用具有保温、隔热、轻质高强、高耐久、耐火等特点的轻骨料混凝土替代普通混凝土作为结构主体材料，可实现结构和保温功能的一体化，与建筑同寿命，无需后期维护或更换保温材料，安全系数高[3]。轻骨料混凝土的工程应用主要依据《轻骨料混凝土应用技术标准》JGJ/T 12，然而，对高层、超高层建筑尚无专门的结构设计软件，加之由于轻骨料混凝

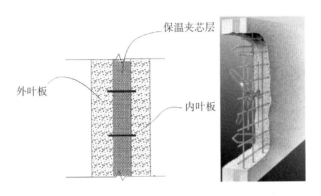

图1　预制保温外墙板示意图

土价格相对较高，施工技术水平要求较高，目前各省市针对结构自保温尚无专门的设计及应用技术标准图集，仅浙江省和重庆市制订的建筑自保温系统应用技术标准中有专门的规定。但是，随着普通砂石价格的持续走高以及工业固废利用的大力推广，轻骨料混凝土结构自保温与普通混凝土建筑保温（附加）相比增量成本将逐渐持平，且从全寿命周期考虑，相对传统保温体系，结构自保温可降低综合成本，特别是对于高层住宅，综合优势更加明显。

3.3　预制保温外墙板

预制保温外墙板主要应用于装配式建筑或装配式建造项目中，常用的有预制混凝土夹芯保温外墙板、装配式复合保温墙板、模块化蒸压加气混凝土轻钢复合保温墙体、金属面夹芯墙板、钢丝网架水泥聚苯乙烯夹芯板等。目前可参考的标准主要有《外墙保温复合板通用技术要求》JG/T 480、《预制混凝土外挂墙板应用技术标准》JGJ/T 458、《装配式玻纤增强无机材料复合保温墙板应用技术规程》CECS 396、《模块化蒸压加气混凝土轻钢复合保温墙体工程技术规程》CECS 454等。预制保温外墙板如图1所示。

4　结构保温一体化

结构保温一体化是指保温材料与主体围护结构墙体在混凝土浇筑时融为一体，墙体结构与保温材料形成复合保温墙体，实现建筑围护结构节能目标。结构保温一体化可广泛应用于框架—剪力墙、剪力墙以及外墙全现浇结构中。与传统外保温技术相比，结构保温一体化技术实现了材料防火向结构

防火的转变、现场施工向产业化的转变、二次施工向同步施工的转变、过程
管控向一站式管理的转变、25年寿命向结构同寿命的转变，克服了热桥保温
问题以及保温与结构主体无法同寿命问题。在结构设计上，需要结合混凝土
截面厚度，进行承载力验算。

4.1 免拆模板类

免拆模板类又称保模一体化，是以保温免拆模板作为混凝土结构的永久
性模板，施工时与混凝土整浇为一体，并设置连接件使之与混凝土构件牢固
连接而形成的建筑节能与结构一体化体系[6]。目前陕西、湖南、山东、山西、
河北、河南、四川、宁夏等省区都在开展相关
研究及工程应用，并在近三年时间内密集发布
了多部配套标准图集，其技术范围涉及高性能
泡沫混凝土免拆模板保温系统、复合免拆保温
模板保温系统、FS外模板现浇混凝土复合保温系
统、现浇混凝土复合保温系统（FS）等。结构保
温一体化免拆模板类基本大样如图2所示[7]。

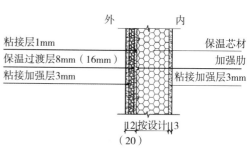

图2 结构保温一体化（免拆模板类）示意图

4.2 内置现浇类

该种技术体系是指施工时在保温层两侧同
时浇筑混凝土结构层、防护层形成的结构受力
与外墙于一体的复合墙体。内置现浇类结构保
温一体化的基本构造（从内到外）：现浇混凝土
基层、保温板、混凝土保护层、防护层（抹面
层+饰面层），基本形式如图3[8]所示：

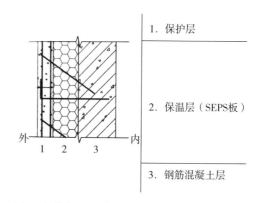

图3 结构保温一体化（内置现浇）示意图

4.3 复合类

复合类是指以复合自保温砌块为墙体围护材料，采用专用砂浆砌筑，
梁、柱等热桥部位采用免拆保温模板等方式处理后形成的保温与建筑墙体同

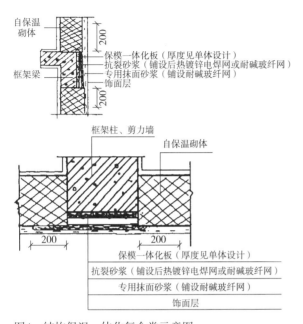

图4　结构保温一体化复合类示意图

寿命的系统[9]（自保温砌块填充+热桥部位结构保温一体化）。

经查，目前已有山东、山西、陕西、甘肃等省市出台标准图集，推动该类技术体系的落实，如：《SY外墙自保温体系建筑构造（复合保温板、复合保温砌块）》L15 SJ 178、《非承重砌块墙体自保温系统应用技术规程》DBJ 04/T 305、《建筑节能与结构一体化浇筑式混凝土复合自保温砌块填充外墙技术规程》DBJ 61/T 151、《建筑节能与结构一体化浇筑式混凝土复合自保温砌块填充外墙构造图集》2018 TJ 039。基本构造形式如图4所示[10]：

5　发展趋势及建议

5.1　保温形式发展趋势

当前，各省市建筑节能保温形式愈加丰富，呈现出技术、产品"百花齐放、百家争鸣"的好现象。各建筑单位针对不同的建筑类型、结构形式及用户需求，可以选用合适的保温形式。

从近几年标准图集颁布的趋势分析，诸多省市在大力推动填充墙砌体自保温、预制保温复合墙板、结构保温一体化的建筑节能技术，在具体实施过程中，结合地方实践经验、产业配套、全装修趋势以及建筑多样化，节能保温形式发展趋势主要集中在以下几个方向：

（1）在框架结构中，优先采用填充墙砌体自保温+热桥内保温（后贴）、填充墙砌体自保温+热桥结构保温一体化构造做法，消除填充墙与热桥保温层之间的抹平问题，消除热桥外保温的潜在风险；（2）在框架—剪力墙、剪力墙以及全现浇体系中，优先采用填充墙砌体自保温+结构保温一体化、结构保温一体化免拆模板类、结构保温一体化内置现浇类；（3）在装配式建筑（或装配式建筑形式）中，外墙保温优先采用装配式自保温体系、装配式自保温轻质复合体系、高精度模板外墙全现浇结构保温一体化。

5.2 建议

（1）结合地区经济发展水平、产业配套能力以及建筑类型，综合选择建筑节能保温形式；（2）进行填充墙砌体自保温材料研发，进一步改善建筑砌块（砖）的热工性能；（3）随着装配式建筑的广泛开展，开展预制轻质墙板自保温产品及技术的多元化、复合化的研发、应用；（4）在外墙混凝土全现浇体系中，吸收保模一体化的理念，解决全现浇体系自保温问题；（5）针对不同建筑业态、建筑多样性，在安全可靠、经济合理的前提下，开展相关技术标准图集的编制和工程示范，实现专业化、定制化、多选化，并根据实际情况划分推荐性、引领性、示范性、强制性的建筑节能方向。

参考文献

［1］王立雄，党睿. 建筑节能［M］. 第3版. 北京：中国建筑工业出版社，2015：19-20.

［2］朱冰曲，陈晓明，等. 夏热冬冷地区建筑外墙保温材料和保温形式的发展趋势［J］. 华中建筑，2013（2）：54-56.

［3］刘军，董恒瑞，等. 结构陶粒自保温体系在建筑中的应用分析［J］. 重庆建筑，2018（7）：45-48.

［4］王彬. 建筑外墙内保温与外保温形式的探讨与解析［J］. 建筑与装饰，2016（8）：1-2.

［5］长沙市民用建筑节能（65%设计标准）保温材料（墙体、楼面）推荐构造做法（试行）［S］. 长沙：长沙市住房和城乡建设局，2019.

［6］现浇混凝土保温免拆模板复合体系应用技术规程DBJ43/T 315-2016［S］.

［7］外模板现浇混凝土复合保温系统建筑构造L17ZJ103FS［S］.

［8］现浇混凝土内置保温体系建筑构造J17J179SD［S］.

［9］建筑节能与结构一体化 浇筑式混凝土复合自保温砌块填充外墙技术规程DBJ61/T 151-2018［S］.

［10］ 非承重砌块墙体自保温系统应用技术规程DBJ04/T 305-2014［S］.

新风系统在被动式建筑中的应用

郭志坚

博乐环境系统（苏州）有限公司

摘　要： 被动式建筑是各种建筑技术产品的集大成者，也是通过充分利用可再生能源使所有消耗的一次能源总和不超过120kWh/（m² · y）的建筑。被动式建筑通过高效隔热、高效隔声、高效密封性的外墙门窗等实现高效节能效果。被动式建筑是国外倡导的一种全新节能建筑概念，也是我国推动建筑节能工作的重要契机和平台。由于被动式建筑高效的密封性，新风系统是被动式建筑必不可少的组成部分。本文概述了新风系统在被动式建筑中的设计理念，阐述了带有高效热回收功能的新风系统在此类建筑中的重要性。通过新风系统在被动式建筑中的实际应用，进一步提升建筑本身的节能。如何正确、合理地选择并设计新风系统，在将来的被动式建筑中一定会起到至关重要的作用。

关键词： 被动式建筑；新风系统；节能

随着我国经济的快速发展，环境问题日益严峻，尤其是在北方的采暖季节，室外环境问题一直影响着我们的身心健康。我国所需求的建筑能耗比重大，建筑能耗已经占据社会总能耗的1/3，显然在目前阶段发展被动式建筑对我国日益严峻的能源及环境问题有积极作用。

1　新风系统在被动式建筑中的意义

1.1　新风系统的概念

新风系统是由送风系统及排风系统组成的一套独立的空气处理系统。通常来讲，完整的新风系统应由进风段、过滤段、热回收段、送风段、回风段、排风段及末端的一整套管道系统组成（图1）。

新风系统的工作原理：室外含氧量较高的空气首先会经过新风系统的过滤段，同时室内冷量或热量较高的相对污浊的空气会通过回风段。室外的空气和室内的空气会在新风系统的热交换芯中进行能量交换。比如在夏季，室内回风中的冷量在通过热交换芯时会传递给进风的空气，以"冷却"室外高温的空气，通过过滤及能量回收后的新鲜空气会送进室内，从而形成循环。

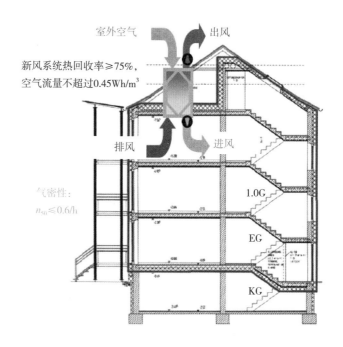

新风系统热回收率≥75%，
空气流量不超过0.45Wh/m³

室外空气　　出风

排风　　进风

气密性：
$n_{50} \leq 0.6/h$

1.0G

EG

KG

图1　新风系统的原理

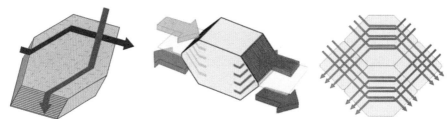

图2　逆流板式换热芯

1.2 新风系统的性能指标

（1）采用显热回收的新风系统，换热芯的显热回收效率应大于75%。采用全热回收的新风系统，换热芯的焓回收效率应大于70%，显热回收效率应大于75%。

一般来说，被动式建筑所要求的高效热回收效率，通过带有逆流板式热交换芯的新风系统才能实现。逆流板式换热芯拥有如此高的换热效率，得益于它更大的空气接触面积、更大的传热面积以及更合理巧妙的内部气流组织形式。空气以较低的风速通过逆流板式换热芯截面积也是实现高效率的关键所在，通常比较经济的运行风速范围在1～2.5m/s，这样可以获得良好的经济运行效果（图2）。

选择全热换热芯设备时，必须考虑室内外温、湿度的参数。当室内空气的相对湿度较大或室外温度较低时，有可能会出现冷凝水，设计时必须查看焓湿图，仔细校核。

选用何种形式的换热芯应根据不同区域的气候特点来决定。通常来讲，对于夏季室外湿度大、室内外焓差较大的区域，比如长江流域和华南区域有着显著的夏热冬冷或夏热冬暖的气候特征，选择全热回收的新风设备一般会有较好的节能效果，同时也应考虑全热换热芯的经济性。通常市面上的全热换热芯大多为纸质材质，使用一段时间后必定会有发霉的情况，由于纸质全热换热芯的不可清洗性，本质上它和过滤装置一样属于耗材，开发商应考虑后期的维护成本。尽管市面上已经有了可以水洗的全热换热芯，比如高分子镀膜的全热换热芯，但是造价相对较高，且对于大风量的汊流板式全热换热芯设备而言，能否达到被动式建筑的换热效率标准还有待考究。针对这个问题，比较好的解决措施是采用全热高分子镀膜的转轮换热芯，但是由于技术难度上的障碍，国内很少有厂家可以提供此类换热芯。使用全热转轮换热芯面临的另一个问题就是，必须要求设备内部的漏风率极低。极低的漏风率、优秀的设备保温及设备冷热桥的优秀处理等才可以保证高效的换热效率，这是相辅相成的。

而对于严寒和寒冷地区，全热换热芯和显热换热芯所能带来的节能效果差异并不大，并且显热回收装置的造价更低、后期免维护。但是需要考虑的重要问题是要防止换热芯发生结冻，在寒冷地区这是会大概率存在的问题。因此，新风设备加入防冻保护是必要的[1]。

（2）新风机组必须按照实际计算出来的压力损失来计算其单位能耗。必须指出的是，单位能耗的计算是以新风量或者回风量为基础的，而不是以两个体积流量的总和为基准的。针对小型户式居住单元带热回收的新风系统，单位风量风机能耗应小于0.45Wh/m³，计算方法如下：

$$\text{SFP}=P/Q=\Delta p/\eta_{\text{tot}} \tag{1}$$

式中：

SFP——新风系统的单位风量能耗，Wh/m³；

P——设备的有效功率，W；

Q——设备在克服余压后的末端标准体积容量，m³/h；

Δp——风机压力增高总值，Pa；

η_{tot}——风机、电机及传动装置等的总有效率，%。

对于公共建筑而言，单位风量能耗应满足现行公共建筑节能设计标准的相关要求。对于新风量大于10000m³/h的新风系统，单位风量能耗W_S不宜大于表1的数值。单位风量能耗应按下式计算：

$$W_S=P/（3600 \times \eta_{CD} \times \eta_F）\qquad（2）$$

式中：

W_S——单位风量能耗，Wh/m³；

P——设备的余压或系统风机的风压，Pa；

η_{CD}——电机传动效率，%，取0.855；

η_F——风机效率，%，按设计说明中的效率选择[2]。

表1　单位风量能耗 W_S（Wh/m³）

系统形式	W_S限值
机械通风系统	0.27
新风系统	0.24
办公建筑定风量系统	0.27
办公建筑变风量系统	0.29
商业、酒店建筑全空气系统	0.30

（3）设备的内外部漏风率应小于3%。

（4）冬季室内出风口温度不低于16℃。

（5）新风系统的空气净化装置对大于或等于0.5μm细颗粒物的一次通过计数效率高于80%，且不低于60%。通常在进风侧设置的过滤网效率应不低于F7标准的过滤级别，回风侧设置的过滤网效率应不低于G4的过滤级别。

（6）设备的保温性能要高于5W/K。

（7）设备宜加入旁通功能。在炎热的夏季傍晚，通常室外比室内更加凉爽，如果此时我们继续将室内外空气进行热交换，就会导致负换热现象的产生，不能降低建筑的能耗，结果适得其反。

通过在设备内加入旁通功能，就可以避免这个问题。在夏季工况下，当系统检测到室外的空气焓值低于室内设计工况；或在冬季工况下，室外空气焓值高于室内设计工况时，系统便启动旁通功能，使得新风和回风不在热交换芯中进行能量交换。当然，也可以通过新风设备联动外窗开启进行自然通风。

（8）防冻保护功能。当室外温度低于-4℃时，换热芯就有结霜结冻的风险，厂家就要考虑在新风设备中增加防冻保护功能。一个解决方案是在进风口增设预热段，始终保证未经换热芯前的空气温度保持在较高值，通常设置为0~3℃，这是一个简单、经济的方式，预热段应设置为无档或者至少两档可调。但在实际情况中，调节往往会出现意想不到的问题，进而引起持续的电能消耗。所以通常应该把预热启动阈值精确调节在-4℃。

如果预热段的运行状态非常精准，那么其实预热段的能耗会非常低，因为它们一年中没有几天工作。所以选择价格低、免维护的电加热盘管比较合适。水加热盘管需要采用水和乙醇混合液作为热媒，并需要独立的循环系统。在多住户系统上使用比较经济合理。

另一个解决方案是在排风侧增设温度传感器，当排风温度低于一定值时，设备主动把送风风机关闭，此时可通过回风的热量加热换热芯，以防止换热芯结冻，但代价就是此时无法继续向室内供应新风。

（9）当量空间吸声面积为4m²时，设备间噪声<35dB（A）；居室噪声<30dB（A）。

1.3　新风系统的功能

（1）得益于被动式建筑高效的气密性，在有效阻隔室外污染的前提下，新风系统可提高室内的含氧量。

（2）新风系统中高效的过滤装置，可将室外细颗粒物、PM2.5等污染物阻隔在室外，持续向室内提供新鲜的空气。

（3）新风系统中高效率的热回收装置，可有效保存室内排出的冷量或热量，使得送进室内的风不会过冷或过热。同时，我们可以计算出高效率的热回收装置对空调室内负荷有显著的降低。

（4）新风系统拥有湿度回收的热交换装置，可将高湿度的空气处理到一定程度，解决室内潮湿、衣服发霉等问题。

（5）高效隔声的外墙及门窗，使得新风系统厂家不得不在噪声处理上下足功夫。用户即使在夜间也丝毫听不到任何噪声。

2 新风系统的设计理念

2.1 风量计算

通常，我们可以根据人均法和换气次数法两种方式计算建筑所需的新风量。

通过这两种计算方法，我们选取较大的值作为最终的选择。

（1）人均法

通常在居住建筑内，我们选择每人30m³/h作为计算值，通过房间内的常住人数确定新风量。而对于其他形式的建筑类型，应根据《民用建筑供暖通风与空气调节设计规范》及其他相关标准内的规定计算[3]。

（2）换气次数法

被动式建筑不同于常规的建筑，得益于建筑本身高效的气密性，我们采用换气次数计算室内新风量时，通常比常规的新风系统需求量小很多。根据相关标准，我们通常按照0.3~0.45次的换气次数进行计算。

2.2 风口的选择与布置

在被动式建筑中，通常我们只在人群长期居留的地方设置送风口，比如客厅、卧室、起居室等。回风口一般设置在较为污浊的区域，比如厨房、餐厅等。我们称之为分区布局，送风区域、过渡区域、回风区域的布置合理性尤为重要。

图3　旋流风口

而在风口形式选择上，通常采用侧送旋流式或远程喷嘴式（图3、图4）。这两种形式的风口都可以将空气分散至足够远的位置，可明显减少新风系统所需要的管道长度。通过实验可以发现，旋流风口能分流至3m左右的进深，而远程喷嘴式风口可达5m左右的进深。在冬季运行条件下，新

图4　远程喷嘴风口

鲜空气迅速贴着天花板散播至整个房间后均匀沉降，厨房转弯的角落即使没有安置排风口也能达到；夏季时，较冷的空气迅速与室内空气混合并蔓延至整个层高[4]。

2.3　自动化控制

通过室内环境参数的变化，采用自动调节风机转速的控制方式是个不错的节能措施。比较好的处理方式是通过在每个房间支管增设风阀及环境监控器、连锁环境监控器与风阀、改变环境参数，来调整风阀的开启角度。

比如我们要求室内的CO_2浓度小于1000ppm，当环境监控器检测到室内的CO_2浓度小于1000ppm时，系统主动把支管风阀开启度降低，并不是全部关闭，一般会始终保持15%～30%的开启度。当然调节风阀的开启度并不是仅仅通过一个参数，包括但不限于温度、湿度、CO_2浓度、PM2.5浓度等。

我们知道可以通过室内环境质量控制支管的风阀开启度，进而通过所有风阀的开启度控制风机的转速，实现节能的目的。这通过定静压、变静压或者总风量PID调节等方式都可以实现。

从系统对环境变化的适应上讲，总风量控制方式调节迅速，对房间负荷扰动反应快，同时短时间内温度偏差也相对较大；变静压控制在调节过程中时间长且有压力波动，结合上机组的控制后容易出现系统振荡；稳定后，各个控制法下的系统压力、风机转速和过渡过程曲线一致。从节能角度上看，变静压控制下转速、压力均最小，因而也最节能，其次是总风量控制，最不利于节能的显然是定静压控制。具体到某一程度上，每一种控制方法都各有优缺点，应根据工程规模、预算、对节能的要求以及投资回收期等多个方面综合比较后做出最后的选择[5]。

2.4　厨房补风

补风系统应从室外直接引入，补风管道需要做至少2cm的保温，并在入口处设保温密闭电动风阀，且应与排油烟机联动。

3　新风系统的施工理念

3.1　管道保温

当管道穿过建筑低温区域时，必须对其保温。建筑物隔热外表之内的送风、排风低温管道同样必须进行完善的保温。需要通过反复的计算校核巨大热损耗对建筑物热能耗的损害。比较好的解决措施是尽可能地减少设备和室外管道的长度。

对于没有设置采暖的区域，比如垃圾房、地下车库的前室、地下车库等，管道绝不可以连接新风系统并且不能随意穿越建筑物的"隔热外表"。如果不可避免地穿过"隔热外表"，则此风管必须具有特别好的保温性能。

按照经验，风管应设置至少2cm的保温层。不设置保温会导致风管内的冷量或热量流失到穿过的区域，导致冷量或热量不能完全送至目标位置。送风口之前损失的冷量或热量将导致房间得不到足够的冷量或热量，使整体的体验不佳。

管道的保温层须尽量使用无热桥保温管卡固定。如果使用了不带保温的管卡，则需要每隔1m额外附加1~3cm的保温，以平衡由未保温的管卡引起的热损失。

3.2　设备的安装

根据经验，设备如果安装在建筑保温之外，是无法达到合格的热回收效率等级的。新风设备不可控的室外管道接缝，再加上其导致的与室外较冷空气的混合，使得外置的新风设备热回收率大大降低。鉴于目前的条件，设备仅能安装在建筑保温之内。

必须要考虑的另一个要点是凝结水排放，产生的凝结水能否顺畅地排出也是设备安装的关键所在。在大风量机组中，排水槽一定要通过水封接入建筑的排水系统。

另外，为了防止固体传声，通常需要做必须的隔声处理。比如可以利用柔性连接或消音管与设备出风口连接。考虑到压降、噪声及污染，通常我们不建议使用具有伸缩性的消音管连接。

3.3 室外管道安装

连接到室外的两根风管（进风管和排风管）应设置不小于0.03°的坡度，坡向室外，以防冷凝水或雨水进入设备内部。这两根风管室外的一侧必须粘贴防水透气膜，内侧粘贴隔汽膜。

4 结语

被动式建筑是国家大力发展的新型建筑形式，以极低的能耗和实惠的成本提供最佳可能的舒适室内环境。被动式建筑旨在降低建筑能耗、降低能源消耗，为可持续发展、为人类构建蓝天白云奠定基础，对诠释人类命运共同体有深刻意义。新风系统是被动式建筑中必不可少的组成部分，行业的发展离不开各界的支持，新风系统只有融入客户群体中，才能实现良性发展、可持续发展。新风企业只有站在客户的角度开发产品，主动融入建筑的大潮中去，才能在行业发展中立足。

参考文献

［1］民用建筑供暖通风与空气调节设计规范GB 50736-2012［S］.

［2］近零能耗建筑技术标准GB/T 51350-2019［S］.

［3］公共建筑节能设计标准GB 50189-2015［S］.

［4］董小海．低成本多层被动式住宅．建学丛书增刊.

［5］刘睿，天津财富置业有限公司．变风量系统送风机控制的三种方法比较［J］．工程设计与应用研究，2009（03）.

关于中国不同气候区超低能耗建筑标准
对高性能门窗的分析与选择

朱旭 赵及建 刘爽 柴阳青
河北奥润顺达窗业有限公司

摘　要： 本文介绍了中国不同气候区，及其对超低能耗建筑标准门窗性能的要求与影响，结合当前门窗行业所生产门窗的选择进行分析探讨。以五种不同气候区的典型代表省市为例，分析了其不同的超低能耗建筑标准，以及如何选配高性能门窗。

关键词： 超低能耗建筑；被动式门窗；选择适用性；门窗性能；各气候区各代表省市标准

随着我国超低能耗建筑的推广和发展，被动式超低能耗建筑也被大家熟知，相较于常规建筑通过主动式的设备来调节室内气候及舒适度，被动式超低能耗建筑通过提高建筑结构的质量和标准来提高建筑的室内舒适度，保证更佳的可持续性、舒适性、健康性、可靠性、经济性和节能环保性，逐步改善环境和气候问题。

被动式超低能耗建筑五大原理是：卓越的隔热保温性能；无热桥的设计和构造；密闭的建筑外围护结构；高效舒适的热回收新风系统；性能良好的被动式门窗。

良好性能的被动式门窗是超低能耗建筑的五大设计原则之一，门窗在外围护结构中所占的面积一般只有30%左右，而门窗的能耗损失却占建筑围护结构的50%以上，所以超低能耗建筑选用什么样的门窗在一定程度上决定了建筑的性能好坏。因而，对超低能耗建筑用门窗的设计与选择提出了更高的标准和要求。选择门窗必须根据不同气候环境的特点，采用当地适用的被动式门窗进行适当的调整。

1　中国环境气候区的分类

中国区域辽阔，是世界上气候类型分布最多的国家之一，建筑气候区划的目的是使建筑更充分地利用和适应我国不同的气候条件，做到因地制宜。

《民用建筑设计统一标准》GB 50352-2019根据环境条件将我国划分为五个气候区：严寒地区、寒冷地区、夏热冬冷地区、夏热冬暖地区、温和地区。

严寒地区，例如黑龙江省，每年冬季气候寒冷，采暖季长达5~6个月，冬季室外环境温度大多在-25℃以下。该地区属于超低能耗建筑的重要发展地区之一。

寒冷地区，例如北京，该地区采暖季长达4~5个月，室外气候常年平均略高于严寒地区，也是超低能耗建筑的重要发展地区之一。

夏热冬冷地区，例如上海、重庆，最冷月平均气温0~10℃，平均相对湿度在80%左右，冬季气温虽然比北方高，但日照不如北方。北方日照率不少于60%，而重庆不足15%。整个冬季阴暗，不见阳光。

夏热冬暖地区，例如深圳，该地区最冷月平均温度高于10℃，最热月平均温度在25~30℃，而且月平均温度为25℃的天数有100~200天，所以制冷季长达3~6个月。

温和地区，例如昆明，夏季部分房间存在过热的情况。冬季部分地区室内温度偏低，有需要保温采暖的需求。

由此可见，在中国大部分区域以及城市的建筑都需要保证居住的热舒适性，提高能源利用效率，以节约能源、保护环境。

2 各地区典型代表省市超低能耗建筑标准现状对比分析

为推进建筑能效水平提升，各地颁布的超低能耗建筑标准因地理气候不同，对超低能耗建筑的性能要求也不同。2019年9月1日起，国家标准《近零能耗建筑技术标准》GB/T 51350-2019 正式实施。全国各地相继颁布出台了关于超低能耗建筑的相关标准。上海市在同年3月13日颁布《上海市超低能耗建筑技术导则（试行）》，黑龙江省在2019年1月2日发布了《被动式低能耗居住建筑节能设计标准》DB23/T 2277-2018，北京市在2019年10月12日发布了《超低能耗居住建筑设计标准》DB11/T 1665-2019等。表1对中国不同气候区典型代表省市地区超低能耗建筑标准进行了对比。

根据不同气候区代表省市标准对超低能耗建筑的要求可以看出，当前我国在环境气候的影响下，各地超低能耗建筑标准在气候特征和建筑要求上有着较为明显的差异，在应用超低能耗建筑理念时，有差异化的技术设计和指标。

表1　中国不同气候区代表省市超低能耗建筑标准对比表

标准号	被动式低能耗居住建筑节能设计标准DB23/T 2277–2018	超低能耗居住建筑设计标准 DB11/T 1665–2019	近零能耗建筑技术标准 GB/T 51350–2019	上海市超低能耗建筑技术导则	近零能耗建筑技术标准 GB/T 51350–2019
地区	黑龙江（严寒地区）	北京（寒冷地区）	深圳（夏热冬暖）	上海（夏热冬冷）	昆明（温和地区）
外墙	≤ 0.10	目标值：0.15 现行值：$0.15<K≤0.2$	0.3 ~ 0.8	约束值：≤0.80 参考值：≤0.40	0.2 ~ 0.8
屋面	≤ 0.10	目标值：0.10 现行值：$0.1<K≤0.2$	0.25 ~ 0.4	约束值：≤0.64 参考值：≤0.30	0.2 ~ 0.4
外窗	≤ 0.8	目标值：0.8 现行值：$0.8<K≤1.0$	≤2.5	约束值：≤1.80 参考值：≤1.40	≤2.0
外门	≤ 0.8	目标值：1.0 现行值：$1.0<K≤1.2$	无要求	宜小于1.8	无要求
体型系数	无要求	0.52 ~ 0.26（根据建筑层数）	无要求	无要求	0.55 ~ 0.4
室内温度	冬季≥20 夏季≤26	冬季≥20 夏季≤26	冬季≥20 夏季≤26	冬季≥20 夏季≤26	冬季≥20 夏季≤26
室内相对湿度	冬季≥30 夏季≤60	冬季≥30 夏季≤60	冬季≥30 夏季≤60	冬季≥30 夏季≤60	冬季≥30 夏季≤60
新风量	30m³/（h·人）	30m³/（h·人）	30m³/（h·人）	30m³/（h·人）	30m³/（h·人）
换气次数n_{50}	≤0.5	≤0.6	≤1.0	≤1.0	≤1.0
遮阳系数	宜采用固定或活动外遮阳设施	冬季≥0.45 夏季≤0.3	夏季≤0.15 冬季无	约束值：≤0.4 参考值：≤0.35	夏季≤0.15 冬季≥0.4
门窗三性要求（气密、水密、抗风压）	气密性等级不应低于8级，水密性等级不应低于6级	气密性等级不应低于8级	外窗气密性能不宜低于8级外门，分隔供暖空间与非供暖空间户门气密性能不宜低于6级	外窗气密性能不宜低于8级外门，分隔供暖空间与非供暖空间户门气密性能不宜低于6级	气密性等级不应低于8级

在外墙、门窗等外围护结构要求方面，偏北地区（严寒地区与寒冷地区）比偏南地区（夏热冬暖与夏热冬冷、温和地区）要求相对较高。北方地区对外墙及屋面的传热系数要求在0.1W/（$m^2 \cdot K$）左右，对门窗的传热系数要求在1.0W/（$m^2 \cdot K$）左右。而南方地区对外墙及屋面传热系数要求在0.3W/（$m^2 \cdot K$），对门窗的传热系数要求在2.0W/（$m^2 \cdot K$）左右，高2~3倍。而南方区域的换气次数高于北方区域，黑龙江、北京的换气次数分别为$n_{50} \leqslant 0.5h^{-1}$与$n_{50} \leqslant 0.6h^{-1}$，而南方区域则为$n_{50} \leqslant 1.0h^{-1}$。由此可见，在较潮湿的南方地区换气次数应适当增加，而在较炎热干燥的北方地区则可适当减少换气次数，方可达到舒适的室内环境。

在遮阳要求方面，南方地区高于北方地区，要求夏季的太阳得热系数为$\leqslant 0.15W/m^2$，而北方地区要求冬季的太阳得热系数为$\geqslant 0.45$，夏季的太阳得热系数$\leqslant 0.3$。夏热冬冷地区情况特殊，日照率不高，要求不同于南方地区，也就是要求在冬季的太阳得热系数为$\geqslant 0.45$，夏季的太阳得热系数为$\leqslant 0.3$。可以增加外遮阳，也可以在门窗玻璃上增加技术性能（低辐射镀膜玻璃），这样在采光的同时，也可以阻挡热能光源进入室内。

3　在各地区超低能耗建筑标准的要求下，高性能门窗如何选配

超低能耗建筑应选择保温效果较好的外门窗，其影响性能的主要参数包括传热系数、遮阳系数以及气密性能；影响外窗节能性能的主要因素有玻璃层数、Low-E膜层、填充气体、边部密封、型材材质、截面构造及开启方式等。在满足各地标准的门窗性能的情况下，当前门窗行业铝包木、铝合金、塑钢门窗都可满足各地要求。

3.1　严寒地区代表省份——黑龙江

在严寒地区达到超低能耗建筑要求的门窗如表2所示，宜采用四玻三腔中空玻璃，再添加惰性气体、暖边间隔条等，传热系数可达到0.5W/（$m^2 \cdot K$），且黑龙江地区无强制要求遮阳，宜采用固定或活动外遮阳设施，相对降低玻璃遮阳系数的配置，从而可以在冬季有效地吸收太阳能得热。配合铝包木窗框厚度达到$\geqslant 130mm$；隔热铝合金窗选用隔热条宽度$\geqslant 60mm$，在框内同时添

表2　严寒地区选用门窗配置表

各地区标准要求（门窗性能/遮阳系数）	门窗类别	整窗传热系数	型材要求	窗框传热系数	玻璃厚度/ 配置结构	玻璃传热系数	遮阳系数
外门窗性能：≤ 0.8　遮阳系数：宜采用固定或活动外遮阳设施	铝包木窗	≤0.75	≥130mm	≤1.0	58mm/5Low-E+14Ar+3Low-E+14Ar+3Low-E+14Ar+5	0.5	0.40
	隔热铝合金窗	≤0.80	隔热条宽度≥60mm	≤1.0	58mm/5Low-E+14Ar+3Low-E+14Ar+3Low-E+14Ar+5	0.5	0.40
	塑钢窗	≤0.73	腔体数≥7	≤0.96	58mm/5Low-E+14Ar+3Low-E+14Ar+3Low-E+14Ar+5	0.5	0.40

加石墨聚苯板等低传热系数保温材料［石墨聚苯板传热系数0.032W/（m²·K）］；塑钢窗选用腔体数≥7腔的窗框；同样填充保温材料，从而达到地区标准传热系数在0.8W/（m²·K）以下的门窗性能要求。

3.2　寒冷地区代表城市——北京

在北京地区达到超低能耗建筑要求的门窗如表3所示，玻璃宜选用三玻两腔、填充惰性气体、暖边间隔条传热系数达到0.75W/（m²·K）；配备铝包木窗，型材厚度≥120mm的窗框；隔热铝合金窗选用隔热条宽度≥57m、添加保温材料的窗框；塑钢窗选用腔体数≥6腔的窗框，同时添加保温材料的窗框，即可满足北京地区标准要求。

表3　寒冷地区选用门窗配置表

各地区标准要求（门窗性能/遮阳系数）	门窗类别	整窗传热系数	型材要求	窗框传热系数	玻璃厚度/ 配置结构	玻璃传热系数	遮阳系数
外门窗性能：目标值0.8　现行值0.8＜K≤1.0　遮阳系数：冬季≥0.45　夏季≤0.3	铝包木窗	≤0.96	≥120mm	≤1.1	47mm/5Low-E+16Ar+5+16Ar+5Low-E	0.75	0.40
	隔热铝合金窗	≤1.0	隔热条宽≥57mm	≤1.2	47mm/5Low-E+16Ar+5+16Ar+5Low-E	0.75	0.40
	塑钢窗	≤0.98	腔体数≥6	≤1.2	47mm/5Low-E+16Ar+5+16Ar+5Low-E	0.75	0.40

因冬季与夏季太阳照射角度不同，北京地区标准要求遮阳系数在冬季≥0.45，夏季≤0.3，夏季太阳角高，冬季太阳角低，非常适合于用固定外遮阳的方式满足夏季遮阳而又不影响冬季日照的要求。

3.3　夏热冬冷地区代表城市——上海

在上海地区达到超低能耗建筑要求的门窗如表4所示，外门窗的遮阳系数应综合考虑室内透光、外遮阳设置情况。上海地区日照率不强，因为遮阳系数的玻璃可见光等性能下降，宜采用可调节外遮阳时，不宜选用过低遮阳系数的玻璃。满足以上要求后，选用三玻两腔［传热系数0.95W/（m² · K）］且有一定遮阳效果的中空玻璃，配备铝包木窗，型材厚度≥95mm的窗框；隔热铝合金窗选用隔热条宽度≥32mm的窗框；塑钢窗选用腔体数≥5腔的窗框，即可满足上海地区对外门窗传热系数≤1.80W/（m² · K）的标准要求。

表4　夏热冬冷地区选用门窗配置表

各地区标准要求（门窗性能/遮阳系数）	门窗类别	整窗传热系数	型材要求	窗框传热系数	玻璃厚度/配置结构	玻璃传热系数	遮阳系数
外门窗性能：约束值≤1.80 参考值≤1.40 遮阳系数：约束值≤0.4 参考值≤0.35	铝包木窗	≤1.30	≥95mm	≤1.38	39mm/5Low-E+12Ar+5+12Ar+5Low-E	0.95	0.40
	隔热铝合金窗	≤1.76	隔热条宽≥32mm	≤1.75	39mm/5Low-E+12Ar+5+12Ar+5Low-E	0.95	0.40
	塑钢窗	≤1.46	腔体数≥5	≤1.83	39mm/5Low-E+12Ar+5+12Ar+5Low-E	0.95	0.40

3.4　温和地区代表城市——昆明

温和地区日平均温度不高，冬季寒冷时间短而不极端的情况下，要求外窗传热系数≤2.0W/（m² · K），遮阳系数为夏季≤0.15，冬季≥0.4。选用双玻传热系数1.84W/（m² · K）的玻璃，配置铝包木窗，选用型材厚度≥85mm的窗框；隔热铝合金窗选用隔热条宽度≥24mm的窗框；塑钢窗选用腔体数≥3腔的窗框，即可满足当地要求（表5）。

表5　温和地区选用门窗配置表

各地区标准要求（门窗性能/遮阳系数）	门窗类别	整窗传热系数	型材要求	窗框传热系数	玻璃厚度/配置结构	玻璃传热系数	遮阳系数
外门窗性能：≤2.0 遮阳系数：夏季≤0.15，冬季≥0.4	铝包木窗	≤1.85	≥85mm	≤1.38	22mm/5Low-E+12Ar+5Low-E	1.84	0.72
	隔热铝合金窗	≤2.0	隔热条宽≥24mm	≤2.0	22mm/5Low-E+12Ar+5Low-E	1.84	0.72
	塑钢窗	≤2.0	腔体数≥3	≤1.93	22mm/5Low-E+12Ar+5Low-E	1.84	0.72

3.5　夏热冬暖地区代表城市——深圳

在深圳地区达到超低能耗建筑要求的门窗如表6所示。由于深圳地区要求遮阳系数较高，过低辐射玻璃会影响可见光、透明程度，再加上该地区要求传热系数较低，综合考虑这些情况，可采取外遮阳措施。选用双玻、传热系数2.48W/（m²·K）的玻璃；配备铝包木窗，选用型材厚度≥85mm的窗框；隔热铝合金窗选用隔热条宽度≥20mm的窗框；塑钢窗选用腔体数≤3腔的窗框，即可达到当地标准外门窗传热系数≤2.5W/（m²·K），遮阳系数在夏季达到≤0.15的要求。

表6　夏热冬暖地区选用门窗配置表

各地区标准要求（门窗性能/遮阳系数）	门窗类别	整窗传热系数	型材要求	窗框传热系数	玻璃厚度/配置结构	玻璃传热系数	遮阳系数
外门窗性能：≤2.5 遮阳系数：夏季≤0.15，冬季无	铝包木窗	≤2.4	≥85mm	≤1.45	22mm/5Low-E+12+5Low-E	2.48	0.72
	隔热铝合金窗	≤2.5	隔热条宽≥24mm	≤2.25	22mm/5Low-E+12+5Low-E	2.48	0.72
	塑钢窗	≤2.5	腔体数≥3	≤1.93	22mm/5Low-E+12+5Low-E	2.48	0.72

4 高性能门窗在不同气候地区的选择适宜性

在超低能耗建筑标准对门窗传热系数的要求由南到北逐步增高的情况下，各类门窗型材宽度也会随之增加（表7）。在北方地区对门窗性能要求较高，为了达到标准要求，隔热铝合金窗相比铝包木窗、塑钢窗在工艺要求上更加复杂，所以价格偏高。铝包木窗相比塑钢窗，木材导热系数较低，所以铝包木窗更容易达到性能要求。由此可见，在北方地区选用门窗，铝包木门窗适宜性较好，塑钢门窗适宜性适中，隔热铝合金门窗适宜性一般。而在南方地区符合超低能耗建筑标准的门窗应适用于南方潮湿、室外温度较高、日照率高的气候环境，隔热铝合金窗较铝包木窗、塑钢窗更易达到要求。因此在南方地区，隔热铝合金窗适宜性较好，铝包木门窗适宜性适中，塑钢门窗适宜性一般。

表7 不同地区适宜用门窗分类表

	严寒地区		寒冷地区		夏热冬冷地区		温和地区		夏热冬暖地区	
铝包木窗木材厚度（有效叠加）	≥130mm	★★★	≥120mm	★★★	≥95mm	★★★	≥85mm	★★☆	≥85mm	★★☆
塑钢窗腔体数量	≥7	★★☆	≥6	★★☆	≥5	★★★	≥3	★☆☆	≥3	★☆☆
隔热铝合金隔热条宽度	≥60mm	★☆☆	≥57mm	★☆☆	≥32mm	★★☆	≥24mm	★★★	≥24mm	★★★
玻璃选用	四玻三腔（填充氩气+暖边隔条）		三玻两腔（填充氩气+暖边隔条）		三玻两腔（填充氩气）		双玻（填充氩气）		双玻	

5 结语

被动式门窗作为超低能耗建筑的重要环节之一，在满足各地区超低能耗建筑标准门窗性能要求的同时，选用适宜当地气候环境的门窗也是极其必要的。各类门窗因材质及构造不同，适用性的选用应做到因地适宜，从而在保证超低能耗建筑舒适性的基础上，达到更加节能经济、增加建筑寿命等更上一层楼的效果。

参考文献

［1］民用建筑设计统一标准GB 50352-2019［S］.

［2］近零能耗建筑技术标准GB/T 51350-2019［S］.

［3］上海市超低能耗建筑技术导则（试行）［S］.

［4］被动式低能耗居住建筑节能设计标准DB23/T 2277-2018［S］.

［5］超低能耗居住建筑设计标准DB11/T 1665-2019［S］.

节能门窗优化策略分析（玻璃篇）

林广利

温格润节能门窗有限公司

摘　要：门窗虽然只占建筑外维护结构面积的10%左右，却占建筑总能量损耗的50%，建筑节能需要从门窗开始。本文综合分析了节能门窗的发展及综合优化路径，阐述节能门窗设计中容易被忽视的关键环节，提出兼备节能性及经济性的优化设计途径，为优化门窗综合性能提供可持续设计方案方面的参考。

关键词：节能门窗；节能玻璃；暖边；聚氨酯隔热铝合金型材

1　发展节能门窗的重要意义

中国建筑节能走过了近40年的奋斗历程，坚持自主研发兼顾借鉴国际先进的发展思路，到现在已经取得了长足的发展，建筑节能技术、节能产业可以说呈现了百花齐放、百家争鸣的局面。但我们不得不深刻地认识到，我国建筑节能事业仍旧任重道远，充满挑战。

从以下几点考虑，我们可以看到节能门窗发展的必要性。

1.1　建筑能耗的关键流失途径

门窗部位的保温性能对整个建筑的能量流失具有至关重要的影响。门窗是真正的建筑能量损耗关键途径，也是我们进行建筑节能设计首要解决的环节，建筑节能需要从门窗开始。

1.2　门窗应用所面临的主要问题

我们不得不面对因为门窗质量的低劣而带来的负面影响：由于门窗的保温性能不好，传热系数过高，造成门窗表面结露、渗水并产生发霉、腐蚀等问题，久而久之导致门窗的型材部件损坏，并容易滋生细菌、腐蚀外观，以及增加大量的维护成本、降低使用寿命。因此，门窗的保温性能不仅对降低能耗产生重要影响，而且会严重影响建筑的品质和生活的质量。

1.3 国家的节能政策及标准发展

近年来，随着绿色建筑、节能建筑的推进和发展，越来越多的省市地区开始更新升级本区域的建筑节能设计标准，1985～2015年，我国建筑节能历经30年完成三步走的战略任务，实现了65%的节能标准。2012年，多个省市开始实施四步节能标准，目前北京率先提出五步节能设计标准，中国的建筑节能已经进入小步快跑的快速发展阶段。

因此，无论从门窗的使用现状、国家节能政策法规，还是从建筑能耗途径分析角度来看，发展节能门窗、优化门窗系统综合性能均符合国家节能发展的战略要求，节能门窗行业势必进入蓬勃发展的快车道。

2 节能门窗发展中的经济性问题

随着节能门窗的普及应用，它将逐渐对我们的日常生活产生深远影响。节能门窗也将从开发初期的小众产品逐步发展成为大众化、标准化的产品。节能门窗的经济性将决定它的发展速度和普及空间。发展节能型门窗需要投入一定的资金成本，为了获得更加优秀的节能特性，必须采用具有创新技术、创新工艺的新型材料，由此带来成本在一定程度上的增加，但从长远利益来看，明显具有投入少、产出多、实现建筑可持续发展等长期利益。门窗作为建筑节能的关键突破口，往往成本增加会相对较多。只要脱离本位的局部的短期的思想羁绊，注重建筑大环境，放眼宏观、长期、可持续的经济效益，我们不难发现，发展建筑节能门窗具有投入少、产出多的特点：用建筑造价5%～10%的节能成本实现30%～75%的节能收益，住宅冬季室温提高10℃以上，将获得非常理想的投资回报率，从而实现建筑节能最优化发展。在西欧和北欧的一些国家，高舒适度和低能耗建筑发展较早，其节能门窗造价仅比普通门窗造价增加3%～8%，但可以实现65%～90%的节能比例，经济效益非常显著。

因此，节能门窗的发展，将越来越重视新材料、新技术的应用和发展，不断寻求新的突破，寻求小材料、大收益，以小博大的发展空间。

3 节能门窗性能优化的途径分析

门窗作为建筑外维护结构中的开口部位，成为建筑物内外沟通的桥梁。人们需要通过门窗与自然界形成良好的交流，同时又必须确保不因此而受到外界的侵扰。所以，门窗应该满足这些基本的设计需求，包括良好的采光、通风、隔热、保温、隔声、安全、通透等基本使用特性。同时，从门窗的可靠性角度看，它们还要具备足够气密性、水密性和抗风压性能；从使用的安全性角度看，它们更需要具备防火、防爆、防盗、防有害光、屏蔽、隐私等使用效果；从设计风格上说，门窗更应不拘一格，具备个性化的外观形态，与建筑物协调一致，具有美观等特点。

由于门窗是产生建筑能耗的关键区域，从根本上说节能门窗的最基本要素当属门窗的隔热保温性能。高性能节能门窗的发展也将围绕如何降低整窗传热系数、控制门窗失热效率而进行各个局部工艺技术、构造和材料的研发，逐步探索和应用一些细微节点的精细化设计，获得事半功倍的性能改善和提升，诸如玻璃暖边技术的应用发展，进一步消除了门窗玻璃的热桥问题，控制了门窗的失热途径。门窗也因此获得到以下这些更加优秀的节能特性和使用特性：采暖负荷低（制冷负荷也会降低）带来能源节约；窗的内表面温度与室内温度更加接近，在寒冷的冬季室内的舒适使用空间大大提升，窗的不舒适使用距离也会明显缩短；窗的内表面温度高于室内环境露点温度，从而避免结露、结霜，因此延长使用寿命，获得寿命周期内更大的节能收益，是可持续建筑解决方案的关键改善环节。

目前节能门窗的技术发展迅速，已经具备了非常优秀的技术和工艺，可以获得极低的整窗传热系数。门窗保温性能的优化途径大致有如下四个方面：节能玻璃设计、玻璃边部线性传热损失的优化设计、窗框型材系统的优化设计、门窗安装及密封设计要点。

由于篇幅所限，本文将着重阐述节能玻璃设计的相关技术要点。

4 玻璃节能设计

玻璃通常占整窗面积的70%~80%，因此玻璃部分的隔热保温能力对整窗的保温性能影响至关重要。玻璃是热的良导体，其导热系数约为0.9W/（m·K），单层玻璃的热阻非常小。因此，如果使用单层玻璃，室内外热量直接通过传导的方式进行传递，玻璃的传热系数较高，热量流失极快，6mm单层玻璃的传热系数为5.8W/（m²·K）。

假定：冬季室外环境温度T_o=-5℃，室内温度T_i=26℃，室内相对湿度R_h=60%，我们可以计算出玻璃室内面表面的温度T：

$$U_g \times (T_i - T_o) = h_i \times (T_i - T) \tag{1}$$

其中h_i为玻璃室内表面的换热系数，h_i=3.6+4.4 e/0.837，普通白玻h_i取值8W/（m²·K）。

通过计算得出：T=3.5℃，室内的结露点温度Dew=17.6℃。

因此，对于单层玻璃窗，冬季室内表面的温度远远低于室内露点温度，而产生凝露，而且当人站在室内窗前，会感受到明显的温差效应，非常不舒适；这种温差效应随着向室内移动的距离增大而降低，因此室内舒适的使用空间被明显地压缩。同时，这种玻璃会带来大量的能耗，因为存在温差而在单位时间内流失的热量高达145W/m²。因此，这种使用单层玻璃的门窗在国家及一些地方的节能门窗规范中已经被限制或禁止使用。那么，为了提高节能效率，改善玻璃的保温性能，降低门窗玻璃的传热系数，可以通过使用中空玻璃进行综合优化设计。

由于两片玻璃间存在空气层，使得室内外热量传递方式发生了改变，由单片玻璃的热传导，转变成辐射和对流传热为主。中空玻璃系统的热导h_t可以通过下式计算：

$$\frac{1}{h_t} = \sum_{n=1}^{N} \frac{1}{h_s} + \frac{d}{\lambda} \tag{2}$$

其中：h_s——中空玻璃气体间隙层热导，W/（m²·K）；

N——中空玻璃气体层数量；

d——组成中空玻璃的单层玻璃厚度和，m；

λ——玻璃导热系数，W/（m²·K）。

可见，中空玻璃的热导，与玻璃的导热系数及气体间隙层热导正相关，与玻璃厚度负相关。气体间隙层热导包括间隙层气体热导及组成间隙层的两片玻璃的辐射热导，从而我们可以得出：使用中空玻璃，气体间隙层的存在使得中空玻璃的传热系数主要决定于气体热导及玻璃的辐射热导，所以大大降低了中空玻璃系统的传热系数。对于6mm+12A+6mm的普通中空玻璃，其传热系数为U_g=2.9W/（m^2·K），我们通过计算可以得到：在假定条件下，冬季室外环境温度T_o=-5℃，室内温度T_i=26℃，室内相对湿度R_h=60%，室内玻璃表面的温度T=14.8℃，较普通单层玻璃室内表面温度提升11.3℃。

玻璃的节能特性得到明显的改善，但室内表面温度仍低于室内环境的结露点温度Dew=17.6℃，在寒冷的冬季仍然会出现结露问题。因此，还需要对中空玻璃性能进行优化。

（1）途径1，使用充入惰性气体的中空玻璃

由式（2）可以得出，中空玻璃的传热系数与气体的热导相关，因此将中空玻璃空腔内充入大分子、黏滞度高的惰性气体，如氩气、氪气、氙气等。惰性气体的比重比空气大，气体流动性差，导热系数低，由气体对流及传导而传递的热量大大降低。表1是不同气体的特性指标。

表1　气体特性指标

气体	密度ρ （kg/m^3）	动态黏度μ [10^{-5}kg/（m·s）]	导热系数λ [10^{-2}W/（m·K）]	比热容c [10^{3}J/（kg·K）]
空气	1.28	1.71	2.42	1.01
氩气	1.76	2.10	1.63	0.52
氟化硫	6.60	1.42	1.20	0.61
氪气	3.69	2.33	0.87	0.25

从表1中的数据可以看出，氪气的导热系数最低，对中空玻璃的保温性能改善效果最好，对于6Low-E+12A+6的中空玻璃，充入氪气可以使玻璃传热系数降低0.6W/（m^2·K）左右。但氪气价格非常昂贵，单位面积增加成本在百元以上，在建筑玻璃方面进行应用不具备经济性，不易被推广使用，但可应用于某些高端产品及特种工业玻璃领域。氩气作为价格低廉的惰性气体，可以直接从空气中分离获得，同时也具备较好的热工性能，因此在建筑节能门窗玻璃中得以广泛使用。

充入惰性气体的中空玻璃必须确保其良好的密封特性，以避免昂贵的、高效的惰性气体随着使用时间延长而泄露，带来中空玻璃性能的衰减。一般来说，对于充入惰性气体的中空玻璃，如果使用硅酮结构胶作为次密封胶，就必须采取严格的措施控制丁基胶宽度、丁基胶涂敷量、间隔条接口

背封等加工工艺，正常工艺下生产的中空玻璃气体年泄露率不应超过1%。同时必须按照最新的《中空玻璃》GB/T 11944规定进行气体密封耐久性检测。那么，对于中空玻璃，充入氩气到底能够对中空玻璃的性能带来多少改善呢？

我们由式（2）得出，中空玻璃的热导与间隙层气体热导h_g正相关。

$$h_g = N_u \qquad (3)$$

式（3）显示出，间隔层气体的热导又与努塞尔准数N_u呈正比。努塞尔准数是一个与两片玻璃腔体内表面温度差及气体的不同物理特性相关的参数。因此，充入惰性气体对中空玻璃传热系数的影响与不同气体的物理性能、气体浓度、气体层厚度等因素相关。我们根据不同的标准体系，对常见配置的充氩气中空玻璃进行模拟计算，得到结果如表2所示。

表2　常见中空玻璃参数计算

玻璃配置 6Low-E +Spacer +6mm

气体类型	Low-E辐射率	EN 673 标准					JGJ 151 标准				
		6A	9A	12A	16A	20A	6A	9A	12A	16A	20A
空气	0.06	2.46	1.97	1.66	1.42	1.45	2.33	1.88	1.69	1.73	1.78
	0.04	2.43	1.93	1.61	1.37	1.39	2.3	1.85	1.65	1.7	1.75
氩气	0.06	1.99	1.56	1.3	1.16	1.18	1.89	1.51	1.4	1.46	1.5
	0.04	1.95	1.51	1.24	1.09	1.12	1.85	1.46	1.36	1.42	1.46

通过表2的计算数据我们可以看出，无论基于哪个标准体系计算，对不同间隔条宽度的中空玻璃，充氩气比不充氩气的传热系数降低0.25～0.40。一般来说，空气层越薄，充氩气对中空玻璃的传热系数改善就越明显。

对于充氩气的玻璃，需要非常关注中空玻璃的密封特性。明框结构的窗或幕墙使用水汽渗透率较低的聚硫胶作为二道密封胶，玻璃的生产工艺尤其关注丁基胶的操作工艺，确保其主密封胶的作用。最新的中国玻璃国家标准也更加关注中空玻璃的气体密封特性及惰性气体保持率的控制，根据《中空玻璃》GB/T 11944-2012标准，严格检测中空玻璃气体密封耐久性能。

另外，无论中空玻璃充入惰性气体与否，我们在门窗设计时都需要关注窗的使用角度问题。对于采光用的天窗或屋面斜窗，在计算整窗热工性

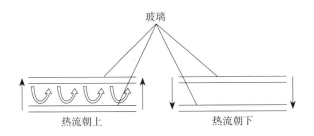

图1 中空玻璃水平状态下的内部对流传热状况

能时，需要考虑到室内外的实际温差及玻璃角度对腔体内对流形式的影响。图1为中空玻璃水平状态下的内部对流传热状况。由于产生对流传热循环路径变小，传热效率增大，使得水平状态下的玻璃传热系数大于竖直状态。在冬季，室内温度高于室外，形成朝上的热流；在夏季，室内温度低于室外温度，不会产生向上的热流，因此在冬季大角度使用的窗的实际传热系数要比竖直窗更大，这一点是需要我们在热工计算中特别注意的。

（2）途径2，调整中空玻璃的腔体厚度

我们通过式（3）可以了解到，中空玻璃的传热系数与充入气体的物理性能、气体浓度、气体层厚度、两片玻璃腔体内表面温度差等因素相关，当然也与玻璃的表面辐射率、玻璃的厚度等因素有关，所以，对于既定的两片基片玻璃，调整两片玻璃的间距（即设定不同的间隔条宽度），可以获得玻璃的最佳传热系数，而这个最佳传热系数是依据不同的环境条件而有明显差异的。由表2我们看到，基于《建筑玻璃传热系数U值计算方法》EN 673标准计算，16A的空气层U值最低，且对于该配置，16A的U值要比12A的U值低0.14~0.24，即性能提升10%~15%。当选用宽度大于16A的间隔条时，气体层过宽带来了更多的对流传热，使得玻璃的U值进一步增大。基于《建筑门窗玻璃幕墙热工计算规程》JGJ/T 151标准进行计算，12A的间隔层U值最低，且对于该配置，12A的U值要比16A的U值低0.04~0.06，即性能提升2%~4%。所以，我们通常说，12A到16A的中空间隔条宽度，可以获得极佳的中空玻璃传热系数，这也是我们经常看到，对于中空玻璃的间隔条的规格，往往会集中于12A到16A的原因。图2是不同气体、不同厚度的中空玻璃传热系数的线性比对图。

《建筑玻璃传热系数U值计算方法》EN 673标准与《建筑门窗玻璃幕墙热工计算规程》JGJ/T 151标准的测试条件存在较大差异。两个标准的边界条件如表3所示。之所以在不同的标准条件下计算结果不同，与标准体系的测试

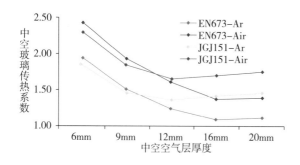

图2 中空玻璃传热系数随气体层厚度、标准边界条件的变化情况

表3 EN 673 标准与JGJ/T 151标准的边界条件

执行标准	传热系数	室外温度（℃）	室内温度（℃）	温差（℃）
JGJ/T 151 标准	K	−20	20	40
EN 673 标准	U−VALUE	2.5	17.5	15

环境条件有关。因此，对于确定的充入气体类型，哪个间隔条的宽度能够使中空玻璃获得最佳的传热系数，要根据具体的气体类型以及产品的使用标准体系（测试环境条件）来确定。设计最优的中空玻璃结构，需要参考产品使用地点的实际气候条件。

（3）途径3，使用低辐射镀膜玻璃

中空玻璃系统的热导h_t可以通过下式计算：

$$\frac{1}{h_t} = \sum_{n=1}^{N} \frac{1}{h_s} + \frac{d}{\lambda} \tag{4}$$

式中h_s是中空玻璃气体间隙层热导，其值大小取决于气体间隙层气体热导h_g及中空玻璃气体间隙层内两片玻璃的辐射热导h_r，其中h_r可按照下式计算求得：

$$h_r = 4\sigma \left(\frac{1}{\varepsilon_1} + \frac{1}{\varepsilon_2} - 1 \right)^{-1} \times T_m^3 \tag{5}$$

式中ε_1与ε_2为中空玻璃内外片内表面的校正辐射率，由此可知，中空玻璃的传热系数大小，与组成中空玻璃单元的内外基片的表面辐射率关系密切。因此，为了获得更加优秀的保温性能，我们通常会选用辐射率低（Low-emissivity）的镀膜玻璃作为中空玻璃基片，以获得更加优秀的保温性能。

Low-E节能玻璃作为建筑外维护结构所选用的关键材料，主要原因在于：建筑维护结构要实现的功能性包括保温、遮阳、美观，而Low-E玻璃能够平衡这几大要素之间的矛盾。它既可以实现建筑的保温，避免大量的热量通过玻璃流失，又可以实现良好的遮阳特性，让更多的太阳光谱中的可见光部分进入室内的同时，让更少的太阳辐射的热量通过玻璃进入室内。同时，它又具备更加宽泛的选择空间、各种各样的性能参数匹配、多种色彩，以满足不同区域、不同建筑风格的设计需求。Low-E膜可以通过其功能层银层的光谱选择性，实现对太阳辐射的有效利用。太阳辐射中的热量直接透过玻璃，玻璃吸收再次辐射通过的量越低，玻璃的隔热性能就越好，遮阳性能就越优秀。物体的热辐射被玻璃吸收再次辐射的比例越小，辐射率越低，玻璃的保温性能就越好。

高性能Low-E中空玻璃可以获得极低的传热系数。表4是各种不同中空玻璃组合获得的参数比对。

表4　不同中空玻璃结构的参数比对

序号	玻璃种类	产品配置	性能				
			可见光透过率 TL（%）	可见光室外反射率 Re-internal（%）	可见光室内反射率 Re-externa（%）	遮阳系数 SC	U值 [W/(㎡·k)]
1	单白玻	6PLANILUX钢化	89.3	8.1	8.1	0.97	5.7
2	单阳光控制	6ST167钢化	66	19	19	0.77	5.7
3	双白中空	6+12Ar+6	80.2	14.2	14.22	0.86	5.6
4	三白双中空	6+12Ar+6+12Ar+6	72.4	19.8	19.8	0.77	2.7
5	在线LOW-E中空	6SE+12Ar+6	73	16	17	0.71	1.7
6	单银LOW-E中空	6KT164+12Ar+6	57	14	10	0.53	1.7
7	双银LOW-E中空	6SKN163II+12Ar+6	58	15	16	0.39	1.6
8	单银双中空	6KT164+12Ar+6+12Ar+6	51	16.7	16.1	0.48	1.2
9	双银双中空	6SKN163II+12Ar+6+12Ar+6	53	18	21	0.36	1.2
10	D双银双中空	6SKN163II+12Ar+6SKN163II+12Ar+6	38	18	19	0.29	0.7

注：产品使用同一标准计算的参数比较EN 673。

（4）途径4，特种玻璃技术应用

随着玻璃技术的不断发展，节能玻璃工艺日新月异，已经诞生非常多的特种深加工工艺的节能玻璃，并且取得了很好的应用效果，例如真空玻璃、热镜玻璃、内悬膜玻璃、智能调光低辐射节能玻璃、气凝胶中空玻璃等。

①真空玻璃应用

真空玻璃是两片平板玻璃之间使用微小的支撑物隔开，玻璃周边采用纤焊密封，通过抽气孔将中间的气体抽至真空，然后封闭抽气孔保持真空层的特种玻璃。真空玻璃的保温性能非常优秀，主要是由于真空层的存在大大削减了热量的对流和传导损失。同时，真空玻璃还可以复合Low-E玻璃组合成真空复合中空玻璃，获得极佳的性能参数。一片6mm的真空玻璃的保温性能相当于370mm厚的实心黏土砖墙，与单层玻璃相比，每年每平方米可以节约700MJ的能源，相当于192kWh的电量、1000吨的标准煤，其节能效率极高。理想的真空玻璃还具有很好的隔声性能，6mm厚度的真空玻璃可以将室内噪声降低到45dB以下（降噪值在33~35dB）。真空玻璃技术近年来发展较快，性能也在不断提升，逐步改善了支撑点的固定、低传热、抽气孔密封工艺、封边工艺等技术问题，以及对于基片钢化问题也已经有了极大的突破，可以大大降低玻璃安装后破碎的安全隐患。

真空玻璃本身具备极低的传热系数。但对于真空玻璃整窗系统，我们需要认真对待玻璃边部的热桥问题。真空复合中空玻璃要真正发挥其综合性能的优势，玻璃边部应使用暖边间隔条，以解决边部热桥问题，从而实现整窗更加优秀的保温性能。单片真空玻璃与型材嵌入节点的设计如果能够得以解决，实现边部无热桥的处理，这将是未来一个具有很大发展空间的解决方案。

②气凝胶中空玻璃应用

在中空玻璃腔体内，不充入空气或其他惰性气体，也不抽成真空状态，而是填充透明的固体保温材料，这样的做法仍然可以获得保温性能更佳的中空玻璃。硅气凝胶材料具备非常低的导热性，其硅粒子中包含有多微孔材料，而且比可见光的波长小得多。气凝胶中空玻璃的导热性能检测资料如图3所示。

目前正在开发的多种更高性能的气凝胶玻璃产品，具备更高的可见光透过率，更低的传热系数，更好的隔声性能及更加优良的可靠性和耐久性。厚度27mm的气凝胶中空玻璃可以获得的U_g值在0.7W/（m^2·K）左右，但该产品的发展还受到价格以及产能等因素的制约。

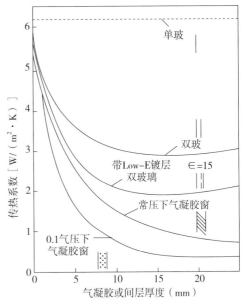

图3　气凝胶玻璃与Low-E中空玻璃导热系数

基于压力数据的镶玻璃构件
耐火试验的分析与研究

王中 贾鼎伟 李子豪

中国建材检验认证集团秦皇岛有限公司

摘　要： 随着我国城市建设的快速发展，越来越多的耐火构件应用到建筑当中。本文从建筑构件耐火试验系统构成及原理出发，依据相关建筑构件耐火试验标准，通过对镶玻璃构件耐火试件的测试，分析并研究建筑构件耐火试验系统采集的压力数据，解释造成压力曲线异常情况的原因，提出相应的可行的解决方案，旨在为检验员应对耐火检测压力数据异常情况提供解决思路。

关键词： 建筑构件耐火试验系统；镶玻璃构件；压力数据

随着我国城市建设的快速发展，建筑火灾及人员伤亡的情况时有发生，给民众人身安全带来极大危害，给社会经济造成严重损失。因此，在现今商业建筑、民用建筑及公共建筑中大量采用耐火构件（如防火玻璃、防火窗和防火门等），以保证建筑的防火特性及结构的可靠性，降低建筑火灾带来的生命危害和财产损失，为火场自救及施救争取宝贵的时间。

通常建筑建设中使用的耐火构件在投放市场前，为保证其耐火性能必须对其进行耐火试验。一套完整稳定的建筑构件耐火试验系统可通过模拟火灾现场环境，达到检验耐火构件的目的。建筑构件耐火试验系统通过多年的发展工艺及技术已趋于成熟，基于自动控制系统，可以很好地保证试验炉内温度控制的稳定性。耐火试验属于不可逆试验，在试验和研究过程中，检验员容易忽视压力数据带来的信息，而其恰好是体现试验状况的重要因素之一。

下文将从原理及标准要求出发，结合平时检测过程积累的数据，对建筑构件耐火试验系统在试验过程中的压力数据直观反映的试验可能出现的问题加以分析。研究的目的是提供些许检测经验，以便于解决检测过程中出现的问题。

1 建筑构件耐火试验系统构成

1.1 耐火试验炉型的选择

耐火试验炉的设计有两种不同的思路：一种是设计大型的多功能炉，满足各种不同类型构件的需要；另一种是根据不同的试验构件分别设计炉型，比如水平炉用于梁、板构件试验，柱炉用于柱式构件试验，墙炉用于墙、门、窗构件等[1]。本文以非承重构件立式耐火试验炉作为研究对象。

1.2 耐火试验炉的结构

非承重构件立式耐火试验炉主要用于防火玻璃、防火窗、防火门和防火卷帘的耐火试验。此处选用液化气为主要燃料，风冷制冷方式的耐火试验炉作为示例，其炉体结构示意图如图1所示。

由图1可知，耐火试验炉两侧均匀分布着8个燃烧器，每个燃烧器配置有燃气调节阀、空气调节阀、高压点火装置，由计算机程序控制自动点火。系统运行时，由助燃风机将空气汇入空气管路引至烧嘴处，由汽化炉将液化气汽化后通过燃气管路引至烧嘴处。该试验炉采用后部机械排烟方式，通过排烟阀、压力控制仪、变频器自动调节排烟风机来稳定炉内压力。助燃风机风

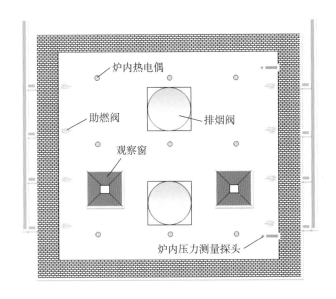

图1　立式耐火试验炉内部结构示意图

压通过电动蝶阀、风压变送器来设定，然后通过变频器进行自动控制。炉内均匀分布9个热电偶，炉体一侧上下分布两个压力测量探头，用于实时采集炉内温度和压力的信息，及时反馈给控制系统。

1.3 耐火试验炉的控制原理

根据上文内容，耐火试验炉自动控制系统的PLC程序采用顺序逻辑执行，试验过程按照预先编写好的程序步骤执行。首先根据试验对象选择相应的升温曲线，设定相应的试验编号。程序开始执行第一步，依次开启排烟风机、助燃风机，当燃气量、风压等，满足条件时，高压点火装置开启，点燃烧嘴，根据设定的程序自动控制温度和压力。实验结束时，设备关闭烧嘴，助燃风机和排烟风机继续运行，以保证试件不会因炉内正压或负压过大而倾倒，当炉内温度足够低时可手动关闭助燃风机和排烟风机。耐火试验炉程序流程图如图2所示。

图2中提到的温度控制程序和压力控制程序，其实简单来说就是一个PID控制系统，以设定值r（t）与输出值y（t）的偏差e（t）作为控制器的输入，通过控制器实现对被控对象的闭环控制。其结构图如图3所示。

依靠控制程序，炉内温度和

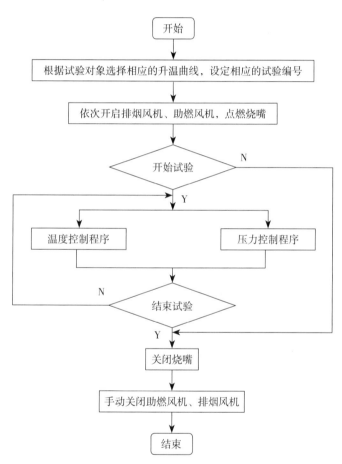

图2 耐火试验炉程序流程图

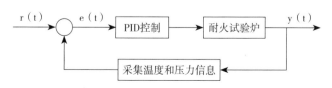

图3 PID控制系统简易结构图

压力才能动态调整，最终依照标准要求进行。

2 建筑构件耐火试验系统标准要求

为了进行压力数据的分析及研究，本文采用《建筑构件耐火试验方法 第1部分：通用要求》GB/T 9978.1-2008作为本次研究用技术标准[2]。

2.1 耐火试验炉的温度标准要求

通过热电偶测得炉内平均温度，用以下关系式对其（图4）进行监测和控制：

$$T = 345 \lg (8t+1) + 20 \qquad （1）$$

式中：T——炉内的平均温度，单位为摄氏度（℃）；

t——时间，单位为分钟（min）。

试验期间的炉内实际时间—温度变化曲线与标准时间—温度变化曲线的偏差d_e用下式表示：

$$d_e = \frac{A - A_S}{A_S} \times 100\% \qquad （2）$$

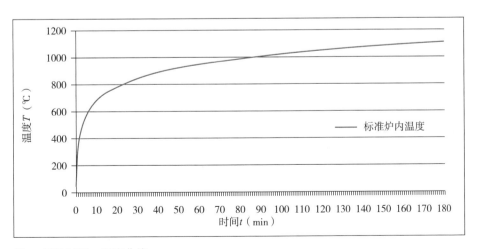

图4 标准时间—温度曲线

式中：

d_e——偏差，%；

A——实际炉内时间—温度变化曲线下面积；

A_s——标准时间—温度变化曲线下面积；

t——时间—单位为分钟（min）。

值应控制在以下范围内：

（a）$d_e \leqslant 15\%$，从5min$< t \leqslant$10min；

（b）$d_e \leqslant [15-0.5 (t-10)]\%$，从10 min$< t \leqslant$ 30 min；

（c）$d_e \leqslant [5-0.083 (t-30)]\%$，从30 min$< t \leqslant$ 60 min；

（d）$d_e \leqslant 2.5\%$，从$t >$ 60 min。

合计面积时的时间间隔为1min。

2.2 耐火试验炉的压力标准要求

沿炉内高度方向存在线性压力梯度，尽管压力梯度随炉内温度的改变会有轻微的变化，仍要保证沿炉内高度处每米的压力梯度值为8Pa。对炉内的平均压力值进行监测，并控制炉内压力的变化，使其在试验开始5min后压力为（15±5）Pa，10min后压力为（17±3）Pa，采样间隔也为1min。

试验炉运行时，我们选择图1中低位压力测量探头处为炉内零点压力，高位处的压力测量探头一般高于试件顶部，其压力值不超过20Pa，也满足标准要求。

3 镶玻璃构件耐火试验中压力数据的分析与研究

为了避免不同试验构件所带来的数据偏差，本次研究都以镶玻璃构件作为被测试件，即防火玻璃和防火窗，排除了防火门等被测试件造成的结果不统一，保证一致性。

通常在耐火试验过程中，实际炉内时间—温度变化曲线与标准时间—温度变化曲线偏差很小，基本依照升温曲线行进，而此时压力曲线有很大的波动，偏离了试验开始5min后压力为（15±5）Pa，10min后压力为（17±3）Pa的标准要求。下文将列出压力曲线集中出现的几种情况并加以分析，解释出现这些情况的原因。

3.1 压力曲线逐步升高情况

通常耐火试验进行到一定时间以后，可能出现温度曲线无异常而压力曲线逐步升高的情况，如图5所示。

分析：由图5可看出，试验进行至55min时，压力曲线开始逐步攀升，超出20Pa，在镶玻璃耐火构件无异常、温度曲线无异常、炉体无异常的情况下，说明此时炉内压力越来越大，排烟风机已达到最大额定功率，排烟阀开度100%，炉体无法释放炉内的压力，因此会逐步攀升，长时间会造成炉体压力过高的风险。

解决方案：因示例为风冷制冷方式的耐火试验炉，外置排烟道与炉内排烟道共用一个排烟风机，可适当降低外置排烟道排烟阀开度，这样可以加大炉内排烟热通量，提高炉内排热的上限，但外置排烟道排烟阀开度不应降为零，否则冷空气无法进入公共排烟通道，高温气体会加速排烟风机和排烟通道的老化和损坏。

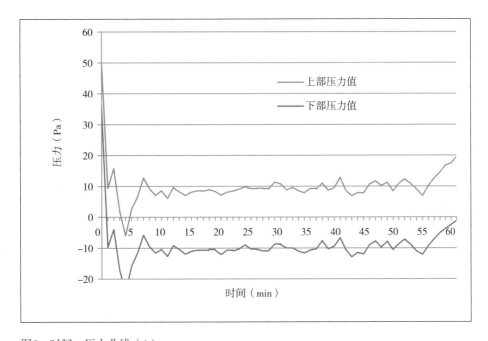

图5　时间—压力曲线（1）

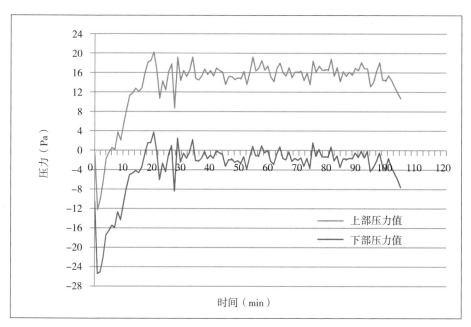

图6　时间—压力曲线（2）

3.2　压力曲线逐步降低情况

耐火试验进行到一定时间以后，可能出现温度曲线无异常而压力曲线逐步降低的情况，如图6所示。

分析：由图6可看出，100min前，压力曲线正常，试验进行至100min时，压力曲线开始逐步降低，上部压力低于14Pa、温度曲线无异常、炉体无异常的情况下，说明此时镶玻璃构件有缝隙存在（造成试件出现缝隙的原因有很多，比如玻璃在此时的温度下已软化塌落，窗体窗口出现蹿火等情况），才会导致炉体内压力释放，在炉温相对变化率很小的情况下，压力会逐渐降低。

解决方案：这种情况下，说明被测试件已经失去了耐火完整性，即可终止试验。用探棒是否能穿过试件来判断试件的完整性，此方法也可作为试件是否失去耐火完整性的可行依据。

3.3　压力曲线异常波动情况

除上述两种情况外，耐火试验进行到一定时间以后，压力曲线还会出现异

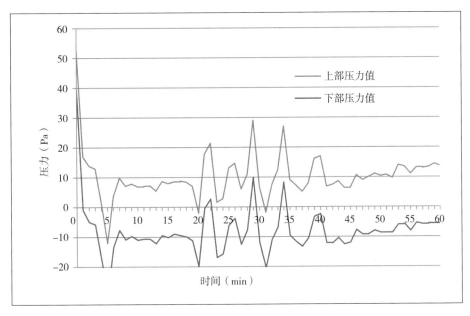

图7 时间—压力曲线（3）

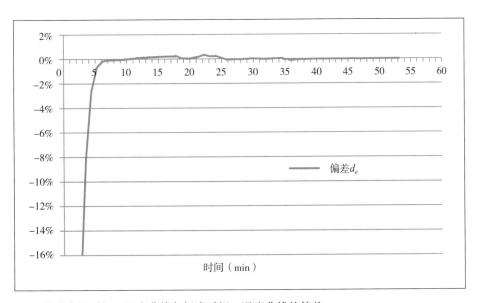

图8 炉内实际时间—温度曲线与标准时间—温度曲线的偏差

常波动的情况，如图7所示。

分析：由图7可看出，20min前，压力曲线正常，试验进行至20min时，压力曲线开始出现异常波动，上部压力和下部压力已经超出标准范围要求，此时可以再观察温度曲线及各热电偶的实时数据情况，其对应温度偏差如图8所示。

由图8可看出，20～40min，偏差变化明显。除防火窗耐火试验过程中，窗体、窗框的燃烧会造成炉内气流扰动，炉内压力会出现短暂的压力波动外，还有一种可能性是表明炉内存在一个或多个热电偶所采集温度与其他热电偶所采集温度偏离过大，这种偏差一般在±100℃以上，此时炉内实际平均温度会与标准温度偏差过大，因自动控制系统接收到错误的炉内温度信号，所以错误地作用在各控制模块上，为保证温度曲线的准确性而牺牲了压力控制，造成炉内压力曲线波动异常。如图7所示的试验过程中，炉内有一个热电偶在750～900℃，测量偏差过大，900℃之后又回归正常，因此压力曲线在40min后也回归正常。

解决方案：因为耐火试验是不可逆试验，此种情况下可终止试验，等炉体冷却后更换损坏的热电偶；或者改进耐火试验炉自动控制系统，优化程序，因为《建筑构件耐火试验方法　第1部分：通用要求》GB/T 9978.1–2008中允许试验过程中有一个炉内热电偶损坏，遇到此类情况系统会自动剔除损坏热电偶采集的数据，算出平均剩余正常热电偶的采集数据，达到继续正常进行试验的目的。

4　结语

随着耐火构件在现今建筑领域中的普及，人们对耐火构件耐火性能的要求日益提升，耐火试验是检验耐火构件性能的唯一途径，稳定精准的建筑构件耐火试验系统和具备一定水平检测经验的检测人员至关重要，这样出具的检测结果才能让耐火构件投放市场后能更好地保护民众生命财产的安全。

本文通过简单介绍立式非承重建筑构件耐火试验系统构成及原理，以及镶玻璃构件耐火试验方法相关标准要求，再通过压力数据的分析和研究，列举出三种常见的压力曲线异常情况并附相应的解决方案，为其他检验员在耐火试验过程中遇到异常情况时提供些许思路。

参考文献

［1］王帆. 建筑构件耐火试验炉的研制和应用［J］. 实验技术与管理, 2007（03）.
［2］建筑构件耐火试验方法　第1部分：通用要求GB/T 9978.1–2008［S］.

建筑玻璃外贴安全膜抗风压性能试验

龚勇明

圣戈班舒热佳特殊镀膜（青岛）有限公司

摘　要： 建筑玻璃因台风等自然灾害和钢化玻璃自爆存在很大安全风险，安全膜在新建筑物的安全防护和既有建筑物的安全改造中，表现出优异的安全性能。本文介绍了安全膜的结构和国内外的发展情况，结合安全膜的实际应用，通过单片钢化玻璃外贴膜，试验不同的贴膜方式和安装固定方案，对比测试其中心受冲击破碎后抗均匀静态正负风压的性能，结果表明，外层单片钢化玻璃若不贴膜，玻璃自爆或受风暴冲击破碎的安全风险很大；外层单片钢化玻璃若一面贴膜，可以大大减小安全隐患。

关键字： 外贴安全膜；钢化玻璃；抗风压

1　引言

伴随着我国国民经济的持续快速发展和城市化进程的加快，我国建筑玻璃行业实现了跨越式发展，到2020年我国已经发展成为建筑玻璃行业世界生产大国和使用大国，玻璃面积在居民住宅和商用建筑中逐步提高。但一方面，我国沿海一带及其他少数地区经常受到台风的威胁，建筑玻璃在承受风暴压力作用时，还要经受台风卷起大小不一、密度及硬度各异的各种物体，如地面上的砂土、碎石、木块等，包括遭风暴袭击破坏的构筑物残片，如混凝土块、金属、玻璃碎片等的冲击，带来极大的安全威胁和经济损失。如2016年台风"莫兰蒂"和2018年台风"山竹"都对沿途建筑玻璃带来极大的破坏，见图1、图2。还有2015年天津爆

图1　台风"莫兰蒂"重创厦门某小区窗户玻璃

图2 台风"山竹"重创香港某办公楼玻璃幕墙

图3 建筑物内部楼梯间墙上出现"玻璃飞刀"

图4 建筑物内部楼梯间墙上出现"玻璃飞刀"

炸事故和2019年江苏盐城爆炸事故也同样对周边建筑物破坏极大，甚至建筑物内部楼梯间墙上出现"玻璃飞刀"，图3、图4。毫无疑问这些玻璃碎片安全隐患很大，很可能形成二次伤害。灾害调查也表明风暴中对建筑玻璃表面造成破坏的不是风暴本身，而是风暴卷起的飞行物[1]。另一方面，钢化玻璃杂质缺陷引起爆裂脱落，且脱落因其时间和位置的不确定性而成为玻璃幕墙最严重的安全隐患。安全膜不管是对新建建筑物的安全防护，还是对既有建筑物的安全改造，都表现出优异的安全性能。国内学者对安全膜陆续开展过研究[1,2]，万成龙等在贴膜玻璃的抗风压性能研究中提出残余抗风压性能[3]。

本文结合安全膜的实际应用，通过单片钢化玻璃外贴膜，试验不同贴膜方式和安装固定方案，对比测试其中心受冲击破碎后抗均匀静态正负风压的性能。

2 安全膜简介

安全膜又称玻璃碎片粘接膜或防飞溅膜，美国陆军工程兵团（USACE）和美国总务署（GSA）定义安全膜的功能是当玻璃破碎时能将玻璃碎片粘接在一起[4]。安全膜的厚度一般为0.1~0.38mm，甚至更厚。玻璃安全膜根据使用场所分为室内用和室外用安全膜，通常由耐紫外老化层、安装胶层、透明聚酯层和防划伤表面保护层等组成，其中透明聚酯层的层数决定安全膜的最终厚度，耐紫外老化层在室内膜和室外膜中的位置存在区别，如图5为室内透明安全膜结构示意图，耐紫外老化层和安装胶复合在一起，图6为室外透明安全膜结构示意图，耐紫外老化层和防刮涂层复合在一起。

安全膜始于20世纪70年代早期，当时英格兰、北爱尔兰和欧洲恐怖活动猖獗，英国政府为了缓解因爆炸导致玻璃碎片的致命威胁而开发出安全膜。由于此领域的成功应用，安全膜获得大家的认可并在欧洲和其他国家得到广泛的应用。在美国，当时恐怖暴力活动不是很多，人们更多地对太阳控制膜感兴趣，尤其是汽车贴膜市场和热带地区的建筑隔热膜市场。整个20世纪80年代，窗膜销售增长主要来自汽车膜，尽管当时汽车膜还存在很多的质量问题，如开裂、气泡、脱落和褪色。但这些明显的问题却大大减少了商业和住

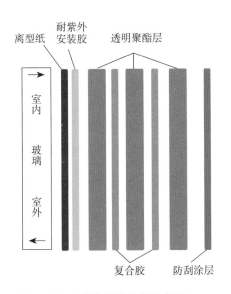

图5 室内透明安全膜结构示意图

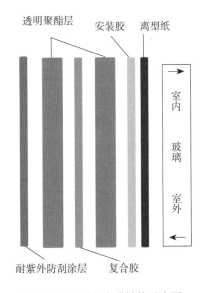

图6 室外透明安全膜结构示意图

宅市场客户对太阳膜的兴趣。此外，由于缺少抗划伤保护涂层应对窗膜每天的磨损，妨碍了窗膜的销售。20世纪90年代随着窗膜技术的发展进步，很多窗膜经销商开始积极地开发商业和住宅业务，建筑窗膜市场得到快速发展。但汽车膜依旧是美国窗膜市场的主导力量，安全膜并没有引起太多人的注意，更多的是用来推广阻止犯罪（盗窃和抢劫）和防止因地震和飓风造成的玻璃碎片伤人。而窗膜生产商的安全膜业务主要集中在海外恐怖活动迅速蔓延的地区。值得注意的是当时大部分安全膜生产和销售只有透明型号，具有安全保护和隔热功能的窗膜还处于开发阶段。

20世纪80年代末期到90年代初期，美国安全膜销售受严重的公共事件和自然灾害的冲击很大。如1989年9月雨果飓风（Hurricane Hugo）袭击了美国南卡罗来纳州，1992年8月在经历了一个平静的夏天后安德鲁飓风（Hurricane Andrew）摧毁了美国佛罗里达州，1993年2月纽约世界贸易中心的恐怖袭击事件，1995年4月俄克拉荷马大爆炸摧毁了艾尔弗雷德·P·默拉联邦大楼。这些致命的公共事件唤醒美国民众对自然灾害和恐怖主义危险的认识，这些事件造成的人员伤亡和财产损失也是惊人的[5]。人们目睹了太多的龙卷风和洪水引发的灾难，还有整个国家越来越多的打、砸、抢骚扰事件以及社会违法犯罪活动。更重要的是公众在窗膜生产商和经销商的帮助下也开始认识和理解玻璃碎片在这些事件中所扮演的危险角色。目前美国建筑安全膜和汽车膜在窗膜市场中都占有很重要的地位，市场份额相差不大。

由于中国市场对于安全膜的认知较晚，国内窗膜市场占主导地位的还是汽车隔热膜，安全膜主要应用在政府工程、银行、学校、医院等公共安全要求较高的项目。

3 测试样件

测试样件尺寸和结构，见表1。试样1、试样2和试样4为18mm单片钢化玻璃，试样3和试样5为12mm单片钢化玻璃。试样1不贴膜，试样2为两面贴膜，其他为一面贴膜，安全膜为4mil（0.1mm）外贴透明安全膜。试样采用不同的系统固定安装在木制试验箱内，不同试样玻璃位移变形监测点（红圈）分布见图7~图10。

表1　测试样件尺寸和结构

试样编号	宽度（mm）	高度（mm）	单片玻璃	4mil安全膜	安装固定系统
1	1219	1035	18mm 钢化	不贴膜	扶手点支撑系统
2	1219	1035	18mm 钢化	两面贴膜	扶手点支撑系统
3	1143	924	12mm 钢化	一面贴膜	点支撑系统和底部硅胶
4	1219	1013	18mm 钢化	一面贴膜	圆形扶手单槽管和硅胶
5	1143	924	12mm 钢化	一面贴膜	点支撑系统

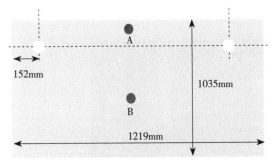

图7　扶手点支撑系统安装和位移监测点分布图

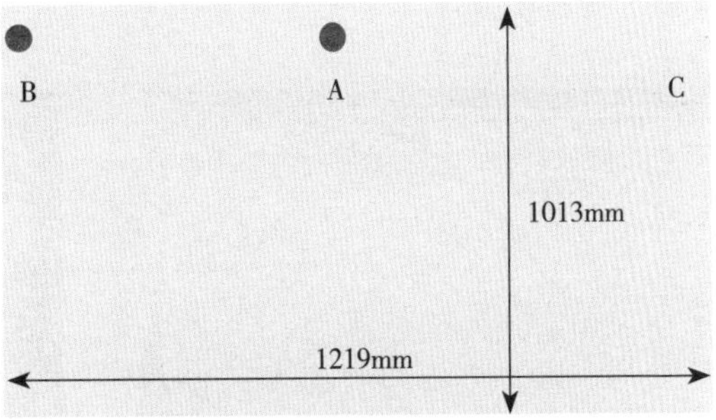

图8　圆形扶手单槽管安装和位移监测点分布图

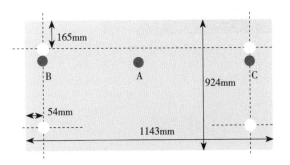

图9　点支撑系统安装和位移监测点分布图

图10　扶手点支撑系统安装和位移监测点分布图

4　静态正负风压试验

4.1　试验过程

参照《采用均匀静态正负压法测定外窗、门、天窗和幕墙结构性能的试验方法》ASTM E330/E330M-14，首先从玻璃中心处将玻璃敲碎，若是一面贴膜，

图11　静态正压力作用在玻璃面

图12　静态压力（负压）作用在膜面

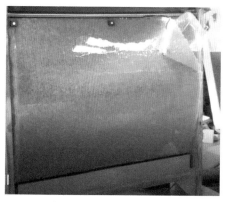

图13　静态压力作用下右上角玻璃脱落

图14　未贴膜试样玻璃中心受冲击破碎

从玻璃面敲碎。将玻璃密封好后进行不同静态正负压差试验，直至玻璃脱落，见图11～图13。

4.2　试验结果

试验结果见表2。从表2中可以看出，单片钢化玻璃若不贴膜，中心受冲击破碎后，30%的玻璃即脱落，见图14，能承受的压力小于91Pa，且一旦负载压力，80%玻璃脱落，这也是现实生活中玻璃幕墙常见的自爆风险。若是一面贴膜玻璃承受的最大压力受不同的安装固定结构影响，最小承压为1436Pa，最大承压为3112Pa，只有少量的玻璃脱落，大大减小了安全隐患。若两面贴膜，玻璃可以承受最大压力为6464Pa，玻璃破碎后可以整体保留，且没有玻璃脱落，安全隐患几乎消除。

表2 静态正负压试验结果

项目	结果	观测	备注
试样1　不贴膜+扶手点支撑系统			
试验 1　不贴膜玻璃难以承受压力 91Pa			
中心冲击	玻璃破碎	30% 的玻璃脱落	1
位移 A/mm	0.8mm	无明显移动	2
位移B/mm	0.5mm	无明显移动	2
最大压力/0000Pa	玻璃脱落	80% 玻璃脱落	4
试样2　两面贴膜+扶手点支撑系统			
中心冲击	玻璃破碎	无玻璃脱落	1
位移 A/mm	2.3mm	无明显移动	2
位移B/mm	2.5mm	无明显移动	2
最大压力/6464Pa	玻璃整体保留	无玻璃脱落	3，4
试样 3　一面贴膜+点支撑系统和底部硅胶			
中心冲击	玻璃破碎	无玻璃脱落	1
位移 A/mm	1.5mm	无明显移动	2
位移B/mm	0.8mm	无明显移动	2
位移C/mm	1.0mm	无明显移动	2
贴膜面最大压力/1436Pa	玻璃整体保留	少量玻璃脱落	3，4
玻璃面最大压力/2155Pa	玻璃整体保留	少量玻璃脱落	3，4
试样 4　一面贴膜+圆形扶手单槽管和底部硅胶			
中心冲击	玻璃破碎	无玻璃脱落	1
位移 A/mm	0.5mm	无明显移动	2
位移B/mm	1.5mm	无明显移动	2
位移C/mm	1.5mm	无明显移动	2
贴膜面最大压力/3112Pa	玻璃整体保留	少量玻璃脱落	3，4
玻璃面最大压力/3830Pa	玻璃整体保留	少量玻璃脱落	3，4
试样 5　一面贴膜+点支撑系统			
中心冲击	玻璃破碎	无玻璃脱落	1
位移 A/mm	2.0mm	无明显移动	2
位移B/mm	0.5mm	无明显移动	2
位移C/mm	0.3mm	无明显移动	2
贴膜面最大压力/2155Pa	玻璃整体保留	少量玻璃脱落	3，4
玻璃面最大压力/1436Pa	玻璃整体保留	少量玻璃脱落	3，4

备注：1. 玻璃从中心处冲击破碎。2. 破碎后24小时内不施加压力下进行位移变形测量。3. 负载压力保持10秒。4. 结构性能测试时用胶带和软薄膜进行密封以防漏气，胶带和薄膜不影响测试结果。

5　结语

　　建筑玻璃外贴膜均匀静态正负压试验结果表明，外层单片钢化玻璃若不贴膜，玻璃自爆或受风暴冲击破碎安全风险很大。外层单片钢化玻璃若一面贴膜可以大大减小安全隐患。若条件允许两面贴膜，安全隐患几乎消除。

参考文献

［1］冯素波，叶庆，李配乾. 安全膜之安全与实用性［J］. 玻璃，2015（8）：44-46.

［2］杨泉. 建筑玻璃安全膜抗风压应用探讨［J］. 门窗，2017（3）：24-26.

［3］万成龙，王洪涛，等. 贴膜玻璃残余抗风压性能试验研究［J］. 建设科技，2014（12）：47-49，54.

［4］Safety Film Education Guide, 2002 IWFA, 5-1.

［5］Safety Film Education Guide, 2002 IWFA, 1-1.

严寒地区近零能耗办公建筑实践探索

边可仁

哈尔滨森鹰窗业股份有限公司

摘　要：分析了我国严寒地区首栋近零能耗办公建筑的目标设定、技术特点和关键围护结构等节点构造。分析了项目气密性、外墙、外窗、新风等关键技术检测结果，为严寒地区近零能耗建筑推广提供技术经验参考。

关键词：严寒地区；近零能耗建筑；检测验证

1　项目概述

哈尔滨森鹰近零能耗办公楼和工厂项目位于哈尔滨双城经济开发区，由哈尔滨森鹰窗业股份有限公司投资、德国Rongen建筑事务所设计。该项目2014年8月奠基并开始建设，2017年7月完成。办公建筑是二层的混凝土框架结构，楼层高度为4.5m，建筑物总高度为10m，面积为5025.74m^2，单层建筑面积为2512.87m^2。工厂建筑中按照近零能耗建筑设计建造面积为15575m^2。

2　能耗控制目标设定

项目设计之初，以德国被动房技术体系和指标要求进行计算和设计、建造，根据被动房研究所PHPP软件计算的相关指标见表1。

表1　示范建筑基础参数和 PHPP 软件计算结果

	办公建筑/ 基础参数
人员数（个）	200
建筑体积（m^3）	28938
建筑面积（m^2）	4029
室内温度（℃）	20/25
内部发热（W/m^2）	3.8

能耗指标	项目指标	认证限值
供暖能耗指标［kWh/（m²·a）］	14.62	15
气密性（1/h）	0.6	0.6
一次能耗指标（热水、供暖、辅助与日常电力）［kWh/（m²·a）］	119	120
一次能耗指标（热水、供暖、辅助电力）［kWh/（m²·a）］	43	
供暖负荷（W/m²）	18	

3 建筑与节能设计

3.1 建筑设计

由于项目于2014年设计，执行《公共建筑节能设计标准》GB 50189-2005，采用了多种近零能耗建筑技术措施和方案，选用了各种节能产品与设备，以控制建筑能耗指标为导向进行设计。

在建筑设计过程中，充分考虑建筑采光、日照和通风需求。同时，建筑间距保证单体建筑充足的采光和日照需求，总平面规划营造适宜的风环境并对场地风环境进行优化，保证单体建筑迎风面和背风面风压差以增进自然通风效果，同时减小场地局部风速对行人的影响，减少热岛效应。

该工程办公楼采用南北向布置，避开冬季主导风向，使工程获得了良好的日照、通风、采光和视野效果。该工程造型规整紧凑，避免凹凸变化和装饰性构件，建筑体形系数0.21，东、西、南、北各朝向窗墙面积比分别为0.64、0.64、0.66和0.29，符合国家标准要求。

3.2 外墙外保温

办公楼外墙为200mm厚钢筋混凝土、陶粒混凝土砌块墙，外部为龙骨体系外挂穿孔金属装饰板，保温隔热层为300mm厚、导热系数0.030W/（m²·K）的EPS石墨聚苯板，分二层铺设，按规范要求设置防火隔离带［A级不燃防火岩棉板导热系数：0.040W/（m²·K）］，增加一道绝热密封层，使外墙传热系

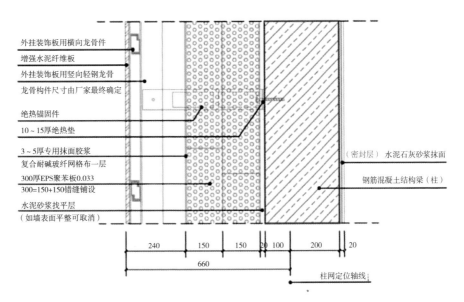

外挂装饰板用横向龙骨件
增强水泥纤维板
外挂装饰板用竖向轻钢龙骨
龙骨构件尺寸由厂家最终确定

绝热锚固件
10~15厚绝热垫

3~5厚专用抹面胶浆
复合耐碱玻纤网格布一层
300厚EPS聚苯板0.033
300=150+150错缝铺设
水泥砂浆找平层
（如墙表面平整可取消）

（密封层）水泥石灰砂浆抹面
钢筋混凝土结构梁（柱）

240　150　150　20　100　200　20
660
柱网定位轴线

图1　外墙保温及水泥纤维板幕墙做法图

数小于0.125W/（m² · K），外墙保温及水泥纤维板幕墙做法见图1。

办公楼屋面结构层为钢筋混凝土楼面板，保温层为400mm厚的XPS挤塑聚苯板，分四层铺设，按规范要求设置防火隔离带［A级不燃防火岩棉板导热系数：0.040W/（m² · K）］，增加一道绝热密封层，使屋面传热系数小于0.125W/（m² · K），所有出墙预埋管线在基础保温施工前将管线做保温防寒及密闭处理，保温厚度要大于管线直径，长度出墙面500mm以上，内侧深入100mm以上，见图2。办公楼地面采用300mm厚XPS挤塑聚苯板；外墙在自然地面埋深2米处，采用160mm厚的XPS挤塑聚苯板外侧倒贴，实现保温层连续。

3.3　建筑外窗

办公楼外窗及门采用传热系数小于0.6W/（m² · K）的近零能耗门窗，4mm钢化Low-E玻璃+14mm氩气+4mm钢化Low-E玻璃+14mm氩气+4mm钢化+14mm氩气+4mm钢化Low-E玻璃，安装采用外悬挂式安装方法，窗四周选用防水隔汽膜与防水透气膜相结合的方法，保证整窗与建筑物衔接部分的气密性，外窗设计外遮阳，窗户与遮阳做法见图3。该窗由森鹰公司自行设计、加工及

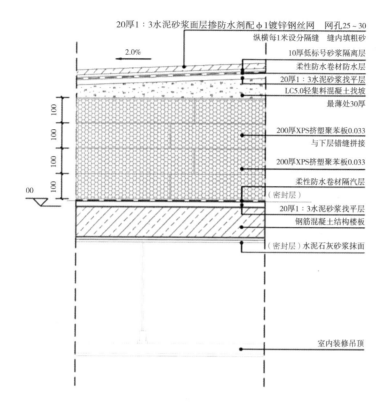

20厚1∶3水泥砂浆面层掺防水剂配φ1镀锌钢丝网　网孔25～30
纵横每1米设分隔缝　缝内填粗砂
10厚低标号砂浆隔离层
柔性防水卷材防水层
20厚1∶3水泥砂浆找平层
LC5.0轻集料混凝土找坡
最薄处30厚
200厚XPS挤塑聚苯板0.033
与下层错缝拼接
200厚XPS挤塑聚苯板0.033
柔性防水卷材隔汽层
（密封层）
20厚1∶3水泥砂浆找平层
钢筋混凝土结构楼板
（密封层）水泥石灰砂浆抹面
室内装修吊顶

图2　屋顶做法详图

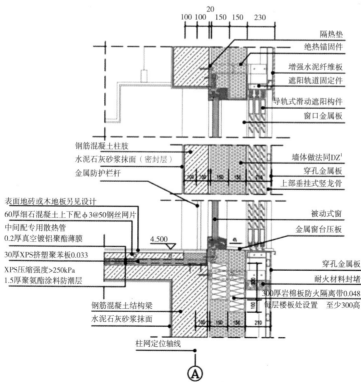

隔热垫
绝热锚固件
增强水泥纤维板
遮阳轨道固定件
导轨式滑动遮阳构件
窗口金属板

钢筋混凝土柱肢
水泥石灰砂浆抹面（密封层）
金属防护栏杆

墙体做法同DZ¹
穿孔金属板
上部垂挂式竖龙骨

表面地砖或木地板另见设计
60厚细石混凝土上下配φ3@50钢丝网片
中间配专用散热管
0.2厚真空镀铝聚酯薄膜
30厚XPS挤塑聚苯板0.033
XPS压缩强度＞250kPa
1.5厚聚氨酯涂料防潮层

被动式窗
金属窗台压板

穿孔金属板
耐火材料封堵
300厚岩棉板防火隔离带0.048
每层楼板处设置　至少300高

钢筋混凝土结构梁
水泥石灰砂浆抹面

柱网定位轴线
Ⓐ

图3　窗户与遮阳设计详图

安装。办公楼外立面幕墙悬挑构件采用劳士领增强玻璃纤维，此构件属国内首例使用，绝缘，隔热，无冷、热桥，抗拉、抗剪、抗冻性等经实验鉴定满足规范要求。

3.4 新风系统

办公楼和工厂设新风预处理机组及预处理旁通机组，共5台新风机组，总新风量为17000m³/h，其中1台风量为6000m³/h，提供办公楼新风，另配两台风量为500m³/h，提供办公楼卫生间独立新风。冬季室外新风经此机组预热、初效过滤进入新风换气机组，夏季及春秋季节直接通过旁通机组初效过滤后进入新风换气机组。设耐低温加热系统服务于新风预处理机组，系统由板换、循环泵、高位水箱、管道及耐低温介质组成，彻底杜绝了由于各种突发故障、误操作等因素导致新风预处理机组盘管被冻裂的可能性。系统耐低温（-40℃）介质为改性二元醇，无腐蚀性、无挥发、无毒、无味，性能稳定。新风换气机组内设转轮式全热交换器，能量回收效率为77.1%。新风机组编号与风量分配见表2。

表2 新风机组编号与风量分配

房间编号	数量	功能区域	新风机组编号	单个房间风量设计值	
				V 送风（m³/h）	V 回风（m³/h）
1	1	工厂1区	1	5000	5000
2	2	工厂2区	2	5000	5000
3	3	办公区域	3	6000	6000
4		一层办公区		1450	1450
5		车间二层办公区		1250	1250
6		更衣室（女）	3	700	700
7		更衣室（男）		500	500
8		员工餐厅		1950	1950
9		茶水间		150	150
10	4	卫生间（一）	4	500	500
11	5	卫生间（二）	5	500	500

4 关键技术检测验证

为验证项目关键技术的实际效果，委托德国被动式研究院（PHI）认可的专业检测机构，德国屋大夫CEO、新风工程师迈克尔·梅耶进行了气密性检测并顺利通过，并邀请中国建筑科学研究院对外墙、外窗、新风机组的性能进行了检测。

4.1 建筑整体气密性测试

采用鼓风门测试，系统中仪器和装置的要求满足压力测量，应能够在0～100Pa之间测出压差，且误差在±2Pa以内；压力测量仪最大允许误差5%；温度测量仪测量误差范围应在±1K范围内。测试结果为：工厂建筑气密性n_{50}=0.2，办公建筑n_{50}=0.16。

4.2 外墙传热系数

在2018年1月25日12:00～1月29日12:00期间对外墙传热性能进行检测，检测期间室外温度最低–30.0℃，最高–19.1℃，平均温度–24.6℃，室外温度逐时数据见图4。测试期间，由于办公建筑南墙外遮阳施工尚未结束，对南侧里面外墙传热系数检测有影响，因此选择办公楼北墙和屋面进行墙体传热系数检测，测试期间办公楼北墙室外表面温度为–29.7～–23.1℃，平均值为–26.0℃，室内表面温度为12.4～12.9℃，平均值12.6℃，热流密度为4.9～

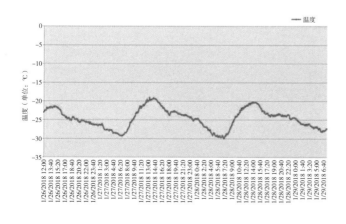

图4 测试期间室外温度

6.7W/m², 平均值5.9W/m²; 办公楼屋面室外表面温度为–26.1~–23.1℃, 平均值为–24.5℃, 室内表面温度为13.8~14.6℃, 平均值14.1℃, 热流密度为3.9~5.3W/m², 平均值为4.7W/m², 非透明围护结构热阻和传热系数见表3。其中测试值较设计值偏高的原因主要有两点: 一是受检办公楼竣工时间未满1年, 尚在进行室内装修, 可能存在墙体内湿气对检测结果的影响; 二是受现场条件制约, 所选受检墙面较窄(1.5m), 相邻窗、柱引起的非一维传热对结果有影响。

表3 非透明围护结构热阻和传热系数

测试位置	外表面平均温度(℃)	内表面平均温度(℃)	热流密度(W/m²)	围护结构热阻(m²·K/W)	墙体传热系数[W/(m²·K)]	设计计算值[W/(m²·K)]
办公楼北墙	–26	12.6	5.9	6.63	0.15	0.125
办公楼屋面	–24.5	14.1	4.7	8.27	0.12	0.10

4.3 外窗

在2018年1月26、27日期间采用中国建筑科学研究院开发的R70B数据采集仪对外窗进行测试, 设备及现场测试过程见图5。设备主要由64路温度热流巡回检测仪组成, 配备6片热流计片和48个Pt1000铂电阻温度传感器。测温范围为–100.00~+100.00℃, 热流范围为5~4500W/m²; Pt1000铂电阻测温基本误差小于±0.1℃, 热流计基本误差为±2W/m²。

图5 测试仪器设备及现场测试过程

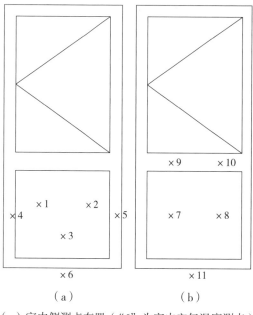

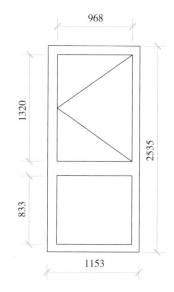

图7　测试窗的窗型分格尺寸

（a）室内侧测点布置（"6"为室内空气温度测点）
（b）室外侧测点布置（"11"为室外空气温度测点）
图6　测点布置

　　现场测试过程主要包括布置温度传感器，然后采集仪自动采集记录数据。为提高测试准确度，玻璃表面按面积平均分布6个温度传感器，室内外距外窗表面150～300mm各布置两个空气温度传感器。数据处理时，各组数据取平均值。共选取11个点进行测试，其中室内侧玻璃内表面3个测点、框内表面2个测点、室内空气温度1个测点，室外侧基本与室内侧对应，见图6。

　　哈尔滨森鹰被动式超低能耗工厂外窗为160系列内平开下悬铝木复合（铝包木）窗。选取典型房间外窗进行测试，测试窗的分格尺寸见图7。

　　该测试窗的几何信息见表4。

　　经过测试，共选取9组数据，数据和处理结果见表5。

表4　测试窗的几何信息

	宽（mm）	高（mm）	面积（m²）	周长（m）
整窗	1153	2535	2.92	
玻璃1	968	1320	1.28	
玻璃2	968	833	0.81	

	宽（mm）	高（mm）	面积（m²）	周长（m）
玻璃总面积			2.08	
框总面积			0.84	
玻璃周长				10.11

表5 测试窗 K 值测试数据和计算结果

采样时刻	测试数据				结果处理			
	玻内	框内	空内	空外	玻K	框K	线传热	窗K
2018-1-26 下午 10:02:33	10.2	11.1	13.6	−28.4	0.65	0.47	0.025	0.69
2018-1-26 下午 11:02:33	10.1	11.1	13.6	−29.1	0.64	0.46	0.025	0.68
2018-1-27 上午 12:02:33	10.1	11.0	13.5	−29.2	0.64	0.47	0.025	0.68
2018-1-27 上午 01:02:33	10.1	11.0	13.5	−29.2	0.65	0.47	0.025	0.68
2018-1-27 上午 02:02:33	10.0	10.9	13.5	−29.7	0.64	0.47	0.025	0.68
2018-1-27 上午 03:02:33	9.9	10.9	13.4	−30.4	0.64	0.47	0.025	0.68
2018-1-27 上午 04:02:33	9.8	10.8	13.4	−30.6	0.65	0.48	0.025	0.69
2018-1-27 上午 05:02:33	9.8	10.7	13.4	−31.3	0.65	0.48	0.025	0.68
2018-1-27 上午 06:02:33	9.6	10.6	13.3	−31.9	0.65	0.48	0.025	0.68
平均值					0.65	0.47		0.68

由表5可以看出，整窗K值测试结果为0.68W/（m²·K），玻璃的K值为0.65W/（m²·K），框的K值为0.47W/（m²·K）。需要指出的是，本测试采用在室内外空气温度接近稳态条件下内表面温度与传热系数K值的关系测算，由于与实验室的稳态条件有一定的差别，另外计算时室内表面换热系数、玻璃与框的线传热系数取为理论值，与实际情况会有一定偏差。本方法测试结

果与实验室测试结果相比有一定差异，但现场操作简便易行，结果具有重要
参考价值。

4.4 新风机组

新风系统主要由一台新风预处理机组（XF-1，额定风量16000m³/h）
和三台热回收新风机组（KT-1、KT-2、KT-3，额定风量分别为5000m³/h、
5000m³/h、6000m³/h）组成。预处理后的新风经转轮热回收装置与排风进行
热湿交换，再经加热、加湿处理后，由送风机送至各个房间。本次测试选取
KT-1、KT-3两台新风热回收机组进行性能测试，检测内容为新风量、排风
量、温度交换效率、湿量交换效率及焓交换效率。

测试期间，XF-1机组开启对室外新风进行预热，KT-1、KT-3机组加
热、加湿功能关闭，仅保留热回收功能。经测试，新风机组KT-1的新风量
为3225m³/h，排风量为3189m³/h，温度交换效率为76.2%，湿量交换效率为
64.6%，焓交换效率为70.4%；新风机组KT-3的新风量为4320m³/h，排风量
为4285m³/h，温度交换效率为77.9%，湿量交换效率为63.7%，焓交换效率为
70.0%，详细数据如表6所示。

表6 新风机组 KT-1、KT-3 测试结果

测试项目		KT-1 测试结果	KT-3 测试结果
新风量（m³/h）		3225	4320
排风量（m³/h）		3189	4285
新风进口	干球温度（℃）	5.70	
	相对湿度（%）	4.00	
新风出口	干球温度（℃）	20.28	
	相对湿度（%）	39.90	
排风进口	干球温度（℃）	24.42	
	相对湿度（%）	47.80	
温度交换效率（%）		76.2	77.9
湿量交换效率（%）		64.6	63.7
焓交换效率（%）		70.4	70.0

5 结语

森鹰近零能耗办公建筑作为我国严寒地区近零能耗建筑的示范探索，按照德国被动房技术体系进行设计建造，供暖能耗指标可以控制在14.62kWh/（m^2·a），热水、供暖、辅助电力的一次能耗计算指标为43kWh/（m^2·a），如包含日常办公用电，也可以控制在119kWh/（m^2·a）。

森鹰近零能耗办公示范建筑探索了严寒地区外墙保温、屋面、地板、外窗、幕墙、新风预处理等特色设计和施工方案，取得了良好的技术效果。

森鹰近零能耗办公示范建筑气密性检测n_{50}=0.16，外墙传热系数实测值为0.15W/（m^2·K），屋面传热系数实测值为0.12W/（m^2·K），外窗传热系数测试结果为0.68W/（m^2·K），玻璃的传热系数值为0.65W/（m^2·K），窗框的传热系数值为0.47W/（m^2·K），新风机组温度交换效率为76%~77%，湿量交换效率为63%~64%，焓交换效率为70%。

工程案例

高层住宅项目的被动式
低能耗建筑技术方案

曹恒瑞[1] 王冲[2] 郝生鑫[1] 陈秉学[1] 马伊硕[1] 于福辉[2]
1 北京康居认证中心；2 石家庄融创贵和房地产开发有限公司

摘　要： 解决能源供应、缓解气候变化，是全球面对的共同课题。作为国家城镇化进程的推动者和践行者，探索并寻求出符合时代需求和家国利益的住宅产品系统方案是开发建设单位走向成熟的必经之路。本文以石家庄融创城项目为例，探讨了通过一套系统的建筑技术解决方案，统筹不同视角的设计预期，实现高能效性、舒适和健康的建筑品质，以及全寿命周期的技术经济性在建筑中的协调和平衡，最终达到同时提高居住者福祉和环境可持续性的目的。

关键词： 气密性；外围护结构；外门窗系统；无热桥；新风系统；建筑能效

1 引言

2018年全球一次能源消费以2.9%的速度迅速增长，几乎是10年均值（1.5%）的两倍，也是自2010年以来最快的增速。中国、美国和印度能源需求增长之和占全球能源需求增长的三分之二以上。而碳排放量增长了2.0%，是七年来最快的增长[1]。

同时，2019年世界共同经历了有气象记录以来最热的几个年份之一。世界气象组织（WMO）预测，最近五年是有史以来最热的五年。而这是其连续第三年作此预测。此前全球平均温度最高的五年依次分别是2016年、2017年、2015年、2018年和2014年[2,3]。

解决能源供应、缓解气候变化，是全球面对的共同课题。我国同样面临重大挑战。随着国家经济的发展和居民提升生活品质、改善舒适度需求的增长，我国社会总能源消费，尤其是建筑能源消费，还将持续加大。建筑节能对节约能源和实现国家的可持续发展起到至关重要的作用，是实现国家能源安全的重要举措。

作为国家城镇化进程的推动者和践行者，探索并寻求出符合时代需求和家国利益的住宅产品系统方案是开发建设单位走向成熟的必经之路。本文以石家庄融创城项目为例，探讨了通过一套系统的建筑技术解决方案，统筹不同视角的设计预期，实现高能效性、舒适和健康的建筑品质，以及全寿命周期的技术经济性在建筑中的协调和平衡，最终达到同时提高居住者福祉和环境可持续性的目的。

2 项目概况

石家庄融创城项目位于石家庄栾城区，地上18层，地下2层，建筑高度为55.35m，建筑面积9497.92m^2，结构形式为剪力墙结构。规划户数72户，规划人口3人/户，体型系数0.32，东、南、西、北向窗墙面积比分别为0.30、0.60、0.30、0.38。项目效果图见图1，标准层平面图见图2。

图1　项目效果图

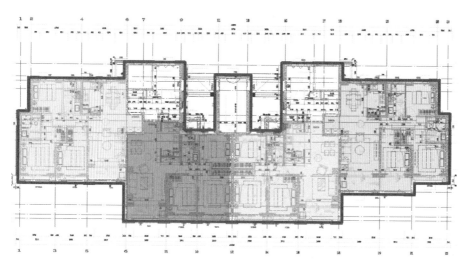

图2　项目标准层平面图

3　项目技术方案

项目采用被动式低能耗建筑技术方案，将自然通风、自然采光、太阳能辐射和室内非供暖热源得热等各种被动式节能手段与建筑外围护结构保温、隔热节能技术相结合，使建筑物在达到高水平的室内舒适度的同时，实现高水平的建筑能效，即取得鱼与熊掌兼得的效果。其技术手段包括：

（1）确保优越的建筑气密性，规避非预期气流渗透，造成不必要的通风热损失，同时避免由于冷气渗入而形成的室内局部温度下降及相对湿度不足等影响居住质量和舒适度的情况；

（2）采用高效的非透明外围护结构外保温系统，确保外围护结构具有均衡的保温性、隔热性、热惰性、蓄热性、透气性和气密性等性能，同时兼顾系统性、相容性、耐久性；

（3）采用高性能的外门窗系统，门窗系统本身集成卫生性、能效性、舒适性等多视角设计要求，同时注重安装方式的热工性能；

（4）执行无热桥的设计理念与建筑节点构造方式，从而确保室内温度的均衡性，避免结露和局部温度过低现象，同时通过精细化的能源节流管理，实现室内人员、照明、家电等散热可作为建筑的稳定热源考虑；

（5）带有高效热回收装置的通风系统，将人为通风变为有组织通风，通过智能化控制确保室内空气品质，同时回收排出空气中的热量和湿量，循环利用。

项目的技术核心是提升建筑的本体性能，从需求侧最大限度地降低建筑的采暖、制冷、通风能耗。在供应侧尽量减少机械化设备，以最简化的设备来实现低能耗和高舒适度的目标，从而实现技术方案的最佳经济性。

3.1 优越的建筑气密性

被动式低能耗建筑区域范围为：地上1～18层、屋面层楼电梯间，以及北侧楼电梯间的地下部分。被动区范围边界上的保温、气密连续包绕，且门、窗均为符合被动式要求的被动窗、被动门。

建筑气密性设计方案为，整栋建筑具有包绕整个采暖体积的、连续完整的气密层；每个公寓具有各自的包绕整个采暖体积的、连续完整的气密层；楼电梯间及前室、走廊为单独气密区。项目气密区设计见图3。

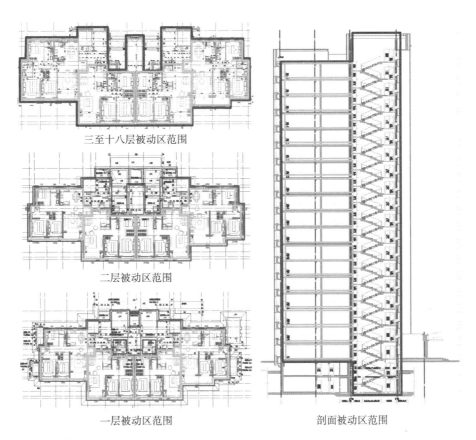

三至十八层被动区范围

二层被动区范围

一层被动区范围

剖面被动区范围

图3　项目气密区设计

3.2 高效的非透明外围护结构

3.2.1 外围护结构的保温性、热惰性

本项目为钢筋混凝土剪力墙结构，局部采用蒸压加气混凝土砌块墙填充墙，砌块容重大于500kg/m³。墙体热惰性良好。外围护结构采用外保温系统。

外墙、屋面、不采暖地下室顶板、地下室外墙、地面等外围护结构，以及被动区内部楼梯间隔墙、分户墙、分户楼板等位置的保温措施、保温材料的导热系数、围护结构的传热系数，以及热惰性指标D值等详见表1。

表1 非透明围护结构保温措施

项目	围护对象	外保温措施	导热系数 [W/(m·K)]	热惰性 指标D值	传热系数 [W/(m²·K)]	传热系数限值 [W/(m²·K)]	是否符 合规定
外围护结构	外墙	240mm厚石墨聚苯板	0.032	4.85	0.15	≤0.15	符合
		240mm厚岩棉带	0.045				
	屋面	250mm厚高容重石墨聚苯板	0.033	4.50	0.14	≤0.15	符合
		250mm厚岩棉带	0.045				
	不采暖地下室顶板	70mm厚挤塑聚苯板	0.030	3.97	0.27	≤0.30	符合
		50mm厚岩棉带	0.045				
	地下室楼梯间外墙	240mm厚挤塑聚苯板	0.030	4.88	0.13	≤0.15	符合
	地下室采暖与非采暖隔墙	100mm厚岩棉带	0.045	4.88	0.41	≤1.00	符合
	一层接触土壤地面	200mm厚挤塑聚苯板	0.030	5.30	0.15	≤0.25	符合
	地下室楼梯间地面	150mm厚挤塑聚苯板	0.030	6.93	0.19	≤0.25	符合
被动区内部	楼梯间隔墙	30mm厚岩棉板	0.040	2.64	0.99	≤1.00	符合
	分户墙	20mm+20mm厚改性酚醛板	0.023	2.83	0.51	≤1.00	符合
	分户楼板	40mm厚挤塑聚苯板	0.030	3.31	0.60	≤0.80	符合

注：表中传热系数限值出自《被动式超低能耗居住建筑节能设计标准》DB13（J）/T 273-2018。

3.2.2 外围护结构的系统性、相容性、耐久性

外墙外保温系统配备门窗连接线条、滴水线条、护角线条、伸缩缝线条、断热桥锚栓等配件，以及预压膨胀密封带、密封胶等，以提高外保温系统的保温、防水和柔性连接能力，保证系统的耐久性、安全性和可靠性。

外墙外保温系统的饰面涂料采用透气性良好的水性外墙涂料，与薄抹灰系统具备良好的相容性。

屋面防水保温系统，含隔汽层、保温层、防水层，按I级防水要求设防，防水材料满足相容性要求。系统干作业施工，屋面保温层采用聚氨酯胶粘剂粘接。

3.2.3 外围护结构的安全性

出于系统安全性考虑，国内部分被动式低能耗建筑项目采用额外设置保温托架的方式来避免由于粘接强度不足而引起的保温层下滑、脱落现象。显然，提高粘接砂浆的粘接性能、确保粘接质量，是解决问题的根本。然而，在充分考虑保温托架断热桥处理，同时确保其周边保温板铺设质量的前提下，采用托架作为辅助支撑措施，可视作一种阶段性的工程解决方式。

本项目根据现行《被动式超低能耗居住建筑节能设计标准》DB13（J）/T 273[4]规定，外墙外保温每层设置结构性托架。托架与主体结构之间的连接设计，考虑温度变形、风压等影响因素，经过整体受力安全验算确定托架数量。托架设置于两块保温板竖向接缝处，托架的长度为外墙保温层厚度的2/3，剩余1/3保温厚度采用聚氨酯发泡填充，对托架进行断热桥处理。托架安装位置示意及托架尺寸如图4所示。

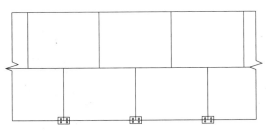
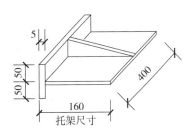

图4 托架安装位置示意及托架尺寸

利用ANSYS workbench热分析模块，对托架节点不同的断热桥处理方式进行三维模拟。计算涉及的材料特性及边界条件为：外墙保温材料石墨聚苯板导热系数 λ=0.032W/（m·K），修正系数1.05；钢筋混凝土墙体导热系数 λ=1.74W/（m·K）；高强度聚氨酯隔热垫片导热系数 λ=0.1W/（m·K）；托架导热系数 λ=49.9W/（m·K）；聚氨酯发泡导热系数 λ=0.025W/（m·K）；冬季室内控制温度20℃，对流换热系数8.7W/（m²·K）；室外计算温度-8.8℃，对流换热系数23W/（m²·K）。

通过热分析模块求解，可得不同工况下单个托架形成的外墙综合传热系数：（1）不设置托架，仅考虑钢筋混凝土墙体外侧铺设石墨聚苯板保温层时，墙体传热系数 K=0.135W/（m²·K）；（2）设置托架（160mm宽），不设置隔热垫片，在托架外侧采用聚氨酯发泡（80mm厚）填充时，单个托架形成的外墙综合传热系数 K=0.13948W/（m²·K）；（3）设置托架（150mm宽），设置隔热垫片（10mm厚），同时在托架外侧采用聚氨酯发泡（80mm厚）填充时，单个托架形成的外墙综合传热系数 K=0.13893W/（m²·K）。有/无隔热垫片的模型温度云图见图5、图6。

考虑到设置隔热垫片对外墙综合传热系数影响并不显著，本项目采用将托架长度控制在保温层厚度的2/3，托架外侧填充聚氨酯发泡的方式进行断热桥处理。

3.3 高性能的外门窗系统

本项目外窗采用铝木复合型材，三玻两腔中空填充氩气耐火玻璃，并采

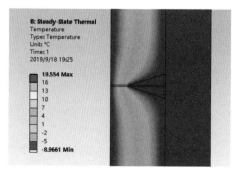

图5　无隔热垫片的模型温度云图

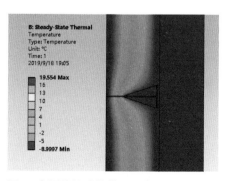

图6　有隔热垫片的模型温度云图

用耐久性良好的暖边间隔条。外窗整窗传热系数$K \le 1.0$W/（$m^2 \cdot K$），型材传热系数$K \le 1.3$W/（$m^2 \cdot K$），玻璃传热系数$K \le 0.8$W/（$m^2 \cdot K$），玻璃的太阳能总透射比$g=0.35$，玻璃选择性系数$LSG \ge 1.25$。外窗气密性8级，水密性6级，空气声隔声性能3级。耐火完整性不低于0.50h。

首层单元门厅入口门、两侧楼梯间通向连廊的门、中间楼梯间通向连廊的门（乙级防火门）、屋面出楼梯间和电梯机房门，以及地下室出楼电梯间门，整门传热系数$K \le 1.0$W/（$m^2 \cdot K$），采用三道耐久性良好的密封材料密封，气密性8级，水密性等级不低于4级。

公寓户门具有良好的保温、气密性能，整门传热系数$K \le 1.3$W/（$m^2 \cdot K$），气密性能等级不低于8级。

外窗采用外挂式安装方式，外窗框与结构墙体之间形成无热桥构造，并做好气密性和水密性处理。

3.4 无热桥设计

执行无热桥的设计原则，一方面是截留能量流失，另一方面也是在处理围护结构室内表面温度过低的薄弱环节，以提高室内温度的均衡性，防止室内结露发霉，同时避免局部温度过低引发的局部冷空气流转现象。因此，某种程度上无热桥设计理念之于提升室内舒适度的影响还要更甚于其对建筑能效的影响。

本项目的断热桥处理，除被动式建筑典型的无热桥构造，如女儿墙、外墙与地下室顶板交接处，外门窗安装，管道穿外墙洞口，管道穿屋面等以外，主要集中在图7所示特殊位置。在该类位置的设计原则为，尽量保证保温层连续、完整，遇混凝土结构贯穿位置，确保围护结构室内表面最薄弱点的温度不低于17℃。主要节点的断热桥设计构造如图8～图11所示。

此外，高层居住建筑还有以下问题需要注意：

（1）厨房集中排烟道出屋面与室外空气直接相通，且烟道尺寸大于卫生间排气管，室外冷空气下沉影响更大。经气流模拟分析，在顶层烟道口会形成外界冷空气与烟道空气的涡流，至其下方5m处，温度影响波动较大，再往下温度趋于均匀。因此，厨房烟道四壁应在建筑顶部两层高度范围内铺设保温，以下楼层可按常规做法处理。

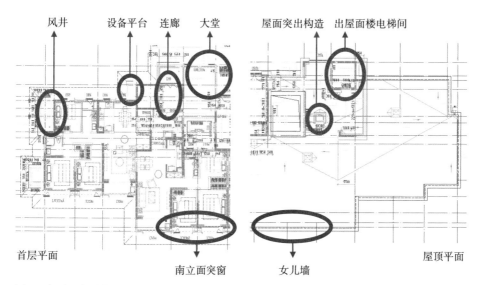

图7　本项目断热桥处理关键节点

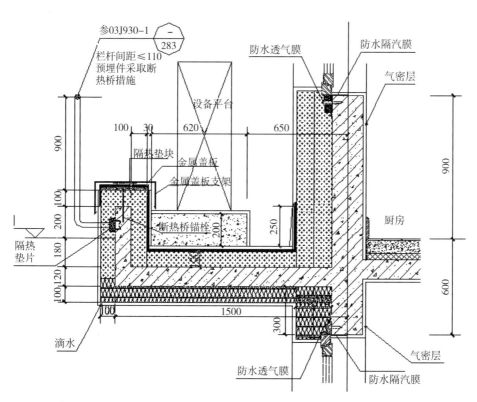

图8　设备平台节点

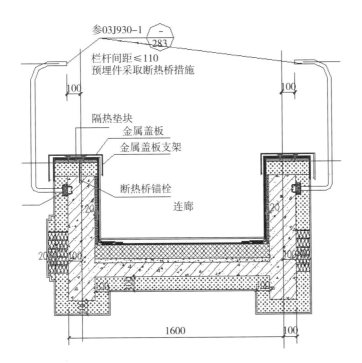

图9 外廊节点

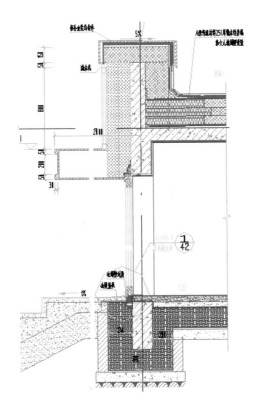

图10 北立面大堂剖面

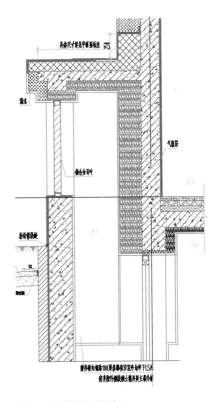

图11 风井剖面节点

（2）机械排烟系统的出屋面排烟管道，应在风机室内一侧设置气密性能优越的280℃常闭型排烟防火阀。阀门平时常闭；电动开关与火灾报警器联动，发生火灾时由消控室控制开启，同时打开排烟风机；当烟气温度达到280℃时，熔断关闭阀门，同时关闭排烟风机。排烟管道在机房层应整管包裹保温。

3.5 高效热回收新风系统

3.5.1 新风系统设计方案

通过上述提高建筑本体性能的技术措施，同时考虑辐射、室内人员、照明、家电散热等"被动式"得热，建筑对于额外能源的需求得到极大降低，采用一套系统集成通风、采暖和制冷功能，用通风系统兼负导入稍许热量或冷量，即可带动整栋建筑的运营。

本项目采用分户式带有高效热回收装置的新风空调一体机方案，为每套公寓提供新风、采暖和制冷，新风空调一体机的冷热源为空气源热泵。

每套公寓采用一台设备，卧室、起居室、餐厅设置送风口，各个卫生间设置回风口，餐厅或走廊设置循环风口，每户外墙开洞作为进风口和排风口，从室外获取新风，或者将热回收后的污浊空气排出室外。新风及排风管道设保温密闭型电动阀，与风机联锁开关，保证建筑的气密性。

室外新风经进风管进入设备，经过处理（热交换、除霾、降温、升温、除湿等）后的新风经过送风管送入各个房间，负责处理每个房间的冷、热负荷，并对室内CO_2进行稀释，然后通过房间门缝或导风槽溢流到卫生间，经过卫生间的回风口进入设备的热交换机芯，与室外新风进行热交换，然后经过排风管排到室外。当室内冷（热）负荷较大时，启动循环风，循环风可快速降低室内冷热负荷。启动循环风时，也应包含室内所需要的最少新风量。

3.5.2 新风系统设备性能

新风系统具有风量调节功能，可根据室内情况自动调节风量大小，也可实现人为手动调节，可根据室内CO_2浓度实现自动启停。热回收装置采用全热回收芯材，焓交换效率≥70%，温度交换效率≥75%。新风系统单位风量风机功率不大于0.45Wh/m³。系统内部漏风率<2%，外部漏风率<2%。

室外进风、排风口处设可过滤大颗粒物质、飞虫等的初效过滤网；进风口及回风口设过滤器，进风口过滤器等级不小于G4+F8级，回风口过滤器等级不小于G4级，并具有提示更换功能。

3.5.3 新风系统控制模式

设备压缩机采用变频技术，新风机采用无级调速EC风机，控制系统支持多分区、多指标（温度、湿度、CO_2、PM2.5）独立控制。系统根据室内实时冷热负荷、新风量需求、洁净度等，进行分区域、变风量智能控制。室内温控器和CO_2监控点设于起居室内。本项目新风系统可根据以下模式进行运行控制：

（1）舒适模式

以最高的卫生与健康标准，对室内环境进行舒适性控制。气源使用上，尽可能使用室外新鲜空气来承载室内供冷供热负荷，以及降低污染物浓度的需求。气流组织上，新鲜空气首先进入卧室，然后流向客厅，最后从卫生间排出到室外。尽量避免循环风的使用，最大程度减少卧室之间串风引起的交叉污染。

正常工况下，当温度在设定区间±2℃浮动，或PM2.5浓度在50～115μg/m³浮动，或相对湿度大于70%，或CO_2浓度大于1000ppm，系统仅使用调节过温度（有需要时）的新风来优化室内空气质量。

在以下严重影响舒适性和健康性的情况下，会开启循环风，增加总风量，以便快速改善室内空气质量：当室内PM2.5浓度超过国家三级标准即115μg/m³时；当室内温度超过设定值±2℃时；当室内相对湿度超过80%时。

（2）节能模式

在满足基本的卫生与健康需求的情况下，尽量地减少能源消耗。气源使用上，尽可能使用室内循环风来承载室内供冷供热负荷，以及降低污染物浓度的需求。只有在CO_2浓度超标或需要满足每日最小通风量时，才向室内输送新风。循环风的气流组织方式为，循环风取自客厅，经过过滤以及温度调节后，送到卧室，然后流回客厅。这个模式下，卧室、客厅区域的污染物会混合在一起，在整套公寓内共同稀释，存在交叉污染的风险。但是由于循环风也是经过过滤的，可满足基本的卫生需求。

正常工况下，当温度在设定区间 ±2℃浮动，或PM2.5浓度超标，或相对湿度大于70%，系统利用循环风作为气源来改善室内空气质量，是否混合新风视CO_2浓度而定。当室内温度超过设定值±2℃，或相对湿度大于80%，机组采用最大供冷/热量即新风加循环风模式，以快速调整温、湿度。

3.5.4　卫生间通风设计

本项目新风系统回风口设置在卫生间内，当住户使用卫生间、打开卫生间排风开关时，会通过信号联动新风系统。如果此时新风系统正在运行，则新风系统保持运行，卫生间处于通风状态；如果此时新风系统未运行，则信号控制启动新风系统，使卫生间处于通风状态。当住户使用完毕卫生间、关闭卫生间排风开关时，新风系统会根据室内环境进行判断，若此时室内环境（温度、湿度、CO_2、PM2.5）均处于适宜状态，则新风系统关闭；若此时室内环境（温度、湿度、CO_2、PM2.5）超出控制指标，则新风系统继续运行，直至室内环境均处于适宜状态。

上述新风系统运行模式的优势在于，当新风系统处于常开状态时，卫生间也处于持续通风状态，因此可以保证卫生间内空气质量优越，避免潮湿环境下霉菌、细菌滋生，同时未增加任何额外能耗。

当新风系统处于停运状态时，由于使用卫生间而启动新风系统造成的耗电量，相比卫生间安装普通排风扇的耗电量，只有20～30W的额外耗电功率（当新风系统以150m³/h风量运行时，耗电功率大约为50W；普通排风扇运行的耗电功率大约为30W）。假设每天开启1h，那么额外耗电量为0.02～0.03kWh。

3.5.5　厨房通风设计

厨房设计有两种补风方案，住户可根据个人意愿选择其中任意一种。

（1）风阀补风

在外墙上设置补风洞口，当住户开启厨房排油烟系统时，传感器发出信号打开补风洞口的密闭型电动风阀，室外新风通过补风管道送入室内，实现补风目的。排油烟系统未开启时，密闭型电动风阀关闭严密，不得漏风。

该种方式实质上是机械排风、自然补风的通风方式，补风从室外直接引入。补风管道周圈应设置80mm厚橡塑保温。补风管道的出风口位置应尽量靠近抽油烟机，并与抽油烟机排风形成短路，出风口应远离人体高度范围，避免冷风直吹人体的不适感。

（2）新风系统补风

当住户开启厨房排油烟系统时，传感器向新风系统发出信号，新风系统启动补风功能。补风量与油烟机排风量相当（默认为600m³/h，可调小），即加大了新风系统的进风量。补风经过新风系统的旁通风管，并通过初效、高效过滤，以及温度调节后送到室内。所补新风经过客厅、餐厅后溢出，通过厨房门缝进入厨房，实现补风目的。

该种方式是利用设备补风，所补新风经过了过滤和温度调节处理，相比第一种方式能耗有所增大，但舒适度较高。尤其是在夏季，室外温度较高，厨房内部温度也较高，如果采用自然补风，厨房内舒适度势必无法控制，采用第二种补风方式优势较为明显。

4 项目能效分析

4.1 能效分析参数

被动式低能耗建筑的负荷及能源需求与建筑的运营方式，以及建筑内部的散热状况直接相关，其对计算结果的影响显著。本项目能效分析中，所考虑的建筑运营情况如下：（1）整栋建筑的每日运营时间为00:00-24:00；（2）建筑内人员数量总计201人，其中成人134人，儿童67人；（3）建筑内平均照明功率密度5W/m²；（4）家用电器功率密度8W/m²；（5）建筑空气渗透换气次数0.042次/h。建筑能效分析参数详见表2，室内散热状况参数详见表3。

表2　建筑能效分析参数

类别	项目	冬季	夏季
环境参数	室内设计温度（℃）	20（00:00-24:00）	26（00:00-24:00）
	空气调节室外计算温度（℃）	-8.8	35.1
	最高/最低室外计算温度（℃）	-6.8	40.6
	极端温度（℃）	-19.3	41.5

续表

类别	项目	冬季	夏季
环境参数	室外空气密度（kg/m³）	1.2987	1.1496
	最大冻土深度（mm）	560	—
采暖/制冷期参数	计算日期（mm/dd）	11月07日～3月30日	5月19日～8月22日
	采暖/制冷计算天数（d）	144	96
	计算方式	采暖期连续计算热需求	制冷期连续计算冷需求
新风设备参数	设备工作时间（h）	00:00-24:00	00:00-24:00
	温度交换效率（%）	80.1	75.2
换气参数	通风系统换气次数（h⁻¹）	0.32	0.32
	换气体积（m³）	18996.87	18996.87
	空气渗透换气次数（次/h）	0.042	0.042
	小时人流量（次/h）	100（06:00-22:00）	100（06:00-22:00）
	开启外门进入空气（m³/次）	4.75	4.75
室内散热参数	总人数（人）	201	201
	人员室内停留时间	详见室内散热状况参数表	详见室内散热状况参数表
	人体显热散热量（W）	男：90；女：75.60；儿童67.50	男：61；女：51.24；儿童45.75
	人体潜热散热量（W）	男：46；女：38.64；儿童34.50	男：73；女：61.32；儿童54.75
	灯光照明时间	详见室内散热状况参数表	详见室内散热状况参数表
	灯光照明密度（W/m²）	5	5
	照明同时使用系数	详见室内散热状况参数表	详见室内散热状况参数表
	设备散热时间	00:00-24:00	00:00-24:00
	设备散热密度（W/m²）	8	8
	设备同时使用系数	详见室内散热状况参数表	详见室内散热状况参数表

表3 室内散热状况参数

时间段	人员			照明		设备	
	总人数	在室率	男人/女人/儿童	散热密度（W/m²）	同时使用系数	散热密度（W/m²）	同时使用系数
00:00-01:00	201	0.8	53.6/53.6/53.6	5.00	0	8	0.05
01:00-02:00	201	0.8	53.6/53.6/53.6	5.00	0	8	0.05
02:00-03:00	201	0.8	53.6/53.6/53.6	5.00	0	8	0.05
03:00-04:00	201	0.8	53.6/53.6/53.6	5.00	0	8	0.05
04:00-05:00	201	0.8	53.6/53.6/53.6	5.00	0	8	0.05
05:00-06:00	201	0.8	53.6/53.6/53.6	5.00	0	8	0.05
06:00-07:00	201	0.8	53.6/53.6/53.6	5.00	0.1	8	0.05
07:00-08:00	201	0.8	53.6/53.6/53.6	5.00	0.2	8	0.10
08:00-09:00	201	0.4	26.8/26.8/26.8	5.00	0.1	8	0.05
09:00-10:00	201	0.0	0/0/0	5.00	0.1	8	0.05
10:00-11:00	201	0.0	0/0/0	5.00	0	8	0.05
11:00-12:00	201	0.0	0/0/0	5.00	0	8	0.05
12:00-13:00	201	0.0	0/0/0	5.00	0	8	0.05
13:00-14:00	201	0.0	0/0/0	5.00	0	8	0.05
14:00-15:00	201	0.0	0/0/0	5.00	0	8	0.05
15:00-16:00	201	0.0	0/0/0	5.00	0	8	0.05
16:00-17:00	201	0.0	0/0/0	5.00	0	8	0.05
17:00-18:00	201	0.2	13.4/13.4/13.4	5.00	0.1	8	0.20
18:00-19:00	201	0.5	33.5/33.5/33.5	5.00	0.2	8	0.20
19:00-20:00	201	0.7	46.9/46.9/46.9	5.00	0.3	8	0.40
20:00-21:00	201	0.7	46.9/46.9/46.9	5.00	0.4	8	0.60
21:00-22:00	201	0.8	53.6/53.6/53.6	5.00	0.5	8	0.70
22:00-23:00	201	0.8	53.6/53.6/53.6	5.00	0.5	8	0.50
23:00-24:00	201	0.8	53.6/53.6/53.6	5.00	0	8	0.05

4.2 能效分析结果

结合能效分析参数，建立项目计算模型，本项目能效分析结果如表4所示，其中逐时冷负荷、采暖需求、制冷需求的分析结果详见图12～图14。从采暖需求构成来看，冬季各项失热基本平衡，外窗传热失热稍大，可考虑进一步降低外窗热损失；从制冷负荷和制冷需求构成来看，太阳辐射得热是造成制冷负荷/需求较高的最主要因素，最大冷负荷发生在正午时间，应考虑设置活动外遮阳等方式降低制冷能耗，提升公寓内部温度的均衡性，降低新风空调系统分区的控制难度。

表4　建筑能效分析结果

项目	计算值	限值要求	是否符合要求
热负荷（W/m^2）	11.59	—	
冷负荷（W/m^2）	17.61	—	
热需求［kWh/（m^2·a）］	10.50	13	符合
冷需求［kWh/（m^2·a）］	21.92	22	符合
供暖、供冷和照明一次能源需求［kWh/（m^2·a）］	41.97	60	符合

注：表中热/冷需求及一次能源需求限值出自《被动式超低能耗居住建筑节能设计标准》DB13（J）/T 273-2018。

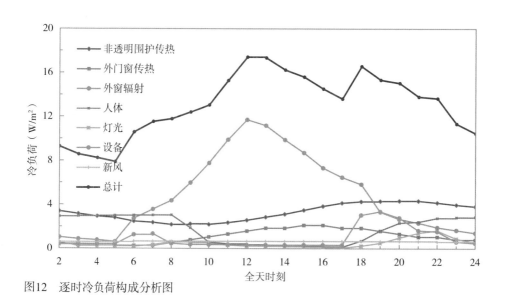

图12　逐时冷负荷构成分析图

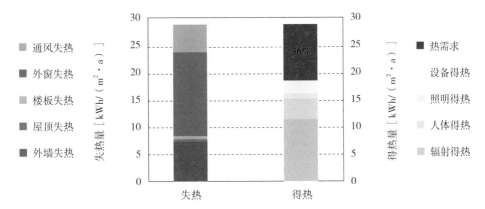

图13　采暖需求构成分析图

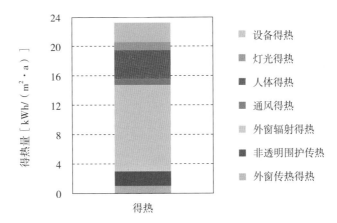

图14　制冷需求构成分析图

4.3　外围护结构参数优化

分别针对外墙和屋面保温层厚度、外窗传热系数，以及外门窗玻璃g值进行参数分析，以便优化外围护结构设计。参数分析结果详见图15～图18。

从图中可以看出，在达到规范要求的保温层厚度后，再增加保温层厚度影响并不明显；外窗传热系数对降低采暖负荷/需求有显著作用；外窗玻璃g值是太阳辐射得热的关键参数，其对冬季而言是正效应，对夏季而言是负效应，从图18的综合影响来看，g值对夏季负荷/能耗的作用更为突出，尤其是在项目未设置活动外遮阳设施的条件下，务必尽量选择g值较低的玻璃，同时应注意保证室内的自然采光效果。

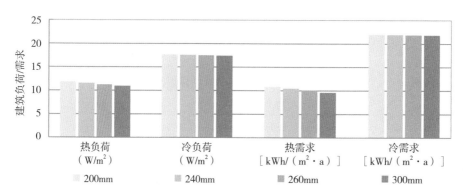

图15 外墙保温层厚度优化分析

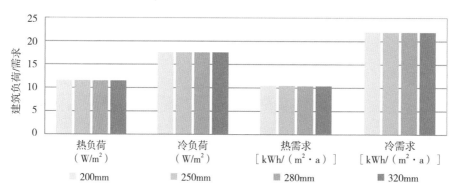

图16 屋面保温层厚度优化分析

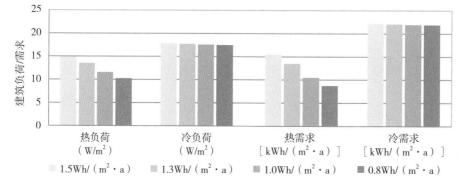

图17 外窗传热系数优化分析

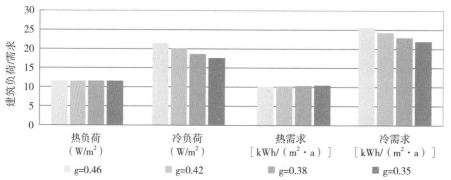

图18 外窗玻璃g值优化分析

5 节能效益分析

依据我国现行标准《严寒和寒冷地区居住建筑节能设计标准》JGJ 26[5]，石家庄市14层以上建筑的耗热量指标为$11.6W/m^2$，采暖期天数为97天，那么建筑物的全年耗热量为27kWh/（$m^2 \cdot a$）。

本项目在总计144天采暖期天数（以确保室内舒适度为准则，根据室外温度条件判断而来）的条件下，全年采暖需求10.50kWh/（$m^2 \cdot a$）。在远远高于标准规定的采暖期长度的情况下，每年仍可节约16.50kWh/（$m^2 \cdot a$）的热量。

假设供暖设备的COP值为2.8，并按火电供电煤耗0.319kgce/kWh（数据来源于《2017中国节能节电分析报告》)[4]计算一次能源，那么本项目可节约的采暖一次能源约为1.88kgce/（$m^2 \cdot a$）。

该项目建筑面积$9497.92m^2$，那么仅采暖一次能源一项，一年节能量就可达17.86吨标煤，实现CO_2减排共计49.47吨（按照每公斤标煤产生2.77kg的CO_2排放量计算）。如果该项目地块全部住宅（总建筑面积约24万m^2）均按照被动式低能耗建筑标准建设，那么一年的采暖期总计可节约451.29吨标煤一次能源，减排CO_2共计1250吨。

6 结论与展望

气候变化清晰可见。全球长期暖化趋势持续；海洋热含量大幅增加；海平面创纪录上升；北极和南极的海冰范围远低于平均水平[3]。IPCC全球升温1.5℃特别报告[6]向世界敲响了警钟：亟需广泛而立即减少温室气体排放，在2030年前将全球CO_2排放量减少至低于2010年45%的水平，将升温限制在2℃以下，以保护人类福祉、生态系统和可持续发展。

本文所举项目的建筑形式，基本可视作我国当前住宅形式的典型代表。详述完整的技术方案，旨在集成目前阶段的认知和经验，以微知著，为相近项目提供讨论和完善之基础。

方案的最大优势，莫过于平衡了当代人的需求和可持续发展的要求。对居住者而言，满足了舒适和健康的需要；对城市而言，规模性建设可显著消弭城市峰值负荷，缓解调峰电厂建设压力，抑制城市热岛效应；对国家而言，带来了明显的社会和环境效益，为社会终端之一隅提供了符合逻辑的解决路径。

建筑的规划、设计、建造和运营，长久以来鲜以"能源"作为第一语境，绝大多数时间，"发展"和"经济"占据了决定性地位。然而，在国际社会共同的能源和气候挑战下，作为建筑技术发展的实践者，积极转变观念，适应时代和环境变化，才能更好地适应这个能源、气候、极端天气和其他环境事件发挥了社会经济影响的世界。

参考文献

［1］BP，Statistical Review of World Energy，2019.

［2］World Meteorological Organization (WMO). 2018 AnnualReport: WMO for the Twenty−first Century.Switzer− land,2019.

［3］World Meteorological Organization (WMO). WMO Statement on the State of the Global Climate in 2018. Swit− zerland, 2019.

［4］河北省工程建设标准. 被动式超低能耗居住建筑节能设计标准 DB13（J）/T 273−2018［S］.

［5］中华人民共和国行业标准. 严寒和寒冷地区居住建筑节能设计标准JGJ 26−2010［S］.

［6］Intergovernmental Panel on Climate Change (IPCC)，2018: Global Warming of 1.5℃.

沙岭新村被动房农宅一次能源消耗分析

高庆

北京康居认证中心

摘　要： 北京市沙岭新村被动房农宅示范项目入住后对农户室内环境和能耗进行了记录
和分析，经对一次能源消耗分析，各户总一次能源消耗≤120kWh/（m²·a），
总一次能源消耗值一般在70～80kWh/（m²·a）左右，符合《被动式低能耗居
住建筑节能设计标准》DB13（J）T 177–2015 要求，并且符合《北京市超低能
耗建筑示范工程项目及奖励资金管理暂行办法》采暖、制冷、通风一次能源消
耗≤60 kWh/（m²·a）的要求。

关键词： 被动房农宅；能耗；一次能源消耗

1　引言

北京市沙岭新村被动房农宅示范项目位于北京市昌平区，共18栋36户，
每户面积为200m²，一栋2户，每栋被动房处理面积为400m²，农户大多于
2017年10月底和11月初入住，入住后对农户室内环境和能耗进行了记录和
分析。

被动房在显著提高室内环境舒适性的同时，可大幅度减少建筑使用能
耗，最大限度地降低主动机械采暖和制冷系统的依赖，实际的建筑能耗可用
一次能源消耗表征。一次能源是在自然界中以原有形式存在的、未经加工转
换的能量资源，又称天然能源，如原煤、石油、天然气等，当建筑用能换算
成一次能源时，需要考虑该种能源在开采、运输和加工转换过程中的能源损
失。一次能源系数是将某种能源换算成一次能源时，考虑能源在开采、运输
和加工转换过程中造成能源消耗的系数。房屋的总一次能源消耗包括采暖、
制冷、通风、生活热水、照明和家用电器一次能源消耗。

2　实际测试能耗和总一次能源消耗分析

沙岭新村被动房农宅入住后采集了2018年3月20日及2019年3月21日实际用

电度数和燃气立方数，得出年用电总数和年用电燃气总数，从而计算得出各住户的单位面积年总一次能源消耗量，计算公式（1）如下，除标红一户室外施工时使用该户的电以外，其他各户均符合被动房总一次能源消耗小于等于120kWh/（m²·a）的指标要求，总一次能源消耗值一般在70～80kWh/（m²·a）左右，符合河北省工程建设标准《被动式低能耗居住建筑节能设计标准》DB13（J）T 177-2015 要求，详细见表1。

表1　年用电总数和年用燃气总数及总一次能源消耗表（2018年3月20日～2019年3月21日）

门牌号	2018年3月20日记录电表数（kWh）	2018年3月20日记录燃气数（m³）	2019年3月21日电表读数（kWh）	2019年3月21日燃气读数（m³）	年用电总数（kWh）	年用燃气总数（m³）	总一次能源消耗［kWh/（m²·a）］	备注
9	1101	1134	3247	1926	2146	792	79.28	冬天常开窗开门，经培训后不再开门开窗
11	1397	877	4602	1390	3205	513	78.58	施工期间常接他家电，冬季经常使用电抗
15	1500	755	4626	1464	3126	709	89.04	
16	2380	844	8074	1563	5694	719	128.16	有新生小孩，电热水器24小时开，使用率高，工程施工会使用家里电
17	622	785	2300	1580	1678	795	72.57	
28	550.2	847	2534	1276	1984	429	55.27	
29	629.71	951	3913	1470	3283	519	80.10	4个电炕，平时用1个
30	995	778	3201	1504	2206	726	76.25	

单位面积年总一次能源消耗=年用电总数×电一次能源系数/建筑面积+
年用燃气立方数×每立方燃气热值×燃气一次能源系数/建筑面积　　（1）

其中电一次能源系数为3，燃气一次能源系数为1.1，燃气热值为10.81kWh/m³，建筑面积为200m²。

3　采暖一次能源消耗分析

冬天实际记录室内环境温度一般在20～25℃，湿度在30%～60%，表2记录了2018年8月25日电表度数和燃气表立方数，减去表1中2018年3月20日记录的电表度数和燃气表立方数，计算得出2018年3月20日至2018年8月25日期间非采暖期平均每天用电度数和每天燃气度数，根据式（2），计算得出一年炊事和洗澡热水非采暖用燃气数。表2给出了每天的电费和每天的燃气费，其中电的价格为0.48元/kWh，燃气的价格为2.28元/m³。

表2　非采暖期电表数和燃气数及一年炊事和洗澡热水非采暖用燃气数表

（2018年3月20日～2018年8月25日）

门牌号	2018年8月25日电表读数（kWh）	2018年8月25日燃气读数（m³）	每天用电数（kWh）	每天燃气数（m³）	每天电费（元）	每天燃气费（元）	每天电费+燃气费（元）	一年炊事和洗澡热水非采暖用燃气数（m³）
9	2106	1260	6.48	0.81	3.11	1.85	4.97	295.65
11	2871	946	9.45	0.44	4.54	1.01	5.54	160.60
30	1900	860	5.76	0.52	2.77	1.19	3.96	189.80

一年炊事和洗澡热水非采暖用燃气数=非采暖期每天用燃气数×365天　　（2）

表3记录了2019年6月25日电表度数和燃气表立方数，减去表中2019年3月21日记录的电表度数和燃气表立方数，计算得出2019年3月21日至2019年6月25日期间非采暖期每天用电度数和每天燃气立方数，根据式（3），计算得出一年炊事和洗澡热水非采暖用燃气数。

一年炊事和洗澡热水非采暖用燃气数=非采暖期每天用燃气数×365天　　（3）

表3 非采暖期电表数和燃气数及一年炊事和洗澡热水非采暖用燃气数

（2019年3月21日～2019年6月25日）

门牌号	2019年3月21日电表读数（kWh）	2019年3月21日燃气读数（m³）	2019年6月25日记录电表数（kWh）	2019年6月25日记录燃气数（m³）	每天用电数（kWh）	每天用燃气数（m³）	一年炊事和洗澡热水非采暖用燃气数（m³）
15	4626	1464	5474	1525	8.83	0.64	233.60
17	2300	1580	2720	1625	4.38	0.47	171.55
28	2534	1276	3032	1305	5.19	0.30	109.5

由表2和表3中一年炊事和洗澡热水非采暖用燃气数，表4中根据式（4），得出年采暖用燃气数，其中燃气价格为2.28元/m³，建筑面积为200m²，计算得出该被动房农宅项目年采暖用燃气费用。

年采暖用燃气数=年用燃气总数-年炊事和洗澡热水非采暖用燃气数 （4）

表4计算得出了各户采暖一次能源能耗值，根据式（5）计算得出采暖一次能源消耗。

$$采暖用一次能耗=采暖年用燃气数 \times 每立方米燃气热值 \times 燃气一次能源系数/建筑面积 \quad （5）$$

其中燃气一次能源系数为1.1，燃气热值为10.81kWh/m³，建筑面积为200m²。

表4给出了年采暖用燃气费用，一般在700～1400元。

表4 采暖一次能源消耗计算表

门牌号	年用燃气总数（m³）	一年炊事和洗澡热水非采暖用燃气数（m³）	年采暖用燃气数（m³/年）	年采暖用燃气费用（元/年）	采暖一次能源消耗[kWh/（m²·a）]
9	792	295.65	496.35	1131.68	29.51
11	513	160.60	352.4	803.47	20.95
15	709	233.60	475.40	1083.91	28.26
17	795	171.55	623.45	1421.47	37.07
28	429	109.5	319.5	728.46	18.99
30	726	189.80	536.20	1222.54	31.88

4　采暖、制冷、通风一次能源消耗分析

计算通风一次能源消耗，计算按新风常年开启状态，通过式（6）计算得出通风一次能源消耗为22.7kWh/（m²·a）。

$$通风一次能源消耗=新风机功率×24小时×365天×电一次能源系数/建筑面积 \qquad (6)$$

其中新风机功率173W，电一次能源系数为1.1，建筑面积为200m²。

采集数据期间被采访住户夏季基本不用空调，室内温度最高在29℃，制冷一次能源消耗记为0。由表5得出农户入住后实际一次能耗消耗符合《北京市超低能耗建筑示范工程项目及奖励资金管理暂行办法》采暖、制冷及通风一次能源消耗指标要求。

表5　实际一次能耗消耗与《暂行办法》指标要求对比分析

门牌号	采暖一次能源消耗	通风一次能源消耗	采暖、制冷及通风一次能耗	《暂行办法》指标要求
9	29.51	22.7	52.21	采暖、制冷及通风一次能源消耗量≤60kWh/（m²·a）
11	20.95	22.7	43.65	
15	28.26	22.7	50.96	
17	37.07	22.7	59.77	
28	18.99	22.7	40.69	
30	31.88	22.7	54.58	

5　结语

北京市沙岭新村被动房农宅示范项目入住后对农户室内环境和能耗进行了记录和分析，经对一次能源消耗分析，各户单位面积年总一次能源消耗≤120kWh/（m²·a），总一次能源消耗值一般在70~80kWh/（m²·a）左右，符合河北省工程建设标准《被动式低能耗居住建筑节能设计标准》DB13（J）T 177-2015的要求，并且符合《北京市超低能耗建筑示范工程项目及奖励资金管理暂行办法》采暖、制冷、通风一次能源消耗≤60kWh/（m²·a）的要求。

宿舍与食堂建筑的被动式
低能耗技术方案

马伊硕[1]·曹恒瑞[1]·石特凡·席尔默[2]·考夫曼·伯特霍尔德[3]·白一页[4]·梁征[5]
1 北京康居认证中心；2 德国能源署（dena）；3 被动房研究所（PHI）；
4 北京市建筑工程设计有限责任公司；5 北京新城绿源科技发展有限公司

摘　要：在被动式低能耗建筑规模化、区域化发展的趋势下，探索并确立不同类型建筑的被动式低能耗建设技术路线、用能标准及负荷特性指标，已成为高能效片区/城区需求侧能源规划和实施以区域为对象的能源产、储、消系统平衡设计的基础性工作。本文以文安东都环保产业园内的综合楼A栋为例，详述了宿舍和食堂建筑的被动式低能耗技术方案，并对比了不同计算方法下建筑的负荷和能耗指标，旨在为宿舍类建筑，尤其是带有大型厨房的公共建筑的高能效建设提供技术经验。

关键词：被动式低能耗建筑；宿舍；厨房；断热桥设计；通风系统

1　引言

　　经历将近十年的推动和发展，被动式低能耗建筑已经成为一种实现建筑领域能源需求侧管理的重要手段。在对能源节约和建筑品质的双重关注下，被动式低能耗建筑正面临规模化、区域化发展的趋势。以片区/城区为尺度实施高能效水平建设，一方面可实现被动式低能耗建筑节能效益的扩大化，另一方面更可通过不同类型和功能被动式低能耗建筑的混合、不同用能峰值时刻的参差，实现区域整体负荷的平准化，从而进一步抑制区域的供能要求，形成所谓的紧凑型城市/城区。那么，在高能效片区/城区的发展之初，探索并确立不同类型建筑的高能效建设技术路线、用能标准及负荷特性指标，就成为城区需求侧能源规划和实施一切以区域为对象的能源产、储、消系统平衡设计的基础性工作。

　　本文以文安东都环保产业园内的综合楼A栋为例，介绍了宿舍和食堂建筑的被动式低能耗技术方案。鉴于该项目与目前技术路线已经相对较为成熟的被动式低能耗居住建筑相比具有一定的特殊性，本文详述了项目在精细化的外窗设计、热桥处理措施、宿舍区域通风处理、公共厨房区域通风处理等方面的技术手段，并对比了不同计算方法下建筑的负荷和能耗指标，旨在为宿舍类建筑，尤其是带有大型厨房的公共建筑的高能效建设提供技术经验。

2 项目概况

文安东都环保产业园地处北京、天津、保定三地之间的中心位置，园区贯彻以人为本、环保健康、可持续发展的设计理念，以满足人们对现代工作生活环境的舒适性、健康性、安全性需求。园区内的综合楼A栋为园区的职工宿舍和食堂，确立的建筑能效目标为达到被动式低能耗建筑水平。通过建筑设计和设备系统设计两方面的技术手段，实现降低建筑能耗和提升室内舒适度的双控目标。

产业园综合楼A栋建筑布局呈L形，如图1红色区域所示，建筑东侧与中间及右侧的装配式建筑相邻。A栋总建筑面积3607.12m²，建筑高度15.9m，地上3层，无地下室。首层为员工食堂、厨房和便利店，二层、三层为员工宿舍。

图1 项目全景图

3 项目技术方案

3.1 优越的建筑气密性

本项目地上三层均为对室内舒适度具有控制要求的正常使用空间，以整栋建筑作为一个气密区进行处理。经建筑整体气密性测试，该建筑负压状态下 n_{-50} 为 $0.27h^{-1}$，正压状态下 n_{+50} 为 $0.29h^{-1}$，气密性最终测试结果 $n_{\pm50}$ 为 $0.28h^{-1}$。通过实施建筑整体的气密性设计，规避了非预期气流渗透造成的不必要的通风热损失，同时避免了由于冷气渗入而形成的室内局部温度下降等影响居住质量和舒适度的情况。

3.2 高效的非透明外围护结构

本项目采用现浇钢筋混凝土框架结构，蒸压加气混凝土砌块作为填充墙体，砌块容重大于500kg/m³。外围护结构采用外保温系统，确保外围护结构具有均衡的保温性、隔热性、热惰性、蓄热性、透气性和气密性，同时兼顾系统性、相容性、耐久性。外围护结构的保温措施、传热系数、热惰性指标等详见表1。

表1 非透明外围护结构保温措施

外围护结构	面积（m²）	$K[W/(m^2 \cdot K)]$	热惰性指标D	保温措施
外墙	1667.53	0.15	7.54	250mm厚岩棉带，$\lambda=0.045\ W/(m \cdot K)$
屋面	1250.64	0.12	5.37	250mm厚EPS，$\lambda=0.031\ W/(m \cdot K)$
架空楼板	211.41	0.13	5.24	250mm厚EPS，$\lambda=0.032\ W/(m \cdot K)$
地面	1039.23	0.12	4.96	200mm厚 XPS，$\lambda=0.024\ W/(m \cdot K)$

3.3 高性能的外门窗系统

本项目采用玻璃钢型材外窗，整窗（不包括安装热桥）传热系数K值为

0.9W/（m²·K）。不同朝向、不同功能房间的外窗采用了不同配置的玻璃和遮阳措施，体现了精细化设计的理念。东、南、西向主要功能房间（宿舍、活动室、食堂、餐厅、便利店、办公室）外窗均设置电动外遮阳百叶帘。因此，采用较高太阳能总透射比的玻璃，玻璃配置为5mmLow-E+15Ar+4mm+15Ar+5mmLow-E，太阳能总透射比0.495；东、南、西向非主要功能房间（卫生间、晾衣间、楼梯间、走廊、新风机房）外窗未设置活动外遮阳，而是采用涂膜玻璃技术，玻璃配置为5mmLow-E+15Ar+4mm+15Ar+5mmLow-E+涂膜，太阳能总透射比0.385；北向外窗不采用活动外遮阳和涂膜玻璃，玻璃配置为5mmLow-E+15Ar+4mm+15Ar+5mmLow-E，太阳能总透射比0.495，使北向外窗在冬季更多地获得太阳辐射得热。

3.4 无热桥设计

执行无热桥设计原则，一方面是截流能量，另一方面也是在处理围护结构室内表面温度过低的薄弱环节，以防止室内结露发霉，提高室内温度均衡性。因此，某种程度上无热桥设计理念之于提升室内舒适度的影响还要更甚于其对建筑能效的影响。本项目的无热桥设计，除被动式低能耗建筑常见的典型建筑节点断热桥构造外，值得特别说明的有以下几个方面。

3.4.1 独立基础

本项目基础形式为独立基础，若不采取断热桥措施，每一基础均形成一个点状热桥，如图2a、图2b所示。为规避热桥影响，采用XPS包覆基础，直至放大柱脚顶部，如图2c、图2d所示。基础柱与地梁连接处，保温沿地梁两侧向外延伸1m。由于地梁与放大柱脚之间形成楔形区域，难以实施保温填塞施工，故在地梁下方（与放大柱脚之间）浇筑防水混凝土，以削弱热桥效应，如图2e、图2f所示。

3.4.2 首层地面

对于无地下室的被动式低能耗建筑，首层地面应作为被动区底板满铺保温层，其位置置于地梁以上。对于室内外交接处的地梁，应用保温材料将其完全包覆。通常易被忽略的是室内隔墙以及首层楼梯底部的断热桥处理。本项目地梁、室内隔墙以及楼梯底部的构造做法如图3~图6所示。

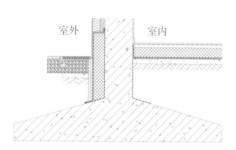

（a）边柱，未采取断热桥措施

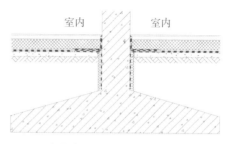

（b）内柱，未采取断热桥措施

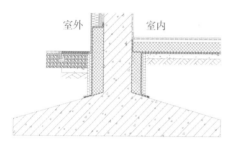

（c）边柱，采取断热桥措施

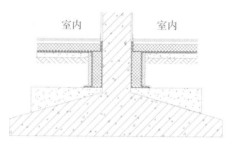

（d）内柱，采取断热桥措施

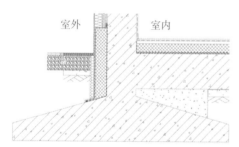

（e）边柱与地梁交接处，采取断热桥措施

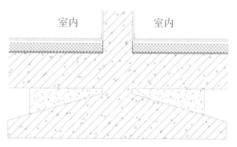

（f）内柱与地梁交接处，采取断热桥措施

图2　基础断热桥设计

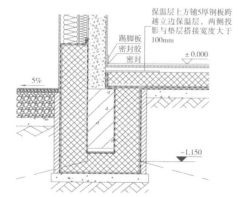

图3　室内外交接处地梁断热桥设计

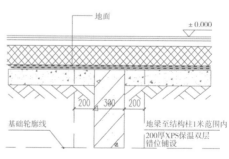

图4　室内地梁断热桥设计

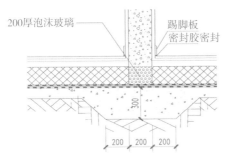

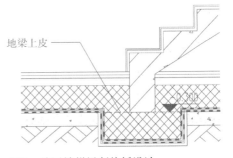

图5 首层室内隔墙断热桥设计　　　　图6 首层楼梯梁断热桥设计

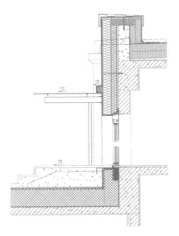

图7 独立支撑雨篷

3.4.3 独立支撑雨篷

通常轻钢结构雨篷的断热桥做法是在钢梁与主体结构固定处设置隔热垫片。本项目设置6个雨篷，共12个雨篷固定点。采用上述断热桥方式，经有限元分析，每个固定点的单点热传导系数x为0.31W/K。工程实践中，通常由于实际钢结构比设计更为复杂（增加支撑、增大截面）、钢梁穿出位置保温板切割尺寸过大而形成空洞等原因，造成雨篷固定点热桥效应更为明显。

为规避雨篷热桥，本项目采用独立支撑式雨篷，利用钢柱支撑钢梁，从而使雨篷钢梁与墙体完全脱开，保证了墙体保温的连续性，如图7所示。本项目也是国内首个采取了独立支撑式雨篷构造的项目。

3.5 通风系统

上述技术措施均为针对建筑本体的建筑高能效实现路径，更进一步的，就是在优越的建筑本体基础上，优化暖通空调系统和能源供应方案，使最简化的设备系统在建筑中充分发挥作用，减少对主动式机械采暖和制冷设备的依赖。

本项目二、三层是较为密集的宿舍，一层是厨房和食堂，两个区域的通风系统都有别于普通的被动式低能耗居住建筑和公共建筑。宿舍区域优化的气流组织设计，厨房和食堂区域精细化的风量控制，都是本项目的设计重点。

3.5.1　宿舍区通风系统设计方案

本项目二、三层宿舍区设有单人间、双人间、三人间，以及活动室、晾衣间、储藏室等。其中双人间和三人间设有公共盥洗室和卫生间，单人间设有室内单人盥洗室和卫生间。

宿舍区通风系统为半集中式通风系统设计方案，每层设置四台带有高效全热回收装置的通风系统，其中三台用于宿舍通风，一台用于活动室通风。

宿舍部分通风系统的送风口设置于每间宿舍室内，回风口设置于晾衣间、公共盥洗室和卫生间，以及单人宿舍的卫生间内，宿舍门下留20mm缝隙通风，走廊作为空气溢流区；每层的多间活动室集中布置，自成一个区域，共用一套通风系统，每间活动室内同时设置通风系统的送风和回风，通风系统送风连接到风机盘管的进气侧，经风机盘管处理后送入室内，负责处理冷、热负荷，并对室内CO_2进行稀释；储藏室也设计有送风和回风，保证储藏室长期处于空气流通状态，避免空气留滞产生异味和霉菌。

通风系统在送风和回风总管上设置消音器，并在进入宿舍的新风管段采用复合消音软管，保证宿舍噪声等级控制在25dB（A）以内。

3.5.2　宿舍区通风系统气流组织设计

对于被动式低能耗公共建筑而言，通风系统设计的重点和难点在于精细化的风量设计和气流组织设计。被动式低能耗建筑的气流组织设计与传统建筑的一大区别为，以建筑一定区域为整体对象考虑送回风设计，而非在单个房间同时设置送回风口。采用该种方式，将不同功能房间对送风量和排风量的要求联系在一起，实现气流在建筑一定区域内的整体流通，以达到减小风量、降低通风能耗，同时降低施工成本（减少风管、风口、消音器）的目的。

在上述设计理念下，如何规划气流组织区域，以最小风量同时满足不同功能房间的送、排风量要求以及卫生要求，同时保证通风系统的送排风质量流量平衡（偏差不超过10%，以实现热交换机芯的理论热交换效率），就成为每个项目的设计重点。在某些情况下，为实现以上设计要求，还涉及调整建筑平面布局、调整房间面积（即换气体积）的问题。

本项目各功能房间按以下标准设计通风量：宿舍及活动室30m³/（h·p），公共盥洗室和卫生间10次/h，单人间内卫生间20m³/h，淋浴间40m³/h，晾衣间5次/h。根据通风系统的质量流量平衡原则，选择的通风系统设计风量及其负担的送排风区域见表2。以二层为例，宿舍区域的通风系统气流组织设计如图8所示。

表2　宿舍区域通风系统设计风量

位置	新风设备	设备风量（m³/h）	送风区域	送风总量（m³/h）	回风区域	回风总量（m³/h）
二层	XFHQ-1	150	双人间：1间/60m³/h 三人间：1间/90m³/h	150	晾衣间：150m³/h	150
	XFHQ-3	1000	双人间：5间/60m³/h 三人间：5间/90m³/h 储藏室：1间/250m³/h	1000	男公卫：700m³/h 储藏室：300m³/h	1000
	XFHQ-3	1000	双人间：8间/60m³/h 三人间：5间/90m³/h	930	女公卫：500m³/h 女公浴：200m³/h 男公浴：200m³/h	900
	XFHQ-3	1000	活动室：1000m³/h	1000	活动室：1000m³/h	1000
三层	XFHQ-2	300	单人间：4间/60m³/h	240	单人卫：4间/40m³/h 晾衣间：100m³/h	260
	XFHQ-3	1000	单人间：8间/60m³/h 储藏室：1间/120m³/h	600	单人卫：8间/40m³/h 男公卫：300m³/h	620
	XFHQ-3	1000	双人间：8间/60m³/h 三人间：5间/90m³/h	930	女公卫：480m³/h 女公浴：170m³/h 男公浴：170m³/h 储藏室：140m³/h	960
	XFHQ-3	1000	活动室：1000m³/h	1000	活动室：1000m³/h	1000

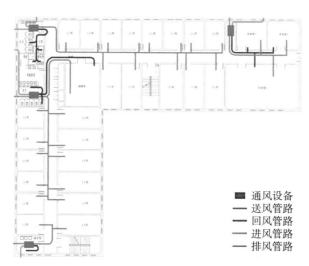

图8　宿舍区域通风系统设计示意图

3.5.3　宿舍区通风系统设备性能及运行

通风系统具有风量调节功能，可根据室内情况按高、中、低三档调节风量大小。热回收装置采用全热回收芯材，为确保在卫生间设置集中回风的气流组织方案的可行性，通风系统严格控制内部漏风率＜3%，外部漏风率＜3%。本项目通风设备的主要性能参数，见表3。

表3　通风设备主要性能参数

通风设备	设备风量（m³/h）	温度交换效率		焓交换效率		有效换气率
		制热工况	制冷工况	制热工况	制冷工况	
XFHQ-1	150	76%	61%	67%	56%	98%
XFHQ-2	300	75%	60%	63%	55%	98%
XFHQ-3	1000	76%	63%	63%	57%	97%

室外进风、排风口设防雨百叶和防虫网；进风口位置设置一道初效过滤器，新风进入热交换器前设置一道高效过滤器，避免长期使用过程中微小颗粒物在热交换芯表面聚集，从而降低热交换效率；回风进入热交换器前至少设置一道初效过滤器，若室内吸烟情况严重，则应考虑在回风侧设置高效过滤器。

本项目通风系统运行模式为系统常开，机组自带时段控制功能，可在建筑内人员较少时段低速运行，亦可就地手动控制或集中控制。在运营过程中，根据当地空气质量每3~6个月更换一次通风机组过滤器，且定期清洗热交换机芯。

3.6　厨房技术方案

3.6.1　厨房设计技术要点

被动式低能耗建筑中的厨房设计，一直是设计的重点和难点，特别是当建筑中含有大型公共厨房时，尤其要控制建筑能耗、厨房排油烟和室内舒适度之间的协调和平衡。

在被动式低能耗建筑中的公共厨房设计过程中，通常存在以下两个现实问题，给技术决策和设计进度带来负面影响：

一是在设计阶段，大量项目都无法确定厨房中的设备类型和型号，甚至在项目竣工后，由于运营方的不确定性，厨房的设备采购和深化设计仍无法进行。而被动式低能耗建筑不仅需要对厨房设备的能效性和散热性能进行控制，更需要根据厨房的设备布置和平面布局，以及设备的类型和功率，进行通风风量和排油烟风量的核算，以便完成通风系统的深化设计。

二是对于大型公共厨房的排油烟设备，我国目前比较普遍的做法还是较为粗放的风量核算和设计，采用过高的排油烟风量来保证效果，难以与被动式低能耗建筑精细化的风量设计要求相匹配。长远来看，排油烟设备的技术更新是高能效厨房设计的必由之路，现阶段可采取根据标准规定尽量减小设计排风量，同时采用变频风机基于使用情况灵活调整的方式，达到尽量降低厨房能耗、提升室内舒适度的目的。

具体而言，厨房设计的技术要点包括以下内容：

（1）明确厨房中应用的设备及其位置，根据厨房平面布局，利用高效排油烟设备、灶台靠墙放置等技术措施，尽可能提高油烟抓捕效率，减小排风量；

（2）灶台或蒸锅等油烟、蒸汽排放量大的设备上方均需安装排油烟机，风罩罩面尽可能接近灶台面，两者距离≤1m；风罩平面尺寸大于灶台平面尺寸100mm以上；排油烟机需带有油烟过滤以及除油功能；

（3）排油烟机与补风风机联动，避免厨房内部负压过大；根据补风量计算补风口孔径（通常≥200mm）；补风口安装保温气密阀；对补风设计温度调节措施，计算确定用于补风温度调节的热泵机组参数；

（4）与餐厅相通的门选择可自动关闭的门，以减少厨房对建筑内其他空间的影响；由于灶台位置会产生大量油烟和蒸汽，且灶台上方排油烟机工作时极易形成负压，因此灶台应尽量远离厨房与餐厅的隔墙；

（5）采用能效等级较高的冰箱、蒸饭柜、电磁炉等设备。烤箱内侧配备热反射涂层，烤箱门为三层玻璃，且其他面需有至少40mm厚保温层。

根据以上设计原则，本项目在设计阶段明确了厨房的全部设备，完成了厨房的深化设计，并将灶台优化至楼梯间隔墙位置。厨房的平面布局总体上分为准备区（包括更衣室、休息室、粗加工、洗消间的整体区域）、操作区（包括红案间、面点间）和库房区，准备区与北侧的食堂相临，库房区处于建筑的最南侧。

3.6.2 厨房通风设计

本项目厨房区域的通风设计方案，包括全面通风和局部通风两部分。当厨房处于非烹饪时间时，按照被动式低能耗建筑的负压区考虑，采用带有高效热回收装置的通风系统进行全面通风；当厨房处于烹饪时间时，厨房红案间及/或面点间的排油烟风机及其补风机开启，实行局部通风，并联动关闭红案间及/或面点间的全面通风回风口处的电动密闭风阀；当烹饪结束后，排油烟风机及其补风机关闭，联动开启红案间及/或面点间的全面通风回风风阀，由补风直排模式切换为新风热交换模式。

（1）全面通风设计方案

厨房全面通风采用全热交换通风系统，设备风量1000m³/h，性能参数见表3。

在非烹饪时段，室外空气经过热交换后送入厨房的主要活动房间；以准备区、红案间、面点间和库房作为负压区进行回风；考虑厨房排风带有异味的可能性较高，经过热交换后的排风通过排风竖井从屋顶排出。厨房全面通风系统平面设计如图9所示，各区域的设计风量见表4。

在烹饪时段，当红案间及/或面点间的排油烟风机及其补风机开启时，自动关闭红案间及/或面点间的全面通风回风口处的电动密闭风阀，多余的排风量改为由厨房其他功能房间的风口排出。库房排风设置定风量阀，保证库房的排风量不受干扰。

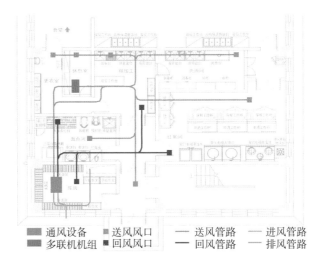

| 通风设备 | 送风风口 | —— 送风管路 | —— 进风管路 |
| 多联机机组 | 回风风口 | —— 回风管路 | —— 排风管路 |

图9　厨房全面通风系统设计方案

表4　厨房全面通风系统设计风量

位置	新风设备	设备风量（m³/h）	送风区域	回风区域
厨房	XFHQ-3	1000	更衣室：100m³/h 休息室：100m³/h 粗加工：150m³/h 洗消间：150m³/h 红案间：200m³/h 面点间：200m³/h 库房过道：100m³/h	准备区： 500/700/900m³/h 红案间：200m³/h 面点间：200m³/h 库　房：100m³/h

送风管道上的多联机全新风处理机组，负责对热交换后的新风进行进一步的温度调节。冬季全面通风室外新风经加热处理至20℃以上后送入室内；夏季新风处理至24～26℃送入室内。过渡季时采用旁通管道直接将新风送入室内。为避免厨房油烟对通风机组造成损伤，在回风口处设置油烟过滤网，定期清洗或更换。

（2）局部通风设计方案

厨房操作区的局部通风方案为，在烹饪时段，红案间和面点间排油烟设备启动，经油烟净化装置处理后通过排风竖井从屋顶集中排放。排油烟设备与局部补风风机联动，当排油烟设备启动时，穿外窗而出的补风管路密闭电动风阀打开，室外空气通过补风管道进入带有补风入口的排油烟设备，从而

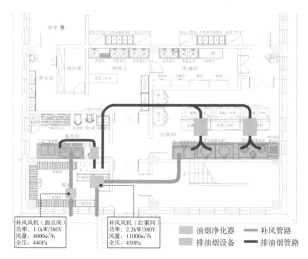

图10　厨房局部通风系统设计方案

实现补风。厨房局部通风系统设计如图10所示。

厨房操作区的局部通风设计，重点在于精细化的排风量核算。在保证排油烟效果的前提下，采用合理布置厨房设备、使用高抓捕效率的排油烟系统等措施，尽量降低排风量，从而降低补风量及其引起的能耗，是实现高能效厨房的关键。

本项目的厨房局部排风量设计，参考了以下三个方面的技术标准：

①根据《全国民用建筑工程设计技术措施——暖通空调·动力》[1]，职工餐厅厨房换气次数为25～35次/h，中餐厨房换气次数为40～60次/h。

面点间换气体积=15m²×4.05m=61m³；红案间换气体积=38m²×4.05m=154m³；按中餐厨房50次/h换气次数考虑，排风量为10750m³/h。

②根据《饮食建筑设计标准》JGJ 64[2]，厨房排油烟设备的局部排风量为：

$$L = 1000 \times P \times H$$

式中，L为局部排风量，m³/h；P为排风罩口周长（靠墙边长不计），m；H为罩口距灶面距离，m。

根据本项目排风风罩的尺寸及靠墙布置情况，排风量为14100 m³/h，大致相当于65次/h换气次数。

③根据德国标准VDI 2052[3]以及厨房设备表，计算排油烟设备的局部排风量为5600m³/h，大致相当于26次/h换气次数，详见表5。计算中采用的热诱导气流折减系数为0.63，设备同时使用系数为0.8，排除因子为1.3。

表5　厨房局部通风系统排风量计算（VDI 2052）

厨房设备	数量	直接热负荷（W）	罩口距热源距离（m）	热源宽度（m）	热源长度（m）	水力直径（m）	排风量（m³/h）
24盘双门电磁蒸饭车	1	1500	0.05	1.4	0.9	1.10	497.3
单头电磁矮汤炉	1	375	1.27	0.7	0.85	0.77	411.5
500 双头双尾电磁炒灶	1	9000	0.99	2.2	1.1	1.47	1963.6
800单头电磁大锅灶	2	11250	0.99	1.1	1.1	1.10	1522.8
三层六盘烤箱	1	3675	0.54	1.225	0.77	0.95	650.6
电饼铛	2	2100	1.06	0.74	0.6	0.66	556.3

综合考虑以上技术标准要求，确定本项目厨房排油烟系统风量为6000～15000m³/h。排油烟及补风风机均采用变频控制，根据使用需求调节排风及补风风量。运行时尽量采用低档风量，同时对厨房进行监测，包括厨房温湿度、风机运行时长及运行档位。

4　项目能效分析

4.1　能效分析参数

为考量建筑的能效水平，对建筑整体进行能耗分析，包括该建筑地上1～3层以及屋面层。考虑宿舍区每日运营时间为00:00-24:00，餐厅区每日运营时间为06:00-08:00、11:00-13:00、17:00-19:00；采暖期为11月4日至次年4月5日，制冷期为6月1日至9月30日；建筑内总人数为299人，男女各50%；根据项目最终照明和电气设备采购清单，平均照明功率密度2.63W/m²，电器设备功率密度4.44W/m²；建筑室内散热参数详见表6。

表6　室内散热参数

时间	1	2	3	4	5	6	7	8	9	10	11	12
人员在室率	0.35	0.35	0.35	0.35	0.35	0.61	0.54	0	0	0	0.46	0.61
照明同时使用系数	0	0	0	0	0	0.65	0.51	0	0	0	0	0

时间	1	2	3	4	5	6	7	8	9	10	11	12
设备同时使用系数	0.18	0.18	0.18	0.18	0.18	1	1	0.18	0.18	0.18	1	1
时间	13	14	15	16	17	18	19	20	21	22	23	24
人员在室率	0.07	0	0	0	0.26	0.54	0.35	0.35	0.35	0.35	0.35	0.35
照明同时使用系数	0	0	0	0	0.51	0.65	0.65	0.79	0.79	0.44	0	0
设备同时使用系数	0.18	0.18	0.18	0.18	1	1	0.18	0.18	0.18	0.18	0.18	0.18

4.2 能效分析结果

本项目能效分析结果见表7，建筑的制冷负荷/需求相对较高，全天最大冷负荷出现在中午12时，主要来源于外窗辐射得热、通风得热、人体和设备散热。

表7　建筑能效分析结果

项目		单位建筑面积负荷/能耗			整栋建筑负荷/能耗		
		本文	PHPP	单位	本文	PHPP	单位
负荷/需求	热负荷	9.8	11.7	W/m^2	35.2	33.6	kW
	冷负荷	28.7	21.0	W/m^2	103.4	60.2	kW
	热需求	13.3	14.8	$kWh/(m^2 \cdot a)$	48010.8	42446.4	kWh/a
	冷需求	24.5	24.4	$kWh/(m^2 \cdot a)$	88194.1	69979.2	kWh/a
一次能源需求	采暖	9.5	12.4	$kWh/(m^2 \cdot a)$	34087.3	35563.2	kWh/a
	制冷	20.4	24.1	$kWh/(m^2 \cdot a)$	73729.5	69118.8	kWh/a
	通风	9.3	14.6	$kWh/(m^2 \cdot a)$	33546.2	41873.0	kWh/a
	生活热水	50.2	3.7	$kWh/(m^2 \cdot a)$	181221.7	10611.6	kWh/a
	照明	12.4	13.2	$kWh/(m^2 \cdot a)$	44656.1	37757.2	kWh/a
	设备	54.1	42.4	$kWh/(m^2 \cdot a)$	195000.9	121742.7	kWh/a
	辅助用电		15.8	$kWh/(m^2 \cdot a)$		45422.0	kWh/a
	总计	155.9	126.3	$kWh/(m^2 \cdot a)$	562241.8	362088.5	kWh/a

注：本文建筑能耗分析采用的建筑面积为3607m^2，是被动区外墙外保温外表面的包绕面积；PHPP采用的建筑面积为2868m^2，是被动区外墙内表面的包绕面积。

表7同时给出了PHPP的计算结果，由于本文和PHPP计算所采用的建筑面积不同，因此比较两种计算方法下整栋建筑的负荷/能耗结果更有意义。从负荷/需求的计算结果对比看，两种方法得到的采暖负荷和需求基本相当，制冷需求也较为接近；从一次能源需求的对比来看，两种方法的主要差异体现在生活热水的能源需求上，该差异来源于日用水量（本文取20000L/d，PHPP取19L/person/d×104person=1976L/d）以及热水温升（本文取10℃升至60℃，PHPP取14.2℃升至60℃）的不同。除生活热水以外，两种方法对于其他项目一次能源需求的计算结果基本相近，能够较为一致地反映建筑的能耗情况。

5　结论与展望

本文以文安东都环保产业园内的综合楼A栋为例，详述了宿舍和食堂建筑完整的被动式低能耗技术方案，旨在集成目前阶段的认知和经验，以微知著，为相近项目提供讨论和完善之基础。

本文所述案例，建筑造型或内部装饰并无突出之处，但是在提升建筑的气密性、保温性和热惰性，改善门窗系统的热工性能和遮阳性能，降低或消除建筑细部节点的热桥效应，完善室内气流组织和通风系统设计，以及控制噪声等方面，都做出了充分且细致的考虑，特别是在独立基础处理、独立支撑雨篷设计等细节做出了首次尝试。这体现了建设理念的转变，即由对建筑外在的关注转为对建筑内在细节的关注，更多地强调建筑本体性能的提升和建筑室内舒适环境的营造。在能源紧张和气候变化的全球化背景下，面对各种不同类型的建筑乃至区域的高能效建设，用科学务实的眼光分析问题，避免盲目，并采取适应环境的正确合理的技术解决方式，将是我们的持续性工作。

参考文献

［1］全国民用建筑工程设计技术措施——暖通空调·动力［S］. 北京：中国计划出版社，2009.

［2］中华人民共和国行业标准. 饮食建筑设计标准 JGJ 64-2017［S］.

［3］VDI 2052 Part 1. Air conditioning – Kitchens (VDI Ventilation Code of
Practice). 2017.

致谢

本项目于2018年7月启动，2019年11月完成建设，是中德两国技术人员
的共同工作成果。除本文作者外，尚应感谢德国能源署揣雨女士、杨扬博
士，被动房研究所陈守恭博士、刘亚博先生，以及北京建筑技术发展有限责
任公司武艳丽女士的技术支持，同时感谢本项目的建设单位北京建工新型建
材有限责任公司、设计单位北京市建筑工程设计有限责任公司、施工单位北
京市第三建筑工程有限公司的共同努力。

国际视野

中德高能效建筑示范项目合作回顾及
未来合作与创新趋势

刘瑜　揣雨
德国能源署建筑能效部

摘　要： 为推动中国的建筑能效提升和城市低碳发展，德国能源署自2006年起与中方伙伴开展了政策和技术层面的信息交流与项目合作。本文总结回顾了中德高能效/超低能耗建筑示范项目的合作背景、发展现状、实施模式及核心伙伴，并通过优秀案例"山东城市建设职业学院实验实训中心"项目展示了dena全过程质量保证体系的具体实施和超低能耗技术的实际应用。就如何在成功的示范试点基础上进一步推动超低能耗建筑的高质量规模化发展，提出了通过建立建筑运行后评估体系和针对用户的信息渠道及建筑品质保证体系来反向倒推全产业链高质量健康发展的建议。最后，就2020年全球新冠疫情危机所引发的国际政治及经济格局的历史性变化和转"危"为"机"的可能性，以及中德两国建筑领域未来在能源效率与资源循环并举方面的创新合作空间进行了思考和探讨。

关键词： 中德高能效建筑/超低能耗建筑示范项目；dena全过程质量保证体系；高质量规模化发展；建筑运行后评估体系；用户/需求侧；全球新冠疫情危机；国际政治和经济格局变化；合作与创新；能效提升与资源循环并举

1　合作背景

为推动中国的建筑能效提升和城市低碳发展，德国能源署与中国住房和城乡建设部自2006年起开展政策和技术层面的交流与合作。2010年以来，以质量保证体系为核心，德国能源署与以住房和城乡建设部科技与产业化发展中心为代表的中国技术合作伙伴共同推动中德高能效建筑（即被动式超低能耗建筑）示范项目。在示范实践中，中德团队借鉴德国高能效建筑标准与设计理念，针对中国不同的地域及气候特点，因地制宜地寻找最佳解决方案，为传播技术、提升标准、培养人才及推动行业发展起到了积极作用。

图1 部分已竣工示范项目的照片

2 示范项目发展现状

随着2013年以来首批中德合作示范项目成功建成，被动式超低能耗建筑已成为中国建筑节能发展的新方向。截止到2019年年底，德国能源署直接参与实施的示范项目共计41个（其中已竣工29个），其建筑总面积达到742000m²，分布于全国12个省市、4个气候区。部分已竣工示范项目如图1所示。

3 示范项目质量流程和核心技术合作伙伴

中德高能效建筑示范项目得以持久高质量推进的"秘诀"在于：明确制定、不断完善，且严格执行全过程质量保证体系。十年前合作启动之初，基于当时国内还没有被动式超低能耗建筑设计、施工、产品的专业基础，以及中国高速城镇化发展背景下建筑设计与施工脱节、质量管控粗放的客观情况，制定了从立项到运营全过程的质量咨询服务流程。流程包括设计培训、设计指导和审图、施工培训、材料及产品咨询和审核、施工现场检查、竣工验收和质量标识认证（竣工和运营阶段）多个重要环节，见图2。以质量保证流程为载体，在项目启动之初就促使管理、设计、施工、采购等各专业人员共同组成一体化的核心团队，使围绕能效技术和质量品质的各项核心指标和实施要求能够得到全方位、全过程的吸收学习、应用落实、监督改进和优

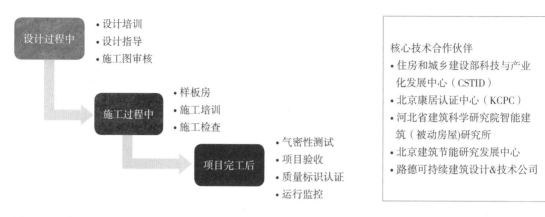

图2　dena全过程质量保证体系和核心技术合作伙伴

化提升。

随着超低能耗建筑推广规模的扩大和各地项目量的不断增加，dena全过程质量保证体系也被越来越多的技术咨询机构作为一种新型的服务模式所接受和借鉴，并应用于自身的项目实践中。不断总结实施经验，整理完善了用于设计和施工培训、审图、工地检查和验收的工作清单和模板文件，便于不同的核心技术合作伙伴能够按照统一的质量和操作要求配合实施，保证流程各阶段的工作质量。

4　优秀案例介绍——山东城市建设职业学院实验实训中心

山东城市建设职业学院实验实训中心于2014年入选成为山东省第一批9个中德合作被动式超低能耗建筑示范项目之一，德国能源署与住房和城乡建设部科技与产业化发展中心为该项目提供了被动式低能耗建筑技术咨询。该项目于2016年2月启动，于2018年9月通过验收，获得"中德被动式超低能耗建筑"能效A级质量标识，并于2019年6月荣获由德国工商大会大中华区颁发的"建筑节能项目展示"奖。

4.1　项目概况

该实验实训中心位于济南市东部的教育城彩石片区，山东城市建设职业学院内，该学院总用地面积为1.65公顷。实验实训中心建筑采用钢筋混凝土

图3　实验实训中心竣工实景和山东城市建设职业学院整体布局

框架结构，总建筑面积为21428.67m²，其中供暖面积为19790.24m²。共6层，建筑高度为23.9m。实验实训中心大楼的南北两翼由东侧建筑体和西侧连廊连接，并通过西侧的连廊与北楼相连。南楼按照被动式超低能耗建筑标准建造，北楼按照中国现行65%节能标准建造，见图3。

4.1.1　超低能耗核心指标

能效指标：

供暖需求	2.15kWh/（m²·a）
终端能源需求	17.43kWh/（m²·a）
一次能源需求	52.30kWh/（m²·a）
气密性（n_{50}）	$0.24h^{-1}$
计算软件	BEED

室内舒适度指标：

室内温度	20~26℃
室内相对湿度	35%~65%
室内二氧化碳含量	≤1000ppm
围护结构内表面与室内空气温差低于	3K
"冷脚"温差 ΔT1.1~0.1m	≤1.6K
室内气流速度vair	≤0.1m/s

4.1.2　全过程质量保证体系

实验实训中心大楼总建筑面积达20000m²，是所有示范项目中单体最大的被动式超低能耗办公建筑。项目建设按照全过程质量管控要求，结合项目自身特点和难点，将设计、施工、验收、运营各阶段的能效和质量相关工作进行了细致和全面的落实，见图4。

图4 全过程质量保证体系的细化落实

在设计阶段，中德咨询团队除了在项目前期对参与项目的建筑师、工程师以及项目管理人员进行了4天的设计培训之外，也在之后的设计指导和审图期间，针对项目设计难点，着重在建筑围护结构的气密性及无热桥方面，对节点大样进行了多次审核和优化。

在施工阶段，中德咨询团队通过为期4天的施工培训对总包单位中建八局二公司的施工管理和操作人员进行了超低能耗建筑节点施工工法培训。利用样板房，对门窗、勒脚、外保温系统、女儿墙、管线穿墙洞口、采光管等所有重要节点进行了现场工法展示和实操培训。同时参加施工培训的还有山东省第一批超低能耗示范项目中其他8个项目的设计、施工和管理核心团队。实验实训中心大楼完工后，施工培训样板房被山东城市建设职业学院保存下来，继续用于面向本校学生及本省从业人员的超低能耗建筑技术教学、展示和培训。

优质的施工质量是实现建筑节能目标和建筑使用舒适度的关键。因此，在整个施工过程中，德国能源署和国家住房和城乡建设部科技与产业化发展中心不仅在材料、产品和设备的选择上给予了项目方和施工单位详细的技术

图5　中德团队实施山东城建学院实验实训中心项目的质量保证流程

指导，并且多次到现场进行工地检查，及时发现和纠正施工问题。该工程于2018年秋竣工，经综合评价设计施工阶段各项改进、优化要求的落实情况，以及同步更新的能耗计算结果，并通过中德专家实地验收，授予了该项目中德被动式超低能耗建筑能效A级竣工质量标识。目前，竣工后前三年的运营使用数据正在监测收集中，2021年，经后续评估合格后，将为项目颁发运营质量标识。图5为中德团队实施山东城建学院实验实训中心项目的质量保证流程，包括设计培训、图纸审核、施工培训、施工检查及竣工质量认证。

4.2　技术方案

该项目以降低总一次能源消耗为目标，通过性能化设计的方法，优化围护结构的保温、隔热、气密性措施，最大限度降低建筑的供暖和制冷需求，同时注重降低建筑本体能源需求以及优化能源的供应方案，减少对主动式机械采暖和制冷设备的依赖。以保证舒适健康的建筑使用环境为前提，最大程度地降低建筑能耗。具体技术措施涉及以下五个方面。

4.2.1　高性能的外保温、外门窗系统

该项目外窗采用真空中空复合玻璃被动窗。外墙采用250mm厚聚苯板，屋面采用容重25kg/m³的300mm厚聚苯板，外围护结构中设置了岩棉防火隔离带，见图6。

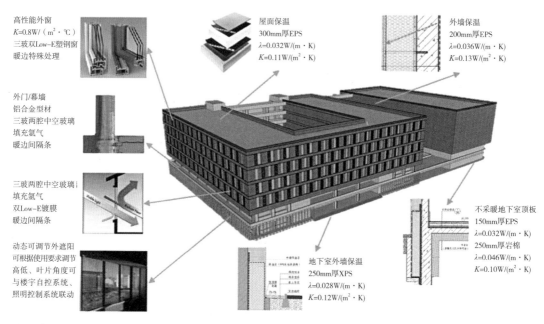

图6　外保温和门窗系统重要节点

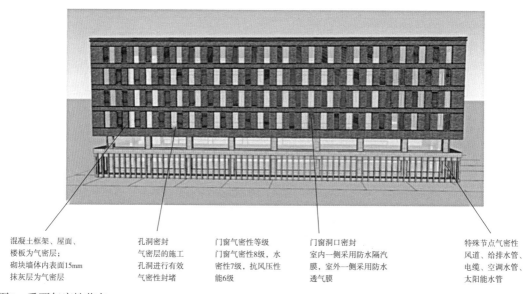

图7　重要气密性节点

4.2.2　卓越的气密性

对所有的穿外墙、屋面管道以及变形缝都进行了气密性施工，见图7。

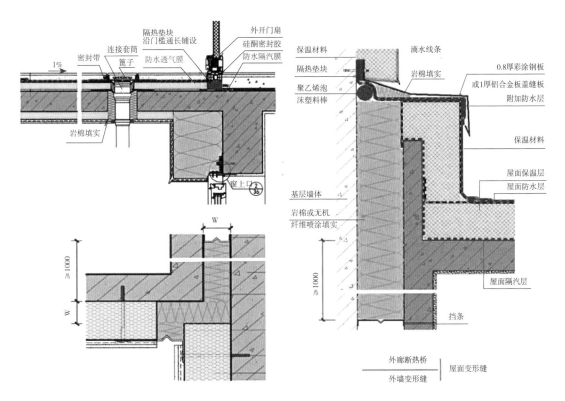

图8　热桥节点处理

4.2.3　无热桥设计

在外廊、女儿墙、变形缝、屋面突出构造等处都采用了无热桥设计，见图8。

4.2.4　高效热回收新风系统及可再生能源利用

每层设置四台带高效热回收的新风机组，保障优良的空气质量，供暖和制冷通过与空气源热泵相连的风机盘管送风实现。南楼屋面设置光伏和太阳能集热器，并放置空气源热泵机组。

5　超低能耗建筑的高质量规模化发展

经过十多年的务实努力和坚持，中德高能效建筑示范合作成功地引领了中国超低能耗建筑发展的新方向。目前，以竣工示范项目的技术数据和实施经验为依据，除了由国家住房和城乡建设部于2015年颁布的《被动式超低能耗绿色建筑技术导则（试行）》外，已有十多个省（直辖市、自治区）和近二十个城市先后为本地区制定了超低能耗建筑的设计标准、发展规划及激励政策。如何在试点示范、政策主导、标准支撑的现有基础上将超低能耗建筑带入高质量的规模化发展轨道？笔者认为，除了从技术层面进一步细化、深化和拓展针对不同气候带、不同建筑类型的技术路线，积极尝试多技术集成，进一步提高设计与施工水平，提升材料和产品质量之外，更重要的是通过建立透明的以用户和使用性能为导向的质量管控和评估机制，通过提高市场对高质量建筑产品的认知和需求，从需求侧反向倒推供给侧全产业链的高质量发展。具体而言，可以考虑从以下两方面入手。

（1）建立后评估体系

建筑竣工只是建筑全生命周期一个基础阶段的完成，而目前绝大多数的评估标准和激励政策均以竣工验收为结束点，对实际使用和维护缺乏必要的关注和管控。建筑是否舒适、健康、节能、耐久取决于建成后的运营使用和用户体验。尤其是建成后投入使用的前三年时间里，前期设计与用户实际需求和使用行为是否匹配、设备设置与调控是否合理、材料和产品的质量和性能是否稳定等各方面都会有较集中的体现。如果政府主管部门能够将行政管理手段、激励政策与实际运行的评估结果挂起钩来，形成闭环管理，将对真正降低建筑能耗和提升使用者获得感提供更好的保障。

建议政府牵头，在落实设计、施工、竣工验收全过程实施质量管控的基础上，进一步建立完善项目使用效果后评估机制。可由第三方专业机构对建筑性能和环境核心指标进行后评估，对用户体验和行为进行跟踪反馈。一方面可以有效地反向监督约束和推进提升建筑设计、施工、产品的前端质量；另一方面也可以专业地调整和优化设备系统，及时发现和纠正错误的使用行为，从而不断总结和积累经验，持续提升整体行业水平。

（2）建立针对用户的信息渠道和建筑品质保证体系

目前，对超低能耗建筑优势的认知和认同还只是停留在政府主管部门和建筑专业群体层面，其推动力主要自上而下地来自供给侧。如果能够利用各地住建主管部门和权威技术机构的宣传平台，通过简单易懂的非技术语言把超低能耗建筑具备的舒适、健康、高质量以及保值优势，特别是将"何为高质量"清晰量化、公开透明化地传递到公众用户层面，势必会在激发需求的同时提高市场的质量准入门槛。试想，如果开发、建设单位本着对自身质量的信心，为业主和用户提供更具吸引力的质保期，如果第三方机构可以为业主出具质量证书，用于超低能耗建筑的出售和转让交易，那么基于认知和信任的市场优选就会水到渠成，而基于品质优势的合理溢价就更加有据可依，从而形成多方收益的市场良性循环和产业健康发展。

6 建筑领域中德合作的未来趋势

历史的脚步刚刚迈入21世纪的第二个十年，2020年初一场突如其来的新冠病毒疫情前所未有地打乱和改变了全球的经济和社会秩序。时至四月中旬，各国仍在调动各方资源抗击疫情、落实应急救助、出台经济稳定措施。与此同时，国际社会对于如何走出危机，如何构建未来国际政治经济格局的反思和讨论也在不断加深。

（1）"进vs退——合vs分"

全球正面临百年未有之大变局，各国对于"进"（转危为机，加速根本性的社会变革和发展模式转型）与"退"（以保证现有模式的经济发展为理由，延缓执行/放弃既定气候保护与转型发展目标）、"合"（加深国际合作、平等共享资源）与"分"（经济和技术脱钩、闭关、敌对）的选择，将决定国际社会的未来的共同命运。

早在新冠病毒疫情爆发之前，2020年已被视为将具有里程碑意义的一年。全球范围内，由近200个国家于2015年签署的巴黎协议自2020年1月1日起正式生效，并对占全球温室气体排放量一半以上的55个缔约国承诺的本国减排目标具有法律约束力；欧盟范围内，新一届欧盟委员会在2019年年底提出"欧盟绿色行动方案"，把2050年实现"温室气体净零排放"和"经济增长与资源消耗脱链"明确为欧盟战略发展目标，2020年内欧盟和各成员国将制定和出台一系列政策和措施，为在未来30年内实现两个目标铺平道路；而在中国，2020年是谋划"十四五"规划之年、全面建成小康社会的关键之年、推进绿色高质量发展的重要时间节点。

全球疫情所引发的反思和行动，应该让世界各国在气候保护、可持续性循环发展的道路上迈出更大、更坚定的步伐，而不是停滞和倒退。只有在历史性危机的巨大震荡中抓住历史性变革的重大机遇，加深全球共识与合作，加速从根本上改变现代工业和经济结构，使全球经济发展不再以对能源和资源的掠夺式索取和无限制消费为代价，使人与自然能够和谐共生，才能遏制气候变暖，减少生态系统失衡所引发的自然灾难、新发疫情、经济危机和社会动荡的频率和破坏力，从而保障人类福祉。

（2）建筑领域的能源效率与资源循环

建筑业是国民经济的支柱产业，它的发展甚至可以被视为社会经济发展的缩影。危机往往催生机遇与创新，这条规律在建筑业的发展进程中体现得尤为明显。以德国为例，在过去的70年里，伴随着二战结束后德国经济复苏和腾飞，建筑领域的发展和创新经历了由住房危机而引发的高速度工业化导向、由生态环境危机而引发的健康环保导向、由能源危机而引发的高能效低排放导向的阶梯状提升。特别是30余年以环保和能效为导向的发展催生出了大量技术和产品的创新，造就了德国在该领域的国际领先地位。而随着全球进入应对气候危机的"倒计时"，德国建筑领域的技术创新方向也正从关注降低建筑使用过程的能耗，进一步拓展到关注降低材料和产品生产过程中的"灰色能源"，以及关注建筑全生命周期中能源和资源的综合效率和循环利用，见图9。

中国通过40年的改革开放，实现了举世瞩目的经济和城镇化高速发展，跃居为世界第二大经济实体。建筑领域经历了从追求低成本、高速度到追求

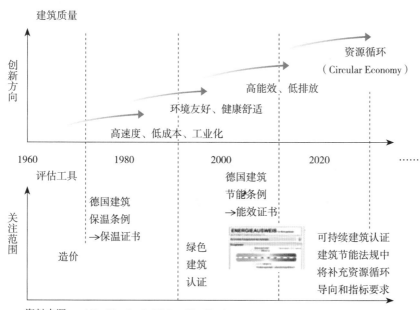

资料来源：apl.Prof Dr.-Ing.habil.Angelika Mettke

图9 德国建筑领域发展进程和未来趋势

绿色低碳、高质量、低能耗的转变，其总体趋势与德国二战后至今的发展有相似之处。中德两国建筑领域在关注主题和技术水平方面的"时间差"在短短十几年中由最初的20~30年，逐步缩短为几年，并逐渐趋于同步。

中德建筑领域的合作正由"中国借鉴德国经验和技术"的单向模式，越来越多地向"共同主题、相互学习、优势互补、成果共享"的双向模式转变。如何通过技术和商业模式创新实现高质量、规模化、经济可承受的既有建筑的功能改造和能效提升，如何通过改变建筑材料、产品设计、建筑设计和建造方式来降低上游产业链的灰色能源、提高建筑空间使用灵活性、延长建筑寿命、实现资源循环利用，如何使建筑由能源和资源的单向消费体转变为兼备存储和供给热、电、冷及钢、铝、铜、木、混凝土、砖石等基础建筑材料能力的多向互动综合功能体，实现一体化的城市能源和资源转型等，是中德两国建筑领域现在和未来都要共同面对的课题。

以21世纪中叶实现全球气候保护目标和完成两国可持续绿色发展及能源转型为大背景，过去十余年的中德高能效建筑示范合作才仅仅是一个良好的开端。作为"基本功"的超低能耗技术可以多维度地与装配式、数字化、可再生能源利用、新型和可再生建筑材料使用以及循环化设计和建筑方式相结合。应用范围可以由单一使用功能的建筑拓展到一体化多功能互动的城市片区和园区，由新建建筑拓展到既有建筑改造和城市更新，从城市拓展到乡村。作为致力于实现能源转型和气候保护目标、促进国际合作的职能机构，德国能源署（dena）将继续持之以恒地与中国合作伙伴一起不断创新、务实探索，进一步拓展建筑能效与资源循环并举的发展新空间与新路径。

各地政策

《上海市建筑节能和绿色建筑示范项目专项扶持办法》修订出台

2020年3月19日，上海市住建委会同市发改委和市财政局，根据《上海市建筑节能和绿色建筑示范项目专项扶持办法》（沪建建材联〔2016〕432号，以下简称扶持办法）的执行情况，结合本市实际，在原办法的基础上进行了修订，形成了新的《上海市建筑节能和绿色建筑示范项目专项扶持办法》（沪住建规范联〔2020〕2号），进一步推进本市建筑节能和绿色建筑的相关工作。具体内容如下：

第一，新增超低能耗建筑示范项目重点扶持。

超低能耗建筑是当前国际主要发达国家在积极推动的建筑节能先进理念。住房和城乡建设部明确提出在全国不同气候区开展超低能耗建筑建设示范。市住建委会同有关单位，编制发布了《上海市超低能耗建筑技术导则（试行）》。

本次修订将超低能耗建筑示范项目作为新增补贴项目类型，建筑面积要求为0.2万平方米以上，补贴标准定为每平方米300元。

本次修订对建筑节能领域示范类型进行梳理，将既有建筑外窗或外遮阳节能改造整合融入各类建筑节能示范，形成新建超低能耗建筑、既有建筑节能改造和可再生能源建筑应用三种建筑节能示范类型。

第二，调整装配式建筑示范项目补贴方式。

随着本市装配式建筑逐步推进，市住建委总结相关经验，组织开展了预制率、装配率计算方法相关研究，编制了《上海市装配式建筑评价标准》。该标准对装配式建筑评价区分三个等级，其中AA和AAA等级除了对预制率和装配率有要求外，还结合近些年装配式建筑经验的积累，提出了建筑设计、生产与施工、项目管理等方面的综合要求。

本次修订按照评价标准调整补贴方式，对评价等级达到AA的，每平方米补贴60元，达到AAA的，每平方米补贴100元，同时将建筑规模要求放宽为1万平方米以上。

第三，完善专项资金审核程序。

为进一步规范财政补贴资金使用程序，市住建委根据市审计局提出的建议，针对既有建筑节能改造示范项目，本次修订要求补贴资金不得超过项目投资总额的30%，并委托第三方机构进行财务审计，审计费用由市节能减排专项资金支出。同时本次修订还将原办法中单个项目补贴金额最高1000万元、600万元两档统一为单个最高补贴600万元。

青岛市绿色建筑与超低能耗建筑发展专项规划（2021-2025）

2020年4月26日，青岛市住房和城乡建设局发布《青岛市绿色建筑与超低能耗建筑发展专项规划（2021-2025）》，其中对超低能耗建筑、近零能耗建筑作出了如下规定：

全面推动绿色建筑、超低能耗建筑和装配式建筑高质量发展，形成建设领域绿色发展新局面。

近期（2021～2025年），青岛市将加大超低能耗建筑推广力度，累计实施380万平方米。陆续开展近零能耗建筑试点示范，累计实施20万平方米。为推进近零能耗建筑与超低能耗建筑发展，将加快推进近零能耗建筑与超低能耗建筑相关产业发展。

远期（2026～2035年），青岛市将持续加快近零能耗建筑与超低能耗建筑推进工作，期间，累计实施近零能耗建筑50万平方米，超低能耗建筑950万平方米。

以"集中连片示范"为推进原则，将青岛市近期（2021～2025年）超低能耗建筑规划目标进行分解，分解目标与各行政管理分区合理对接。

绿色生态城区内政府投资或以政府投资为主的公共建筑（幼儿园、小学、政府机关）强制采用超低能耗建筑技术；国有企业投资或商业投资的居住建筑优先采用超低能耗建筑技术。

政府投资或以政府投资为主的公共建筑优先采用超低能耗建筑技术；国有企业投资或商业投资的居住建筑鼓励采用超低能耗建筑技术。

综合考虑各区（市）近期开发建设规模、发展定位、近零能耗建筑发展基础以及绿色生态城区建设情况等因素，近期（2021～2025年），在崂山区、西海岸新区、城阳区、即墨区开展近零能耗建筑试点示范，示范面积各为5万平方米，共计20万平方米。

河北省人民政府办公厅印发关于支持被动式超低能耗建筑产业发展若干政策的通知

冀政办字〔2020〕115号

（含定州、辛集市）人民政府，雄安新区管委会，省政府有关部门：

《关于支持被动式超低能耗建筑产业发展的若干政策》已经省政府同意，现印发给你们，请结合本地本部门实际，认真贯彻执行。

河北省人民政府办公厅

2020年7月27日

关于支持被动式超低能耗建筑产业发展的若干政策

发展被动式超低能耗建筑是推进节能减排、打赢蓝天保卫战的重要举措，是带动建筑产业转型升级、培育新经济增长点的重要途径。为促进我省被动式超低能耗建筑产业高速度高质量发展，结合实际，制定如下政策。

一、加大推广力度

（一）政府投资或以政府投资为主的办公、学校等公共建筑和集中建设的公租房、专家公寓、人才公寓等居住建筑，原则上按照被动式超低能耗建筑标准规划、建设和运行。超低能耗建设成本可按程序计入项目总投资，或通过合同能源管理方式引入社会资本承担。（责任单位：省发展改革委、省住房城乡建设厅、省财政厅，各市（含定州、辛集市，下同）政府，雄安新区管委会）

（二）各市、县要深入贯彻《河北省促进绿色建筑发展条例》，全部开展被动式超低能耗建筑示范项目建设，以点带面，加快形成规模化推广格局。

2020年和2021年，石家庄、保定、唐山市每年分别新开工建设8万平方米、20万平方米，其他设区的市每年分别新开工建设3万平方米、12万平方米，定州、辛集市2021年分别新开工建设2万平方米。2022～2025年每年以不低于10%的速度递增。到2025年，全省竣工和在建被动式超低能耗建筑面积合计达到1340万平方米以上。（责任单位：各市政府，雄安新区管委会，省住房城乡建设厅）

（三）在城市新区、功能园区等区域规划建设中，突出绿色发展新理念，高起点、高标准、高质量建设绿色建筑和被动式超低能耗建筑，其中一星级及以上绿色建筑达到50%以上，被动式超低能耗建筑达到30%以上。（责任单位：各市政府，雄安新区管委会，省住房城乡建设厅、省自然资源厅）

（四）鼓励既有建筑，尤其是学校、博物馆、图书馆等公益性建筑采用合同能源管理方式开展被动式超低能耗绿色化改造。鼓励有条件的农村个人自建住宅等建筑按照被动式超低能耗建筑标准进行建设。（责任单位：各市政府，雄安新区管委会）

（五）鼓励、引导已取得土地、规划等手续，尚未开工建设的项目，改建被动式超低能耗建筑，同等享受本通知中的优惠政策。（责任单位：各市政府，雄安新区管委会）

二、保障土地供应

（一）依据国土空间规划（土地利用总体规划、城市总体规划），保障被动式超低能耗建筑建设用地。依据相关规划，在规划和国有建设用地使用权招标、拍卖或者挂牌阶段，明确将被动式超低能耗建筑和一星级及以上绿色建筑等有关要求纳入规划条件和土地出让合同。（责任单位：各市政府，雄安新区管委会）

（二）各市要统筹安排新增建设用地计划指标、城乡建设用地增减挂钩节余指标、工矿废弃地复垦利用节余指标，保障被动式超低能耗建筑重点项目用地。鼓励企业"零增地"技术改造，在不改变土地用途、符合规划的前提下，不再增收土地价款。单宗土地面积达到100亩的出让、划拨居住建筑地块或总建筑面积20万平方米及以上的项目，在规划条件中明确应建设不低于10%的被动式超低能耗建筑。（责任单位：各市政府，雄安新区管委会）

三、开发和销售激励政策

（一）在办理规划审批（或验收）时，对于采用被动式超低能耗建筑方式建设的项目，因墙体保温等技术增加的建筑面积，按其地上建筑面积9%以内给予奖励，奖励的建筑面积不计入项目容积率核算。具体奖励面积比例由各市政府确定。（责任单位：各市政府，雄安新区管委会）

不预留集中供热设施的被动式超低能耗建筑，不收取供热设施管网工程建设费；已经预留集中供热设施但未使用的被动式超低能耗建筑，不收取房屋供热空置费。（责任单位：各市政府，雄安新区管委会）

（二）被动式超低能耗建筑在办理商品房价格备案时，指导价格可适当上浮，比例不超过30%。（责任单位：省发展改革委，各市政府，雄安新区管委会）

（三）坚持房子是用来住的、不是用来炒的定位，认真落实城市主体责任，因城施策、一城一策，在符合调控政策要求的前提下，结合本地实际，优化调整非本地户籍家庭购买被动式超低能耗住宅政策。各市、县（市、区）特别是环首都、环雄安新区区域，要严格执行国家、省有关调控政策，确保市场平稳运行。（责任单位：各市政府，雄安新区管委会）

（四）各市要结合本地实际，合理界定人才认定标准，不断优化人才发展环境和条件，在政府回购商品住房用于人才保障、满足各类人才购房需求时，优先选择被动式超低能耗住宅，进一步增加对各类人才的吸引力。（责任单位：各市政府，雄安新区管委会）

（五）采用被动式超低能耗建筑技术建造的项目，可调低预售资金重点监管比例（数额），增加拨付节点或对预售资金实行前移一个节点进行拨付。其中，按照固定比例进行重点资金监管的地区，可以将重点资金监管比例降低10个百分点；按照建安成本进行重点资金监管的地区，可以将重点监管资金数额降低10%～20%。各地要进一步加强对预售资金的监管，确保全部用于相关工程建设。（责任单位：省住房城乡建设厅，各市政府，雄安新区管委会）

（六）采用被动式超低能耗建筑技术建造的单体建筑，已取得土地使用权证书、建设工程规划许可证、施工许可证，预售楼栋投入开发建设资金达到工程建设总投资的25%以上和工程形象进度达到正负零，并已确定施工进

度和竣工交付日期的，可办理《商品房预售许可证》。（责任单位：省住房城乡建设厅，各市政府，雄安新区管委会）

（七）将符合生态环境监管正面清单条件的被动式超低能耗建筑和一星级及以上绿色建筑项目列入生态环境监管正面清单，在确保污染防治设施与扬尘管控措施到位、施工机械尾气达标排放的情况下，可以正常施工；重污染天气黄色及以上预警期间，施工工地应按照国家要求停止土石方作业、建筑拆除、喷涂粉刷、护坡喷浆、混凝土搅拌等建设工序，其他工序不停工（国家有关规定明确要求除外），推动项目早日建成投产，发挥典型示范效应和节能减排效益。（责任单位：省生态环境厅，各市政府，雄安新区管委会）

（八）利用省级大气污染防治（建筑节能补助）专项资金，对单个项目（以立项批准文件为准）建筑面积不低于2万平方米的被动式超低能耗建筑示范项目给予资金补助。补助标准在目前的每平方米不超过400元的基础上，随着技术提高、成本降低、规模扩大，逐步降低补助标准至每平方米不超过200元。（责任单位：省住房城乡建设厅、省财政厅）

四、完善产业链条

（一）重点产业高质量发展专项资金，优先用于"一区三基地"被动式超低能耗建筑产业发展；对高性能门窗、环境一体机、保温系统、专用特种材料等被动式超低能耗建筑专有部品部件生产企业采取适当形式给予重点倾斜；支持提升设计、建造、运维等全产业链发展质量。（责任单位：省工业和信息化厅、省发展改革委、省住房城乡建设厅）

（二）市、县住房城乡建设部门会同自然资源等有关部门组织编制绿色建筑专项规划，并与城市、镇总体规划相衔接。在绿色建筑专项规划中应明确被动式超低能耗建筑发展目标和占新建建筑比例。（责任单位：省住房城乡建设厅、省自然资源厅）

（三）被动式超低能耗建筑项目在优秀设计评选、工程评优、新技术示范认定等方面优先考虑，相关信息作为参建单位良好行为信息录入建设行业信用信息系统。（责任单位：省住房城乡建设厅）

五、创新金融服务

（一）鼓励银行业金融机构在依法合规、风险可控、商业可持续的前提下，针对被动式超低能耗建筑和绿色建筑产业各环节的融资特点，积极创新金融产品和服务，加大融资、上市支持力度，积极探索支持被动式超低能耗建筑和绿色建筑发展的新模式；鼓励保险公司提高对被动式超低能耗建筑和绿色建筑企业的保险保障水平，创新保险产品，有效提升相关保险产品承保和理赔效率。对符合规定的银行业金融机构投放到超低能耗建筑和绿色建筑领域中小企业的创新信贷产品，省级财政按不超过季度平均贷款余额3‰标准给予直接奖励。（责任单位：省地方金融监管局、人行石家庄中心支行、河北银保监局、河北证监局、省财政厅）

（二）发挥河北产业投资引导基金等政府引导基金的引导作用，通过市场化方式吸引社会资本共同发起设立被动式超低能耗建筑产业发展的基金，支持被动式超低能耗建筑产业基地、产业链重大项目建设。（责任单位：省发展改革委）

（三）使用住房公积金贷款购买达到二星级及以上绿色建筑标准的新建被动式超低能耗自住住宅的，贷款额度上浮5%～20%，具体上浮比例由设区的市确定。（责任单位：省住房城乡建设厅，各市政府，雄安新区管委会）

六、加强科技支撑和人才培养

（一）强化企业创新主体地位，鼓励龙头企业加大研发投入，建设省级以上技术创新中心、工程研究中心、制造业创新中心等创新平台，开展防（隔）水透气膜材料、外墙保温材料、被动门（窗）用密封胶条材料、特种建筑和门窗幕墙五金材料、带热回收与交换的新风系统等被动式超低能耗建筑和绿色建筑相关技术装备研发攻关，提升自主创新能力。（责任单位：省科技厅、省工业和信息化厅、省发展改革委）

（二）进一步加大投入，加强高等学校现有被动式超低能耗建筑和绿色建筑相关学科专业建设，支持有条件的高等学校新增相关专业或增加相关课程，加强与德国等先进国家的学术交流，培养高层次设计、研发、工程材料等人才。多层次、多形式、多途径开展被动式超低能耗建筑和绿色建筑的设计、生产、施工、监理、监测、评估、验收等技能培训，培养专业管理人才和产业技术人员，为大规模推广提供人才保障。（责任单位：省教育厅、省人力资源社会保障厅、省住房城乡建设厅）

七、强化标准引领和监管服务

（一）完善被动式超低能耗建筑和绿色建筑标准体系，制定《既有建筑改建被动式超低能耗建筑设计标准》，修订河北省《被动式超低能耗居住建筑节能设计标准》《被动式低能耗建筑施工及验收规程》《绿色建筑设计标准》《绿色建筑评价标准》等标准；制定被动式超低能耗建筑墙体材料、产品、构件等应用技术标准。（责任单位：省住房城乡建设厅）

（二）指导企业、行业协会抓紧制定被动式超低能耗建筑墙体材料产品生产的企业标准或团体标准，尤其是制定被动式超低能耗建筑用组合内、外墙板产品生产技术标准及性能测试方法，符合被动式超低能耗建筑用预制装配式墙体材料、构件产品生产技术标准及性能测试方法，为新型墙材应用于被动式超低能耗建筑铺平道路。（责任单位：省市场监管局、省住房城乡建设厅、省工业和信息化厅）

（三）深入贯彻《河北省全面深化工程建设项目审批制度改革实施方案》（冀政办字〔2019〕42号），对被动式超低能耗建筑和一星级及以上绿色建筑项目，开辟审批绿色通道，优质高效办理各项审批手续。（责任单位：省住房城乡建设厅、有关审批部门，各市政府，雄安新区管委会）

（四）加强被动式超低能耗建筑和绿色建筑的质量管理。制定项目建设的立项、设计、施工图审查、施工、竣工验收等环节的管理措施，强化全过程监管，确保被动式超低能耗建筑按照节能90%以上设计建设。完善被动式超低能耗建筑和绿色建筑评价机制和后评估机制。（责任单位：省住房城乡建设厅）

（五）规范市场秩序，依法查处违法违规行为。严格落实建设各方主体责任，项目的建设、设计、施工、监理、检测等单位在项目建设中严格执行国家、省被动式超低能耗建筑和绿色建筑标准。各级主管部门要加大监管力度，依法依规对违法违规行为进行处理，对企业违法违规行为记入不良行为信用档案。（责任单位：省住房城乡建设厅，各市政府，雄安新区管委会）

八、加强宣传引导

制定专门计划，通过各种渠道积极宣传被动式超低能耗建筑特点优势、标准规程、政策措施、典型案例和先进经验，增强公众的认知度和接受度，营造推广被动式超低能耗建筑的良好社会氛围。（责任单位：省住房城乡建设厅）

各市政府、雄安新区管委会要结合本地实际，认真贯彻落实被动式超低能耗建筑和绿色建筑产业政策。省住房城乡建设厅、省发展改革委要会同省有关部门督导政策实施，推动落地生效。

本通知自印发之日起施行，有效期至2025年底。

被动式低能耗建筑发展大事记

2020年1月13日，河北省工业和信息化厅、河北省住房和城乡建设厅、河北科学技术厅印发《河北省被动式超低能耗建筑产业发展专项规划（2020–2025）》通知。通知要求：到2025年，全省被动式超低能耗建筑产业实现高质量发展，产业创新能力和竞争力全面提升，成为重要的特色新兴产业，基本形成布局合理、产业集聚、技术领先、品质优良、特色鲜明的现代化产业链体系，初步建成全球最大规模的全产业链基地。被动式超低能耗建筑建设项目面积年均增长20%以上，力争达到900万m²以上。全省全产业链产值年均增长25%以上，力争达到1万亿元左右。

2020年4月26日，青岛市住房和城乡建设局发布《青岛市绿色建筑与超低能耗建筑发展规划（2021–2025）》，其中对超低能耗建筑、近零能耗建筑作出了如下规定：全面推进绿色建筑、超低能耗建筑和装配式建筑高质量发展，形成建设领域绿色发展新局面；近期（2021–2025年），青岛市将加大超低能耗建筑推广力度、累计实施380万m²。陆续开发近零能耗建筑试点示范，累计实施20万m²。为推进近零耗建筑与超低能耗建筑发展，将加快推进近零能耗建筑与超低能耗建筑相关产业发展。绿色生态城区内政府投资或以政府投资为主的公共建筑（幼儿园、小学、政府机关）强制采用超低能耗建筑技术；国有企业投资或商业投资的居住建筑优先采用超低能耗建筑技术。

2020年8月26日北京市住房和城乡建设委员会组织专家组对首批列入"北京市超低能耗建筑示范工程项目"的朝阳区堡头地区焦化厂公租房项目（17号、21号、22号公租房）进行了项目验收。该项目由北京市保障性住房建设投资有限公司投资建设，由北京城乡建设集团有限责任公司施工，由中国建筑设计院有限公司设计。住房和城乡建设部科技与产业化发展中心下属北京康居认证中心提供被动房技术支持。17号楼为装配式超低能耗建筑，21号、22号楼为现浇剪力墙结构，其示范面积和高度分别为7746m²、55.14m；10576m²、77.9m和10704m²、77.9m。

2020年8月26日首批列入"北京市超低能耗建筑示范工程项目"的万科地产北京海鹠落项目（翡翠公园）内配套的九年一贯制小学通过了北京市建委验收。项目位于北京市昌平区北七家镇海鹠落村，总建筑面积29013m²，超低能耗建筑示范面积为23575m²，建筑共6层，地下2层，地上4层，建筑高度18m，结构形式为现浇钢筋混凝土框架结构。该项目由北京昌业房地产开发有限公司开发、上海绿地建筑工程有限公司施工。该项目由住房和城乡建设部科技与产业化发展中心下属北京康居认证中心和德国能源署提供超低能耗（被动房）技术支持。

2020年9月坐落于济南的中国第一个被动房正能工厂——格林堡绿色建设科技有限公司建成投产。该公司从奥地利、意大利、德国、瑞士等引进了先进生产设备生产"免拆模超低能耗绿色墙体和屋顶材料"预制构件，包括高强度聚苯板模板新型墙体材料和T型肋梁聚苯乙烯泡沫空心板。它们是建造高质量低成本被动式超低能耗建筑的基本构件。该工厂在屋顶设置1.6兆瓦的太阳发电系统，其中1.2兆瓦满足工厂自身用电需求，0.4兆瓦对外输出，预计太阳能光伏发电设施的投资回收期为三年。

2020年10月中国材料与试验团体标准《被动式低能耗居住建筑新风系统技术标准》CSTM LX0325 00325-2019发布。针对我国的国家标准和行业标准中尚没有针对被动式低能耗建筑新风系统的技术标准，现有的居住建筑新风系统技术标准中，对新风设备技术性能的要求以及对施工技术的要求还不能完全满足被动式低能耗建筑的应用要求。为了规范被动式低能耗居住建筑新风系统的性能指标，促进新风技术装备发展，保障新风系统在被动式低能耗建筑中应用的安全性和可靠性，北京康居认证中心和北京建筑大学总结了我国被动式低能耗建筑建设的经验，联合"被动式低能耗建筑产业创新战略联盟"成员单位编写完成。该标准包括总则、基本规定、设计、设备、施工、调试与验收、运行与维护。这是自2019年10月15日"中国材料与试验团体标准委员会建筑材料领域委员会被动式低能耗建筑及配套产品技术委员会（CSTM/FC03/TC25）"成立以来首次推出的团体标准。

2020年10月由北京东邦绿建科技有限公司生产的甲级防火被动门通过北京康居认证中心认证，填补了这一产品的国内外空白。

2020年10月中国材料与试验团体标准《被动式低能耗建筑用未增塑聚氯乙烯（PVC-U）塑料外窗》CSTM LX 0325 00396-2020发布。针对在国外被动房市场占有一半以上份额的塑料窗产品在中国的表现不尽人意：工艺水平低、产品质量参差不齐、施工损坏严重。同时，现行的国家和行业标准一些技术指标存在不能满足被动房的要求的情况。为了规范市场，促进塑料门窗健康发展，北京康居认证中心联合被动式低能耗建筑产业创新战略联盟成员编制本标准。本标准包括基本规定、材料、试验方法、检验规则等。

2020年10月中国材料与试验团体标准《被动式低能耗建筑外墙外保温、屋顶保温用模塑聚苯板》CSTM LX 0325 00395-2020发布。被动房外墙外保温和屋面模塑聚苯板厚度普遍在150mm以上，严寒地区甚至超过400mm以上，比普通节能建筑板材的厚度增加了一倍以上。如果没有控制好板材质量，将在工程质量上和火灾过程中产生十分严重的后果。目前，我国的国家标准和行业标准中尚没有针对被动房外墙外保温、屋顶保温应用的模塑聚苯板产品标准。现有的模塑聚苯板薄抹灰外墙外保温系统材料标准中，对板材的防火性能要求较低，不能满足被动房的应用要求。为了保障模塑聚苯板在被动房中应用的安全性和可靠性，北京康居认证中心总结了我国被动房建设的经验，联合"被动式低能耗建筑产业创新战略联盟"成员单位编写本标准。

2020年10月中国材料与试验团体标准《被动式低能耗建筑外墙外保温用聚合物水泥胶粘济、抹面胶浆》CSTM LX 0325 00408-2020发布。针对国家标准中涉及的外墙外保温用聚合物水泥胶粘剂、抹面胶浆性能指标仅限于拉伸粘接强度、压折比、抗冲击性等部分性能指标；而对抗渗压力、抗压强度、耐碱性、耐热性、抗冻性等基本性能并未作规定。本标准的编制将指导人们在被动式低能耗建筑中正确生产应用聚合物水泥胶粘剂、抹面胶浆的产品。

2020年10月中国材料与试验团体标准《被动式低能耗建筑用纤维压缩木包铝门窗技术标准》CSTM LX 0325 00481-2020发布。这种产品是我国自主研发的高品质具有独立知识产权的产品，具有强度高、耐候性好、防白蚁、采光面积大、维修方便等优势。本标准的制定为此类铝木复合门窗产品做了基础性保障，也为设计、制造、施工等环节提供了技术保障和评价依据。

2020年10月中国材料与试验团体标准《被动式低能耗保温免拆模板体系技术标准》CSTM LX 0325 00480-2020发布。该标准在引进、消化改良国外相关技术的基础上，经过国内外大量实践形成，填补了国内免拆模板标准体系空白。该标准的制定为此类免拆模板产品做了基础性的技术保障，对指导此类超低能耗建筑的推广应用提供了有力支撑。

2020年11月中国目前最大的单体被动房株洲市民中心获得康居认证。株洲市创业广场项目总建筑面积62716.65m²，通过建筑能耗模拟分析，该项目年采暖需求为2.26kWh/（m²·a），年制冷需求为37.43kWh/（m²·a），年总一次能源需求为37.74kWh/（m²·a）（采暖、制冷和照明）。

"被动式低能耗建筑产业技术创新战略联盟"

被动式低能耗建筑产品选用目录
（第九批）

第一类 门窗组

1 外门窗、型材与玻璃间隔条

1.1 外门窗

产品名称	生产厂商	产品型号	型材传热系数，W/(m²·K)	玻璃传热系数，W/(m²·K)	整窗传热系数K，W/(m²·K)	可见光透射比 τv	太阳红外热能总透射比 gIR	太阳能得热系数SHGC	气密性，m³/(m·h)	水密性，Pa	抗风压性，Pa	适用范围
外窗	哈尔滨森鹰窗业股份有限公司	P120C铝包木内开窗	上左右Uf: 0.81 下框Uf: 0.91 中横竖框Uf: 0.84	0.77	1.0	0.62	0.27	0.47	8级	700 6级	5000 9级	寒冷地区
		P120SP铝包木内开窗	上左右Uf: 0.74 下框Uf: 0.79 中横竖框Uf: 0.81	0.77	0.96	0.62	0.27	0.47	8级	700 6级	5000 9级	寒冷地区
		P160被动式铝包木窗	底部: 0.64 边沿: 0.59 顶部: 0.59	0.5	0.6	0.567	0.22	0.424	0.3 8级	700 6级	5000 9级	严寒地区
外门		PED86铝包木（外）开门	上左右: 0.83 下: 0.85 中横、竖: 0.87	—	0.89	—	—	—	8级	700 6级	5000 9级	各气候区
		PED86铝包木（内）开门	上左右: 0.83 下: 0.85 中横、竖: 0.87	—	0.89	—	—	—	8级	700 6级	5000 9级	各气候区

续表

产品名称	生产厂商	产品型号	型材传热系数 W/(m²·K)	玻璃传热系数 W/(m²·K)	整窗传热系数K W/(m²·K)	可见光透射比 τ$_v$	太阳红外热能总透射比 g$_{IR}$	太阳能得热系数SHGC	气密性 m³/(m·h)	水密性 Pa	抗风压性 Pa	适用范围
外窗	北京市腾美琪科技发展有限公司	欧格玛PAW95系列被动式木包铝窗	≤1.3	0.402	0.86	0.66	0.22	0.431	0.20 8级	600 5级	5000 9级	寒冷/夏热冬冷地区
木包铝外开门		欧格玛PAD95系列被动式木包铝门	≤1.3	0.402	0.84	0.66	0.22	0.431	0.20 8级	600 5级	5000 9级	寒冷/夏热冬冷地区
		PAD125被动式木包铝外开门	≤1.3	0.402	0.88	0.66	0.22	0.431	8级	700Pa 6级	5000 9级	寒冷/夏热冬冷地区
耐火窗		PAW95被动式耐火窗（耐火时间≥0.5h）	≤1.3	0.402	0.91	0.61	0.228	0.421	8级	700Pa 6级	5000 9级	寒冷/夏热冬冷地区
木包铝幕墙		WAC80被动式木包铝幕墙	≤1.2	0.464	0.78	0.66	0.20	0.472	开启部分4级，试件整体4级	开启部分5级 1000 固定部分4级 1500	5000 9级	严寒/寒冷/夏热冬冷地区
外窗		PAW115系列被动式木包铝平开窗	上开启：0.936 下开启：0.937 右开启：0.996 左开启：0.995 中梃（固定+开启）：1.100	0.74	0.83	0.67	0.23	0.48	8级	700 6级	5000 9级	寒冷地区

续表

产品名称	生产厂商	产品型号	型材传热系数，W/(m²·K)	玻璃传热系数，W/(m²·K)	整窗传热系数K，W/(m²·K)	可见光透射比 τv	太阳红外热能总透射比 gIR	太阳能得热系数SHGC	气密性，m³/(m·h)	水密性，Pa	抗风压性，Pa	适用范围
外窗		REHAU-GENEO-S980系列塑钢门窗	横料（上、下）：0.797 框扇料：0.771 梃竖料：0.769	0.62	0.79	0.68	0.22	0.54	0.19 8级	700 6级	GB 50009-2012要求	寒冷地区
幕墙		180系列木结构隐框玻璃幕墙	横料（上、下边）：0.66 竖料（左右）：0.61 幕墙中坚料：0.711 幕墙中横料：0.732	0.6	0.76	0.48	0.18	0.37	0.15 4级	1800 4级	GB 50009-2012要求	寒冷地区
外窗	河北新华幕墙有限公司	HM-PW82系列塑钢窗	0.99	0.67	0.8	0.709	0.27	0.5	8级	700 6级	5000 9级	寒冷地区
		HM-AW90系列铝合金窗	0.75	0.67	0.8	0.709	0.275	0.5	8级	700 6级	5000 9级	寒冷地区
外门		HM-AD90系列铝合金门	0.75	0.67	0.8	0.709	0.275	0.5	8级	700 6级	5000 9级	寒冷地区
幕墙		HM-ACW150系列铝合金单元式幕墙	0.64	0.66	0.79	0.62	0.25	0.52	4级	5级	6级	严寒/寒冷地区

续表

产品名称	生产厂商	产品型号	型材传热系数 W/(m²·K)	玻璃传热系数 W/(m²·K)	整窗传热系数K W/(m²·K)	可见光透射比 τ$_v$	太阳红外热能总透射比 g$_{IR}$	太阳能得热系数SHGC	气密性 m³/(m·h)	水密性 Pa	抗风压性 Pa	适用范围
外窗	河北奥润顺达窗业有限公司	88系列6腔三道密封塑料窗	下部：0.79 侧边和上部：0.80	0.7	0.9	0.62	0.45	0.47	0.20 8级	600 5级	4500 8级	严寒/寒冷地区
		86系列6腔三道密封塑料窗	下部：0.79 侧边和上部：0.79	0.7	0.9	0.62	0.45	0.47	0.20 8级	600 5级	4500 8级	严寒/寒冷地区
		PAS125系列铝包木窗	下部：0.69 侧边和上部：0.71	0.7	0.9	0.67	0.49	0.45	0.20 8级	600 5级	5000 9级	严寒/寒冷地区
		PAS130系列铝包木窗	下部：0.74 侧边和上部：0.74	0.7	0.8	0.67	0.49	0.45	0.20 8级	700 6级	5000 9级	严寒/寒冷地区
		Therm+50	下部：0.91 侧边和上部：0.92	0.75	0.8	0.72	0.496	0.49	0.20 8级	600 5级	5000 9级	严寒/寒冷地区
		78系列铝包木窗	下部：1.3 侧边和上部：1.3	0.6	1.0	0.71	0.44	0.53	0.20 8级	600 5级	5000 9级	寒冷地区
外门		PASSIVE78铝木复合门（外开）	下部：1.0 侧边和上部：0.8	—	0.8	—	—		隔声30 8级	400 4级	5000 9级	各气候区
		108系列外平开铝木复合门（外开中空）	下部：1.0 侧边和上部：0.79	0.8	0.9	0.58	0.26	0.47	隔声33 8级	600 5级	5000 9级	严寒/寒冷地区
		130系列外平开铝木复合门（内开中空）	下部：0.765 侧边和上部：0.8	0.8	0.8	0.58	0.26	0.47	隔声34 8级	500 5级	5000 9级	严寒/寒冷地区
外窗		93系列平开下悬铝木复合窗（内开，下悬，中空）	下部：0.685 侧边和上部：0.7	0.8	0.8	0.58	0.26	0.47	隔声36 8级	600 5级	5000 9级	严寒/寒冷地区

续表

产品名称	生产厂商	产品型号	型材传热系数 W/(m²·K)	玻璃传热系数 W/(m²·K)	整窗传热系数K W/(m²·K)	可见光透射比 τv	太阳红外热能总透射比 g_IR	太阳能得热系数SHGC	气密性 m³/(m·h)	水密性 Pa	抗风压性 Pa	适用范围
外窗	河北奥润顺达窗业有限公司	90系列平开下悬隔热铝合金窗（内开，下悬，中空）	下部：1.1 侧边和上部：1.05	0.8	0.9	0.58	0.26	0.47	隔声35 8级	400 4级	5000 9级	严寒/寒冷地区
		75系列平开下悬隔热铝合金窗	下部：1.29 侧边和上部1.3	0.8	1.0	0.58	0.26	0.47	隔声Rw=35 8级	400 4级	5000 9级	寒冷地区
	极景门窗有限公司（山东）	P2被动式节能窗	0.9	0.54	0.77	0.6	0.22	0.43	0.3 8级	700 6级	5000 9级	寒冷地区
		P2被动式节能门	0.9	0.6	0.77	0.58	0.22	0.425	0.3 8级	700 6级	5000 9级	寒冷地区
		Q系列节能幕墙	0.79	0.54	0.73	0.63	0.25	0.428	0.3 8级	700 6级	5000 9级	寒冷地区
	北京米兰之窗节能建材有限公司	MILUX Passive80系列铝包木窗	底部：0.95 边沿：0.95 顶部：0.92	0.6	0.88	0.62	0.38	0.42	0.3 8级	600 5级	5000 9级	严寒地区
		MILUX Passive95系列铝包木窗	底部：0.91 边沿：0.91 顶部：0.90	0.6	0.85	0.62	0.38	0.42	0.3 8级	600 5级	5000 9级	严寒地区
		MILUX Passive115系列铝包木窗	底部：0.81 边沿：0.81 顶部：0.80	0.70	0.79	0.45	0.50	0.35	0.3 8级	600 5级	5000 9级	严寒地区
		MILUX Passive120系列铝包木窗	底部：0.75 边沿：0.75 顶部：0.78	0.63	0.80	0.65	0.35	0.54	0.3 8级	600 5级	5000 9级	严寒地区

续表

产品名称	生产厂商	产品型号	型材传热系数，W/（m²·K）	玻璃传热系数，W/（m²·K）	整窗传热系数K，W/（m²·K）	可见光透射比 τ_v	太阳红外热能总透射比 g_IR	太阳能得热系数SHGC	气密性，m³/（m·h）	水密性，Pa	抗风压性，Pa	适用范围
外窗	天津格瑞德曼建筑装饰工程有限公司	GM-C85铝合金节能窗	底部：1.09 边沿：0.84 顶部：0.74	0.59	0.83	0.53	0.27	0.52	0.3 8级	700 6级	5000 9级	寒冷地区
	北京爱乐屋建筑节能制品有限公司	GM-C100Passiv	底部：1.09 边沿：0.84 顶部：0.74	0.63	0.97	0.59	0.26	0.44	8级	700 4级	9级	寒冷地区
		78系列铝包木被动窗（平开上悬）	1.1	0.516	0.89	0.713	0.377	0.522	0.3 8级	700 6级	5000 9级	寒冷地区
	威卢克斯（中国）有限公司	A系列实木窗	0.382 （填充物）	0.6	0.92	0.805	0.711	0.48	8级	700 6级	3600 6级	特殊立面窗
	威卢克斯 A/S	复合材料窗 VMS	0.382 （填充物）	0.7	1.0	0.723	0.47	0.4	8级	700 6级	4000 7级	特殊立面窗
	北京住总门窗有限公司	被动式低能耗聚酯合金窗80系列	0.7	0.8	0.97	0.659	—	0.647	8级	700 6级	4400 5级	寒冷地区
	山东三玉窗业有限公司	SY86-PAS被动式铝包木窗	底部：0.96 边沿：0.96 顶部：0.92	0.73	0.99	0.64	0.33	0.454	8级	700 6级	5000 9级	寒冷地区
		SY96-PAS被动式铝包木窗	底部：0.93 边沿：0.93 顶部：0.91	0.73	0.91	0.64	0.33	0.454	8级	700 6级	5000 9级	寒冷地区

续表

产品名称	生产厂商	产品型号	型材传热系数, W/(m²·K)	玻璃传热系数, W/(m²·K)	整窗传热系数K, W/(m²·K)	可见光透射比 τ_v	太阳红外热能总透射比 g_IR	太阳能得热系数SHGC	气密性 m³/(m·h)	水密性, Pa	抗风压性, Pa	适用范围
外窗	山东三王窗业有限公司	SY110-PAS 被动式铝包木窗	底部：0.78 边沿：0.78 顶部：0.75	0.69	0.83	0.619	0.28	0.427	8级	700 6级	5000 9级	寒冷地区
		SY128-PAS 被动式铝包木窗	底部：0.96 边沿：0.96 顶部：0.91	0.71	0.96	0.652	0.33	0.490	8级	700 6级	5000 9级	寒冷地区
	康博达节能科技有限公司	80系列聚氨酯合金平开窗	0.85	0.6	0.88	0.728	0.586	0.36	8级	400 4级	3700 6级	寒冷地区
	北京兴安幕墙装饰有限公司	墨诺克155系列隐扇被动式铝包木窗	1.2	0.57	0.95	0.725	0.584	—	8级	350 4级	4200 7级	寒冷地区
	北京金诺迪迈幕墙装饰工程有限公司	UMhome-101 铝合金窗	0.81	0.63	0.9	0.572	0.446	0.45	8级	700 6级	5000 9级	严寒地区
		UMhome-80 塑钢窗	0.85	0.75	0.92	0.61	0.468	0.57	8级	500 5级	5000 9级	寒冷地区
		TAPW120铝包木被动窗	0.79	0.71	0.91	0.58	0.17	0.43	0.4	700 6级	5000 9级	寒冷地区
	北京嘉寓门窗幕墙股份有限公司	朗尚-A101系列铝合金窗	框扇横料：0.91 框扇竖料：0.96 挺扇竖料：0.99 框横料：0.79 竖料：0.84	0.633	0.94	0.665	0.28	0.424	8级	700 6级	5000 9级	寒冷地区

续表

产品名称	生产厂商	产品型号	型材传热系数, W/(m²·K)	玻璃传热系数 W/(m²·K)	整窗传热系数K, W/(m²·K)	可见光透射比 τv	太阳红外热能总透射比 g_IR	太阳能得热系数SHGC	气密性 m³/(m·h)	水密性 Pa	抗风压性 Pa	适用范围
外窗	北京东邦绿建科技有限公司	AJ-Ⅲ型塑钢胶条密闭推拉窗	1.3	0.66	0.97	0.68	0.34	0.52	8级	350 4级	5000 9级	严寒/寒冷地区
被动式低能耗钢质复合门防盗门外门	北京东邦绿建科技有限公司	BJFAM-B-SH/DB1124	—	—	0.85	—	隔声 Rw=37	防盗丙级	8级	700 6级	5000 9级	各气候区
外窗	河北胜达智通新型建材有限公司	胜达TOP-BEST 88 MD	0.79	0.65	0.78	0.57	0.28	0.42	8级	567 5级	4200 7级	寒冷/夏热冬冷地区
		胜达92铝塑复合窗	0.92	0.792	1.0	0.66	0.32	0.44	8级	700 6级	5000 9级	寒冷/夏热冬冷地区
外门		胜达TOP-BEST88 MD外门阳台门	0.90	0.792	0.98	0.66	0.32	0.44	8级	500 5级	5000 9级	寒冷/夏热冬冷地区
外窗		胜达TOP-BEST92耐火被动窗	0.92 耐火性能 1.0小时	0.67	0.84	0.64	0.33	0.44	8级	600 5级	5000 9级	寒冷地区
外窗	北京北方航空铝业有限公司	75系列聚氨酯铝合金被动窗	0.96	0.43	0.92	0.58	0.24	0.51	8级	4级	8级	寒冷地区
外门		75系列聚氨酯铝合金被动门	0.96	0.43	0.93	0.58	0.24	0.51	8级	4级	6级	寒冷地区
外窗		80系列聚氨酯铝合金被动窗	0.8	0.55	0.95	0.66	0.5	0.61	8级	6级	7级	寒冷地区

续表

产品名称	生产厂商	产品型号	型材传热系数，W/(m²·K)	玻璃传热系数，W/(m²·K)	整窗传热系数K，W/(m²·K)	可见光透射比 τv	太阳红外热能总透射比 gIR	太阳能得热系数SHGC	气密性，m³/(m·h)	水密性，Pa	抗风压性，Pa	适用范围
外窗	山东华达门窗幕墙有限公司	LBM98	≤1.3	0.63	0.86	0.6	0.5	0.57	0.3 8级	350 4级	5000 9级	寒冷地区
		ES101	≤1.3	0.63	0.94	0.7	0.5	0.57	1.1 8级	350 4级	5000 9级	寒冷地区
		LBM130B	≤1.3	0.63	0.83	0.7	0.5	0.57	0.3 8级	350 4级	5000 9级	寒冷地区
外门	上海克络蒂材料科技发展有限公司	85J系列玻纤增强聚氨酯节能门	0.93	0.70	0.98	0.64	0.15	0.35	8级	4级	9级	寒冷/夏热冬冷地区
外窗		85J系列玻纤增强聚氨酯节能窗	0.83	0.70	0.88	0.64	0.15	0.35	8级	4级	9级	寒冷/夏热冬冷地区
外窗	北京建工茵莱玻璃钢制品有限公司	75系列 1450×1450	0.3	0.456	0.81	73.03	0.244	0.469	8级	6级	9级	严寒/寒冷地区
外窗	青岛宏海幕墙有限公司	被动式铝合金窗HONGHAI 100-1（真空复合中空玻璃）	≤1.0	0.43	0.83	0.58	0.245	0.44	8级	700 6级	5000 9级	严寒/寒冷地区
		被动式铝合金窗HONGHAI 100-2	≤1.0	0.59	0.92	0.64	0.15	0.35	8级	700 6级	5000 9级	寒冷/夏热冬冷地区

续表

产品名称	生产厂商	产品型号	型材传热系数 W/(m²·K)	玻璃传热系数 W/(m²·K)	整窗传热系数K W/(m²·K)	可见光透射比 τ_v	太阳红外热能总透射比 g_{IR}	太阳能得热系数SHGC	气密性 m³/(m·h)	水密性 Pa	抗风压性 Pa	适用范围
幕墙	青岛宏海幕墙有限公司	被动式幕墙HHMQ-60（明框）-1（真空复合中空玻璃）	≤1.2	0.43	0.73	0.58	0.245	0.44	q1=0.16 4级	开启1000 固定2000 5级	4500 8级	严寒/寒冷地区
		被动式幕墙HHMQ-60（明框）-2	≤1.2	0.59	0.88	0.64	0.15	0.35	q1=0.16 4级	开启1000 固定2000 5级	4500 8级	寒冷/夏热冬冷地区
外窗	温格润节能门窗有限公司	WG75聚氨酯隔热铝合金窗系统	0.81	0.7	0.88	0.68	0.34	0.52	8级	1000 6级	5000 9级	严寒/寒冷地区
外门		WG75聚氨酯隔热铝合金门系统	0.81	—	0.77	—	—	—	8级	700 6级	5000 9级	严寒/寒冷地区
外窗	河北道尔门窗科技有限公司	DR110系列	0.859	0.60	0.93	0.608	0.51	0.474	8级	700 6级	5000 9级	严寒/寒冷地区
外窗	西安西航集团铝业有限公司	XHBC100	1.1	0.6	0.91	0.701	0.58	0.51	8级	700 6级	5000 9级	严寒/寒冷地区
外窗	哈尔滨华兴节能门窗股份有限公司	HS118P	1.1	0.7	0.88	0.71	0.24	0.51	8级	500 5级	5000 9级	严寒/寒冷地区

续表

产品名称	生产厂商	产品型号	型材传热系数，W/（m²·K）	玻璃传热系数，W/（m²·K）	整窗传热系数K，W/（m²·K）	可见光透射比 τ_v	太阳红外热能总透射比 g_{IR}	太阳能得热系数SHGC	气密性，m³/（m·h）	水密性，Pa	抗风压性，Pa	适用范围
外窗	廊坊市万丽装饰工程有限公司	92系列	0.79	0.7	0.88	0.747	0.482	0.502	8级	4级	9级	严寒、寒冷地区
外窗	北京和平幕墙工程有限公司	PBW9515被动式低能耗铝合金窗	1.1	0.65	0.97	0.69	0.21	0.46	8级	700 6级	5000 9级	严寒和寒冷地区
外窗	北京市开泰钢木制品有限公司	82系列内平开塑料窗	0.99	0.67	0.96	0.62	0.02	0.30	8级	700 6级	5000 9级	夏热冬冷夏热冬暖地区
外门	朗意门业（上海）有限公司	FAM-Y-ZJ-1023入户门			0.79				8级			各气候区
外窗	辽宁雨虹门窗有限公司	90系列塑料被动窗		0.71	0.91	0.58	0.17	0.43	8级	700 6级	5000 9级	寒冷地区

续表

产品名称	生产厂商	产品型号	型材传热系数，W/（m²·K）	玻璃传热系数，W/（m²·K）	整窗传热系数K，W/（m²·K）	可见光透射比 τ_v	太阳红外热能总透射比 g_{IR}	太阳能得热系数SHGC	气密性，m³/（m·h）	水密性，Pa	抗风压性，Pa	适用范围
外窗	阿鲁特节能门窗有限公司	8000系列85mm无钢衬塑钢窗（8000U-PVC window 85mm）	0.81	0.72	0.78	0.71	0.47	0.45	8级	6级	7级	严寒/寒冷地区
		8000系列85mm无钢衬扣铝塑钢窗（8000U-PVC window 85mm with aluminium shell）	0.82	0.72	0.79	0.71	0.47	0.45	8级	6级	5级	严寒/寒冷地区
外窗	哈尔滨阿蒙木业股份有限公司	120系列被动式铝包木窗	1.2	0.69	0.98	0.64	0.2	0.46	8级	700 6级	5000 9级	严寒/寒冷地区
外窗	吉林省东朗门窗制造有限公司	超保119系列被动窗	1.2	0.74	0.97	0.6	0.25	0.46	8级	350 4级	5000 9级	寒冷地区
外门		极光P120系列被动式门	1.2	0.74	0.94	0.6	0.25	0.46	8级	700 6级	5000 9级	寒冷地区

续表

产品名称	生产厂商	产品型号	型材传热系数, W/(m²·K)	玻璃传热系数, W/(m²·K)	整窗传热系数K, W/(m²·K)	可见光透射比 τ$_v$	太阳红外热能总透射比 g$_{IR}$	太阳能得热系数 SHGC	气密性 m³/(m·h)	水密性 Pa	抗风压性 Pa	适用范围
外门	万嘉集团有限公司	被动式钢木装甲门BDM1123（单开）			0.98				8级			各气候区
		被动式钢木装甲门BDM1623（双开）			0.99				8级			各气候区
外窗	石家庄盛和建筑装饰有限公司	ES90PLUS系列塑钢窗	0.79	夏季0.69 冬季0.76	0.92	0.729	0.481	0.56	8级	700 6级	7级	寒冷地区
		PSHBD130被动式铝包木窗	0.79	夏季0.69 冬季0.76	0.90	0.729	0.481	0.56	8级	700 6级	7级	寒冷地区
		PSHBD120铝包木被动窗	0.93	0.74	0.82	0.67	0.23	0.31	8级	700 6级	5000 9级	寒冷地区
外窗	廊坊市创元门窗有限公司	CY90系列被动式塑钢窗	0.79	0.79	0.84	0.57	0.23	0.44	8级	350 4级	5000 9级	寒冷地区
		CY120系列被动式铝包木窗	0.91	0.79	0.88	0.57	0.23	0.44	8级	700 6级	5000 9级	寒冷地区

续表

产品名称	生产厂商	产品型号	型材传热系数，W/（m²·K）	玻璃传热系数，W/（m²·K）	整窗传热系数K，W/（m²·K）	可见光透射比 τᵥ	太阳红外热能总透射比 gᵢᵣ	太阳能得热系数SHGC	气密性，m³/（m·h）	水密性，Pa	抗风压性，Pa	适用范围
外窗	石家庄县昱泰门窗有限公司	檀固130系列被动窗	下部：0.74 侧边和上部：0.74	冬季0.73	0.86	0.62	0.21	0.44	8级	700 6级	5000 9级	寒冷地区
外窗	石家庄县昱泰门窗有限公司	檀固110系列被动窗	0.93	冬季0.73	0.94	0.62	0.21	0.44	8级	700 6级	5000 9级	寒冷地区
外窗	河南科饶恩门窗有限公司	科饶恩 ZEW92MD+被动系统窗	0.83	0.7	0.78	0.60	0.16	0.458	8级	700 6级	5000 9级	寒冷地区
外门	河南科饶恩门窗有限公司	ZEW92MD+被动系统门	0.93	0.7	0.926	0.60	0.16	0.458	8级	700 6级	5000 9级	寒冷地区
外门	浙江德毅隆科技股份有限公司	FZ850玻纤增强聚氨酯被动阳台门	1.0	0.65	0.96	0.68	0.37	0.49	8级	500 5级	5000 9级	寒冷地区
外窗	浙江德毅隆科技股份有限公司	FZ851玻纤增强聚氨酯被动窗	1.0	0.65	0.99	0.68	0.37	0.49	8级	700 6级	5000 级	寒冷地区
外门	浙江德毅隆科技股份有限公司	FK851钢制被动进户门	1.0	—	0.8	—	—	—	8级	—	—	寒冷地区
外窗	青岛吉尔德文家居有限公司	铝包木被动窗		0.93	0.629		0.393	8级	600 5级	5000 9级	寒冷地区

1.2 外门窗型材

产品名称	生产厂商	产品型号	型材传热系数, W/(m²·K)	气密性 m³/(m·h)	水密性, Pa	抗风压性, Pa	适用范围
型材	大连实德科技发展有限公司	SINOSD-80 聚酯合金型材	0.7	0.1~0.2 8级	350~500 4级	5000 9级	寒冷地区
型材	维卡塑料（上海）有限公司（德国）	Softline MD70 NEO	1.2（含衬钢）	≤0.5 8级	700 6级	≥3500 6级（常规中梃）	寒冷地区
型材		Softline MD82	0.99（含衬钢）	≤0.5 8级	700 6级	≥4000 7级（常规中梃）	寒冷地区
型材	瑞好聚合物（苏州）有限公司（德国）	S980 PHZ 86	0.79	0.21 8级	700 5级	3000 5级	寒冷地区
型材	温格润节能门窗有限公司	温格润WG75系列聚氨酯隔热铝合金型材	0.9	8级	1000 6级	5000 9级	严寒寒冷地区
型材	柯梅令（天津）高分子型材有限公司	88 plus	底部：0.79 边沿：0.80 顶部：0.80	8级	500 5级	4200 7级	寒冷地区
型材	河北胜达智通新型建材有限公司	胜达 TOP-BEST88MD	0.90				寒冷夏热冬冷地区
型材	河南省科饶恩门窗有限公司	外窗型材ZEW92MD+	0.83	8级	700 6级	9级	寒冷地区

1.3 玻璃暖边间隔条

产品名称	生产厂商	产品型号	玻璃间隔条材料的导热系数，W/（m·K）	适用范围
暖边间隔条	圣戈班舒贝舍暖边系统商贸（上海）有限公司	舒贝舍超强型暖边间隔条	λ=0.14	各气候区
暖边间隔条		舒贝舍标准型暖边间隔条	λ=0.29	各气候区
暖边间隔条	泰诺风泰居安（苏州）隔热材料有限公司	Wave 系列	λ=0.4（导热因子：0.0018 W/K）	各气候区
暖边间隔条		M 系列	λ=0.4（导热因子：0.0018 W/K）	各气候区
暖边间隔条	浙江苏齐齐涂料密封胶有限公司	全塑复合型暖边（Multitech）	导热因子：0.001W/K	各气候区
暖边间隔条		复合型不锈钢暖边条（Chromatech Ultra）	导热因子：0.0017 W/K	各气候区
暖边间隔条		齿纹面不锈钢暖边条（Chromatech Plus）	导热因子：0.0045 W/K	各气候区
暖边间隔条		不锈钢暖边条（Chromatech）	导热因子：0.0054 W/K	各气候区
暖边间隔条	李赛克玻璃建材（上海）有限公司	添益隔"Thermix"暖边间隔条	λ=0.32	各气候区
暖边间隔条		"Thermobar"暖边间隔条	λ=0.14	各气候区
暖边间隔条	美国奥玛特公司	SST暖边条（LPX1）	导热因子：0.0057W/K	各气候区
暖边间隔条		SST暖边条（GTM）	导热因子：0.0043W/K	各气候区
暖边间隔条		SST暖边条（GTM Hybrid）	导热因子：0.00285W/K	各气候区
暖边间隔条		SST钢暖边条（GTM HS）	导热因子：0.00229W/K	各气候区
暖边间隔条	辽宁双强塑胶科技发展股份有限公司	萨沃奇柔性暖边6.5mm~22mm全系列	λ=0.38（导热因子：0.0016W/K）	各气候区
暖边间隔条	河北恒华昌耀建材料科技有限公司	纯不锈钢暖边条12A	等效导热系数：1.57785	各气候区
暖边间隔条		纯不锈钢暖边条16A	等效导热系数：1.49268	各气候区
暖边间隔条		不锈钢包覆暖边条12A	等效导热系数：0.83616	各气候区
暖边间隔条	南通和鼎建材科技有限公司	复合型不锈钢暖边条12A	等效导热系数：0.63（导热因子：0.00128W/K）	各气候区
暖边间隔条		复合型不锈钢暖边条19A	等效导热系数：0.58（导热因子：0.00139W/K）	各气候区

续表

产品名称	生产厂商	产品型号	玻璃间隔条材料的导热系数，W/(m·K)	适用范围
暖边间隔条	南京南油节能科技有限公司	非金属刚性暖边12A、16A	等效导热系数：0.19	各气候区
暖边间隔条	南京南油节能科技有限公司	复合刚性暖边条12A、16A	等效导热系数：0.44	各气候区
暖边间隔条	美国Quanex（柯耐士）建材产品集团	Truplas/超级玻纤暖边间隔条	λ=0.14	各气候区
Super Spacer®/超级间隔条	美国Quanex（柯耐士）建材产品集团	Premium	λ=0.15（等效导热系数：0.17）	各气候区
Super Spacer®/超级间隔条	美国Quanex（柯耐士）建材产品集团	Tri-seal	λ=0.15（等效导热系数：0.17）	各气候区
暖边间隔条	天津瑞丰橡塑制品有限公司	玻纤增强复合材料＋复合膜16A	等效导热系数：0.60	各气候区
暖边间隔条	天津瑞丰橡塑制品有限公司	玻纤增强复合材料＋复合膜12A	等效导热系数：0.63	各气候区

2 外围护门窗洞口密封材料

产品名称	生产厂商	产品型号	性能指标						适用范围
			最大抗拉强度，N/50mm	最大伸长率，%	燃烧性能等级	气密性	水密性	Sd值，m	
可抹灰外围护结构洞口门窗洞口的密封材料	德国博仕格有限公司	可抹灰型防水雨布Winflex室内侧	纵向>450；横向>80	纵向>20；横向>100	建筑材料等级B$_2$ 燃烧等级Class E	气密	>200cm水柱	55	各气候区
可抹灰外围护结构洞口门窗洞口的密封材料	德国博仕格有限公司	可抹灰型防水雨布Winflex室外侧	纵向>450；横向>80	纵向>20；横向>140	建筑材料等级B$_2$ 燃烧等级Class E	气密	>200cm水柱	0.1	各气候区

续表

产品名称	生产厂商	产品型号	厚度, mm	水蒸气扩散阻力	Sd值, m	抗拉强度, MPa	断裂伸长率, %	抗撕裂, N	水密性2kPa水压	抗老化	燃烧性能等级	适用范围
							性能指标					
不可抹灰型三元乙丙防水透气膜	德国博仕格有限公司	不可抹灰型室外侧三元乙丙防水透气膜Fasatan	0.6	20000	12	≥6	≥250	≥10	通过	通过	建筑材料等级B_2燃烧等级E	各气候区
			0.8	20000	16	≥7	≥300	≥10	通过	通过		
			1.0	20000	20	≥7	≥300	≥10	通过	通过		
			1.2	20000	24	≥8	≥300	≥20	通过	通过		

产品名称	生产厂商	产品型号	厚度, mm	水蒸气扩散阻力Sd值, m	Sd值, m	抗拉强度, MPa	断裂伸长率, %	抗撕裂, N	水密性2kPa水压	抗老化	燃烧性能等级	适用范围
							性能指标					
不可抹灰型三元乙丙防水隔汽膜	德国博仕格有限公司	不抹灰的室内一侧三元乙丙防水隔汽膜Fasatyl	0.6	140000	84	≥6	≥250	≥10	通过	通过	建筑材料等级B_2燃烧等级E	各气候区
			0.8	140000	112	≥7	≥250	≥10	通过	通过		
			1.0	140000	140	≥7	≥250	≥10	通过	通过		
			1.2	140000	170	≥8	≥300	≥20	通过	通过		

产品名称	生产厂商	产品型号	厚度, mm	水蒸气扩散阻力Sd值, m	单位面积质量, g/m²	抗伸断裂强度, MPa		断裂伸长率, %		透湿率, g/(m²·s·Pa)	湿阻因子	适用范围
						纵向	横向	纵向	横向			
								性能指标				
防水隔汽膜	德国安所	ISO-CONNECT INSIDE FD	0.503	39.2	224	807	149	14.5	121	6.4×10^{-9}	7.8×10^{4}	各气候区室内侧
防水透气膜		ISO-CONNECT OUTSIDE FD	0.574	0.075	195.9	635	193	12.8	71.4	4.0×10^{-6}	1.3×10^{2}	各气候区室外侧

续表

产品名称	生产厂商	产品型号	性能指标								适用范围
			单位面积质量，g/m²	横向拉伸强度，N/50mm	横向断裂伸长率，%	纵向拉伸强度，N/50mm	纵向断裂伸长率，%	不透水性	透湿率，g/(m²·s·Pa)	Sd值，m	
防水隔汽膜	河北筑恒科技有限公司	DP–in	230	>420	>70	≥500	>35	1000mm，24h 不透水	4.0×10⁻⁹	>50	各气候区室内侧

产品名称	生产厂商	产品型号	性能指标								适用范围
			厚度，mm	水蒸气扩散阻力Sd值，m	单位面积质量，g/m²	抗拉伸断裂强度，MPa		断裂伸长率，%		透湿率，g/(m²·s·Pa)	湿阻因子	
						纵向	横向	纵向	横向			
NGF防水隔汽膜	南京玻璃纤维研究设计院有限公司	NGFM–A Inside	≤0.7	≥30	≤250	≥500	≥80	≥10	≥50	≤9×10⁻⁹	≥5.0×10⁴	各气候区室内侧
NGF防水透气膜		NGFM–A Outside	≤0.7	≤0.5	≤200	≥450	≥60	≥10	≥60	≥4.0×10⁻⁷	≤9.0×10²	各气候区室外侧

3 透明部分用玻璃

产品名称	生产厂商	产品型号	传热系数K，W/(m²·K)	可见光透射比τ$_v$	太阳红外热能总透射比g$_{IR}$	太阳能得热系数SHGC	光热比LSG	适用范围
透明部分用玻璃	北京新立基真空玻璃技术有限公司	真空复合中空玻璃：5mm白玻+12A+5mmLow–E+V+5mm白玻	0.66	0.68	0.34	0.52	1.31	严寒/寒冷地区
		6TL+12WAr+6TL+V+6T+12WAr+6T	0.43	0.58	0.24	0.44	1.32	严寒/寒冷/热冬冷地区

续表

产品名称	生产厂商	产品型号	传热系数 K, W/(m²·K)	可见光透射比 τ_v	太阳红外热能总透射比 g_{IR}	太阳能得热系数 SHGC	光热比 LSG	适用范围
透明部分用玻璃	青岛亨达玻璃科技有限公司	5mm透明+16A暖边+5mm Low-E+0.15mm真空+5mm透明	0.78	0.59	0.36	0.49	1.20	寒冷地区
	天津南玻节能玻璃有限公司	5超白（CES01-85N）#2+15Ar+5超白（CES01-85N）#5	0.78	0.65	0.25	0.46	1.41	寒冷地区
	中国玻璃控股股份有限公司	5Low-E+16Ar+5Low-E+16Ar+5C（单银2#/单银4#，高透基片）	0.69	0.615	0.26	0.46	1.34	严寒/寒冷地区
	天津耀皮工程玻璃有限公司	5YME-0185（2#）+12Ar+5YME-0185（4#）+16Ar+5YEA-0182（6#）	0.72	0.61	0.20	0.43	1.42	寒冷地区
	信义玻璃（天津）有限公司	5XETN0188#2+15AR+5XETN0188#4+15AR+5XETN0188#5	0.74	0.69	0.21	0.46	1.44	寒冷地区
	北京金晶智慧有限公司	50ptilite S1.16+12Ar+5C+12Ar+50ptilite S1.16	0.79	0.73	0.29	0.50	1.46	寒冷地区
		50ptilite S1.16+18Ar+5C+18Ar+50ptilite S1.16	0.60	0.73	0.29	0.50	1.45	严寒地区
		50ptisolar D80+12Ar+5C+12Ar+50ptilite S1.16	0.77	0.64	0.15	0.35	1.81	寒冷夏热冬冷温和地区
		50ptisolar D80+18Ar+5C+18Ar+50ptilite S1.16	0.59	0.64	0.15	0.35	1.82	寒冷夏热冬冷温和地区
		50ptiselec T70XL+12Ar+5C+12Ar+50ptilite S1.16	0.75	0.63	0.09	0.28	2.26	夏热冬暖地区
		50ptiselec T70XL+18Ar+5C+18Ar+50ptilite S1.16	0.57	0.63	0.09	0.28	2.27	夏热冬暖地区
		50ptiselec T70XL+16Ar+5C+16Ar+50ptilite S1.16	0.67	0.62	0.02	0.30	2.07	夏热冬暖地区
	台玻天津玻璃有限公司	5mmLow-E（2#）+16Ar+5mmClear+16Ar+5mmLow-E（5#）	0.74	0.60	0.25	0.46	1.30	寒冷地区

续表

产品名称	生产厂商	产品型号	传热系数 K W/(m²·K)	可见光透射比 τ_V	太阳红外热能总透射比 g_{IR}	太阳能得热系数 SHGC	光热比 LSG	适用范围
透明部分用玻璃	北京冠华东方玻璃科技有限公司	5 Low-E钢+16 Ar+5 白钢+16 Ar+5 Low-E钢	0.71	0.58	0.17	0.43	1.35	夏热冬冷地区
	大连华鹰玻璃股份有限公司	TPS长寿命中空玻璃：4浮法钢化玻璃+15.5TPS.ar+3钢化Low-E+15.5 TPS.ar+3钢化Low-E	0.71	0.71	0.24	0.52	1.37	寒冷地区
	保定市大韩玻璃有限公司清苑分公司	6mmLow-E钢化（super-1）+16Ar（TPS充氩气）+5mm白玻钢化+16Ar（TPS充氩气）+6mmLow-E钢化（super-1）	0.78	0.64	0.24	0.47	1.36	寒冷地区（B）
	福莱特玻璃集团股份有限公司	5mmLow-E（SET1.16II）钢化玻璃+16mm氩气层+5mm无色钢化玻璃+16mm氩气层+5mmLow-E（SET1.16II）钢化玻璃	0.75	0.59	0.24	0.46	1.28	寒冷地区
	台玻成都玻璃有限公司	5mmLow-E（TDE78A03）钢化玻璃+15mm氩气层+5mm，无色玻璃+15mm氩气层+5mmLow-E（TCE83）钢化玻璃	0.70	0.58	0.15	0.41	1.41	夏热冬冷地区
	中航三鑫股份有限公司	5mm Low-E钢化（SEE-83T，#2）+16Ar（充氩气）+5mm 白玻（SET1.16II）+16 Ar（充氩气）+5mm Low-E 钢化（SEE-83T，#5）	0.76	0.62	0.25	0.48	1.29	寒冷地区（B）
	浙江中力节能玻璃制造有限公司	5mmLow-E（PPG85（T）钢化玻璃+16mm氩气层+5mmLow-E（PPG85（T））钢化玻璃+16mm氩气层+5mmLow-E无色钢化玻璃	夏季0.69 冬季0.76	0.57	0.06	0.36	1.58	夏热冬冷/温和地区
	北京物华天宝安全玻璃有限公司	5镀膜钢化+16Ar+5镀膜钢化+16Ar+5普通钢化	0.79	0.729	0.481	0.56	1.30	严寒/寒冷地区
	北京海阳顺达玻璃有限公司	5mmLow-E钢化玻璃+15mm氩气层+5mmLow-E钢化玻璃+15mm氩气层+5mm无色钢化玻璃	0.79	0.57	0.23	0.44	1.30	寒冷夏热冬冷地区
	洛阳兰迪玻璃机器股份有限公司	5mm无色钢化玻璃+12mm空气层+5mm无色钢化玻璃+V+5mm无色钢化玻璃	0.426	0.56	0.14	0.36	1.56	温和夏热冬冷地区
	天津市百泰玻璃有限公司	5mmLow-E钢化+16Ar暖边+5mmLow-E钢化+16Ar暖边+6mm防火（耐火1.0小时）	0.78	0.64	0.263	0.46	1.38	寒冷地区

4 遮阳产品

4 遮阳产品

产品名称	生产厂商	产品型号	通光量	叶片角度调节量	户外百叶帘遮阳系数		能量穿透总量系数（含玻璃与遮阳系统）		抗风等级（根据百叶帘帘面积大小）	适用范围
					叶片关闭	叶片水平	叶片关闭	叶片水平		
遮阳产品	瑞士森科尔遮阳	乙型铝合金百叶帘	3%~100%	0°~90°	0.10	0.20	0.06	0.12~0.15	蒲福风级9~11级（24.4~32.6m/s）	各气候区多层及以下建筑
		全金属百叶帘（垂直）	3%~100%	0°~90°	0.10	0.20	0.06	0.12~0.15	蒲福风级10~12级（28.4~36.9m/s）	
		全金属百叶帘（水平）	3%~100%	0°~90°	0.10	0.20	0.06	0.12~0.15	蒲福风级10~12级（28.4~36.9m/s）	
		卷包式百叶帘	3%~100%	0°~90°	0.10	0.20	0.06	0.12~0.15	蒲福风级10~12级（28.4~36.9m/s）	
		折叠滑动式百叶窗	0%~100%	0°~90°	0.10	0.20	0.07	0.13~0.16	蒲福风级10~12级（28.4~36.9m/s）	
		推拉滑动式百叶窗	0%~100%	0°~90°	0.10	0.20	0.07	0.13~0.16	蒲福风级10~12级（28.4~36.9m/s）	
		无导轨滑动式百叶窗	0%~100%	0°~90°	0.10	0.20	0.07	0.13~0.16	蒲福风级10~12级（28.4~36.9m/s）	

产品名称	生产厂商	产品型号	叶片角度调节量	户外百叶帘遮阳系数		抗风性能	机械耐久性	适用范围
				叶片关闭	叶片水平			
遮阳产品	北京科尔建筑节能技术有限公司	外遮阳CR80百叶帘	0°~90°	0.21	0.43	4级（额定荷载400N/m²）	2级（伸展收回8200次、开启关闭次）	各气候区
		外遮阳ZR90百叶帘	0°~90°	0.19	0.39	4级（额定荷载400N/m²）	2级（伸展收回8200次、开启关闭次）	各气候区

续表

产品名称	生产厂商	产品型号	叶片角度调节量	户外百叶帘遮阳系数（叶片关闭）	抗风性能	机械耐久性	适用范围
遮阳产品	南京金星宇节能技术有限公司	外遮阳百叶帘	0°~90°	0.16	0.6kPa	伸展收回10000次、开启关闭20000次、未发生损坏和功能障碍	各气候区

产品名称	生产厂商	产品型号	叶片角度调节量	户外百叶帘遮阳系数 叶片关闭	叶片45°角	抗风性能	机械耐久性	适用范围
遮阳产品	河北洛卡恩节能科技有限公司	外遮阳百叶帘	0°~90°	0.25	0.54	4级	2级（伸展收回7000次，试验速度变化率为8%）	各气候区
	望端门遮阳系统设备（上海）有限公司	C型铝合金遮阳百叶帘	±80°	叶片水平 0.1		6级	产品经过伸展、收回7000次后，产品整个系统无任何的破坏，机械部位无明显的噪声。叶片倾斜角的角度位置。机械机构平稳目能保持开启和关闭间任意的角度位置。提升绳（带）的断裂强力为试验前断裂强力平均值的85%，转向绳的断裂强力平均断裂强力平均值的82%	户外
		Z型铝合金遮阳百叶帘		0.2				

产品名称	生产厂商	产品型号	叶片角度调节量	户外百叶帘遮阳系数 叶片45°角	抗风性能	机械耐久性	适用范围
遮阳产品	北京伟业窗饰遮阳帘有限公司	外遮阳百叶帘		0.31	5级		各气候区

产品名称	生产厂商	产品型号	叶片角度调节量	户外百叶帘遮阳系数 叶片关闭	叶片45°角	抗风性能	机械耐久性	适用范围
外遮阳电动式遮阳金属百叶帘（铝合金）	天津市赛尚遮阳科技有限公司	CR80-0.45-2000宽		0.45	0.23	6级	2级	各气候区

5　五金

5　五金

产品名称	生产厂商	产品型号	外观	上部合页静态载荷	启闭力性能	反复启闭性能	90°平开启闭性能	锁闭部件强度	开启撞击性能	耐腐蚀性能	承重级	适用范围
五金	春光五金有限公司	NKND106系列	表面平直、光滑，表面色泽均匀	≥1800N	平开状态下启闭力≤50N，下悬状态下启闭力≤180N	反复启闭30000循环，操作功能正常	反复启闭30000循环，转动力矩≤10N·m，操作力≤100N	反复启闭15000个循环后，关闭力≤120N	锁点、锁座承受力≥1800N	通过重物的自由落体进行窗扇撞击洞口试验，反复3次不脱落	基材：锌合金，覆盖层，镀锌度，耐腐蚀性能要求：中性盐雾（NSS）试验，96h不出白色点（保护等级≥8级）	70Kg	各气候区

第二类　材料组

6　屋面和外墙用防水隔汽膜和防水透气膜（防水卷材）

6　屋面和外墙用防水隔汽膜和防水透气膜（防水卷材）

产品名称	生产厂商	产品型号	性能指标							适用范围
			拉伸力，N/50mm	断裂伸长率，%	撕裂强度（钉杆法），N	不透水性	透水蒸气性，g/（m²·24h）	低温弯折性	耐热度	
屋面和外墙用防水隔汽膜	德国博仕格有限公司	Winflex Wall&Roof 防水隔汽膜	纵向：129 横向：203	纵向：80 横向：67	纵向：70 横向：68	1000mm，2h 不透水	27	−45℃ 无裂纹	100℃，2h无卷曲，无明显收缩	各气候区

续表

产品名称	生产厂商	产品型号	性能指标					适用范围
			拉伸力，N/50mm	断裂伸长率，%	撕裂强度（钉杆法），N	不透水性	透水蒸气性，g/（m²·24h）	
屋面和外墙用防水透气膜	德国博仕格有限公司	Winflex Wall&Roof 防水透气膜	纵向：165 横向：230	纵向：63 横向：62	纵向：150 横向：156	1000mm，2h不透水	377	各气候区

产品名称	生产厂商	产品型号	性能指标				适用范围
			低温柔度，℃	高温流淌性，℃	最大抗力，N/5cm	最大拉力下的延伸率，%	
玻纤聚酯胎基改性沥青隔火自粘防水卷材	德国威达公司	Vedatop® SU（RC）100	-20	70	纵/横≥800/800	纵/横≥2/2	各气候区

弹性改性沥青自粘防水卷材，具有隔火性能。采用抗撕拉胎基，下表面为改性沥青自粘胶，上表面为PE保护膜及搭接边自粘保护膜

产品名称	生产厂商	产品型号	性能指标				适用范围
			低温柔度，℃	耐水汽渗透性等效空气层厚度 S_d，m	最大抗拉力，N/50mm	最大拉力下的延伸率，%	
自粘性耐酸碱特殊铝箔面玻纤胎隔汽卷材	德国威达公司	Vedatect SK-D（RC）100	-15	1500	纵/横≥400/400	纵/横≥2/2	各气候区

冷自粘弹性体改性沥青卷材。上表面是一层耐酸碱，耐腐蚀的铝膜。拥有极佳的隔汽效果（耐水汽渗透性等效空气层厚度 S_d 值在1500m以上）；幅宽1m，用在带涂层的压型钢板基层上时无需涂刷冷底子油；+5℃及以上可冷自粘安装；施工方便快捷，与基层自粘结良好

续表

产品名称	生产厂商	产品型号	性能指标					适用范围
			低温柔度，℃	高温流淌性，℃	最大抗拉力，N/50mm	最大拉力下的延伸率，%		适用范围
弹性体改性沥青防水材料	德国威达公司	Vedasprint（RC）green 100	−20	90	纵/横 ≥600/500	纵/横 ≥30/30	卷材是通过使用高强度的聚酯胎基浸透SBS改性沥青涂层，然后在上表面附着板岩颗粒，下表面附以防粘保护膜等一系列工序加工而成。具有极强的可操作性，在极高的施工温度下仍能保持抗变性能力、高抗裂能力、高抗穿剥能力	各气候区

产品名称	生产厂商	产品型号	性能指标					适用范围
			低温柔度，℃	高温流淌性，℃	最大抗拉力，N/50mm	最大拉力下的延伸率，%		适用范围
铜离子复合胎基改性沥青耐根穿刺防水卷材	德国威达公司	Vedaflor WS-I（RC）bluegreen 100	−25	105	纵/横 ≥800/800	纵/横 ≥40/40	具有根阻性能的改性沥青防水卷材。采用SBS改性沥青涂层以及铜—聚酯复合胎基制作而成，赋予产品独具的植物根阻拦功能，上表层为蓝绿色板岩颗粒。根阻性能通过FLL的试验验证；高耐折力；持久的低温柔度	各气候区

产品名称	生产厂商	产品型号	性能指标							适用范围
			拉伸力，N/50mm	断裂伸长率，%	撕裂强度（钉杆法），N	接缝剪切强度，N/50mm	S_d值，m	不透水性	低温柔性	耐热性	
屋面和外墙用隔汽隔水卷材	北京东方雨虹防水技术股份有限公司	自粘沥青隔汽卷材 GAL 1.2 20	纵向：≥400 横向：≥400	纵向：≥2 横向：≥2	纵向：≥80 横向：≥100	≥300	≥1500	0.2MPa，30min不透水	−20℃ 无裂纹	90℃，无流淌、滴落	各气候区
		自粘沥青防水卷材 PY AL 2.5 15	纵向：≥800 横向：≥800	纵向：≥35 横向：≥35	纵向：≥200 横向：≥150	≥300	≥1500	0.2MPa，30min不透水	−20℃ 无裂纹	100℃，无流淌、滴落	各气候区

续表

产品名称	生产厂商	产品型号	拉伸力，N/50mm	断裂伸长率，%	不透水性	低温柔性	耐热性	适用范围
屋面和外墙用防水卷材	北京东方雨虹防水技术股份有限公司	含玻纤胎自粘沥青防水卷材PYG PE	纵向：≥1000 横向：≥1000	纵向：≥2 横向：≥2	0.3MPa，30min不透水	−20℃无裂纹	100℃，无流淌，滴落	各气候区
		SBS沥青防水卷材 PYG M PE 4 10	纵向：≥700 横向：≥500	纵向：≥35 横向：≥35	0.3MPa，30min不透水	−20℃无裂纹	100℃，无流淌，滴落	各气候区
		铜离子复合胎耐根穿刺防水卷材 PY-Cu SBS PE 57.5	纵向：≥700 横向：≥500	纵向：≥35 横向：≥35	0.3MPa，30min不透水	−20℃无裂纹	100℃，无流淌，滴落	各气候区

产品名称	生产厂商	产品型号	最大拉力，N/50mm		断裂伸长率，%		不透水性	钉杆撕裂度，N	水蒸气透过量，g/（m²·24h）	厚度，mm	热空气老化（80℃，168h）		适用范围
			纵向	横向	纵向	横向					最大拉力保持率	不透水保持率	
防水透气膜	北京东方雨虹股份技术有限公司	屋面/墙面用防水透气膜	≥300	≥300	≥15	≥15	1000mm水柱不透水	≥40	≥1000	0.17	≥80%	≥80%	各气候区
防水隔汽膜		屋面/墙面用防水隔汽膜	≥150	≥120	≥50	≥50	2500mm水柱不透水	≥200	≤1.5	0.25	≥80%	≥60%	各气候区

产品名称	生产厂商	产品型号	拉伸力，N/50mm	断裂伸长率，%	撕裂强度（钉杆法），N	接缝剪切强度，N/50mm	Sd值，m	不透水性	低温柔性	耐热性	适用范围
隔汽防水卷材	江苏卧牛山保温防水技术有限公司	自粘沥青隔汽卷材 GAL 1.5	纵向：≥400 横向：≥400	纵向：≥2 横向：≥2	纵向：≥80 横向：≥100	≥300	≥1500	0.2MPa，30min不透水	−20°C无裂纹	90°C，无流淌，滴落	各气候区

7 外墙外保温系统及其材料

7 外墙外保温系统及其材料

产品名称	生产厂商	产品型号	抗冲击性	吸水量，g/m²	耐候性	抗风荷载性能	耐冻融性能	不透水性	水蒸气透过湿流密度，g/(m²·h)	适用范围
外墙外保温系统		模塑聚苯板/石墨聚苯板外墙外保温系统	首层10J级别；二层及以上3J级别	≤500	经过80次高温—淋水循环和5次加热—冷冻循环后，试样未见可见裂缝，未见粉化、空鼓、剥落现象，抹面层与保温层拉伸粘结强度≥0.10MPa	不小于工程项目的风荷载设计值	30次冻融循环后，试样未见可见裂缝，未见粉化、空鼓、剥落现象，保护层和保温层的拉伸粘结强度≥100kPa	—	≥0.85	各气候区
	堡密特建筑材料（苏州）有限公司	堡密特岩棉板外墙外保温系统	10J	≤1000	未出现饰面层起泡或脱落，保护层空鼓或脱落等现象，未产生渗水裂缝。破坏面在保温层内	不小于工程项目的风荷载设计值	保温层无空鼓、脱落，无渗水裂缝，拉伸粘结强度≥100kPa，破坏面在保温层内	2h不透水	≥1.67	各气候区
		堡密特岩棉带外墙外保温系统	10J	≤1000	未出现饰面层起泡或脱落，保护层空鼓或脱落等现象，未产生渗水裂缝。拉伸粘结强度≥100kPa，破坏面在保温层内	不小于工程项目的风荷载设计值	保温层无空鼓、脱落，无渗水裂缝，拉伸粘结强度≥100kPa，破坏面在保温层内	2h不透水	≥1.67	各气候区

续表

产品名称	生产厂商	产品型号	抗冲击性	吸水量 g/m²	耐候性	抗风荷载性能	耐冻融性能	不透水性	水蒸气透过湿流密度 g/（m²·h）	适用范围
聚氨酯外墙外保温系统	上海华峰普恩聚氨酯有限公司	改性PIR聚氨酯外墙外保温系统	建筑物首层墙面和门窗洞口等易受碰撞部位：建筑物二层以上墙面等不易受碰撞部位：3.0J级	水中浸泡1h，只带有抹面层和带有全部保护层的系统，吸水量均不得大于0.5kg/m²	80次热雨循环和5次热冷循环后，外观不得出现饰面层起泡或剥落，保护层和保温层空鼓或破坏等现象；抹面层和保温层的拉伸粘结强度≥0.10MPa，且破坏部位应位于保温层内	不小于风荷载设计值（6.0kPa）	30次冻融循环后，保护层无空鼓、脱落，无渗水裂缝；保护层和保温层的拉伸粘结强度≥0.1MPa，破坏部位应位于保温层，保护层和防火隔离带的拉伸粘结强度≥80kPa	抹面层2h不透水	≥0.85	各气候区
外墙外保温系统	巴斯夫化学建材（中国）有限公司	模塑聚苯板石墨聚苯板外墙外保温系统	建筑物首层墙面和门窗洞口等易受碰撞部位：10J级；建筑物二层以上墙面等不易受碰撞部位：3J级	只带有抹面层和带有全部保护层的系统，水中浸泡1h，吸水量均不得大于或等于1.0kg/m²	不得出现饰面层起泡或剥落、保护层剥落等现象，不得产生渗水裂缝；抹面层和保温层的拉伸粘结强度≥0.10MPa；抗冲击性能3J级（单层网格布）	不小于风荷载设计值	30次冻融循环后，保护层无空鼓、脱落，无渗水裂缝；保护层和保温层的拉伸粘结强度≥0.10MPa，破坏部位应位于保温层，保护层和防火隔离带的拉伸粘结强度≥80kPa	2h不透水	≥0.85	各气候区

续表

产品名称	生产厂商	产品型号	抗冲击性	吸水量，g/m²	耐候性	抗风荷载性能	耐冻融性能	不透水性	水蒸气透过湿流密度，g/（m²·h）	适用范围
外墙外保温系统	巴斯夫化学建材（中国）有限公司	巴斯夫岩棉外墙外保温系统	建筑物首层墙面和门窗洞口等易受碰撞部位：10J级；建筑物二层以上墙面等不易受碰撞部位：3J级	只带有抹面层和带有全部保护层的系统，水中浸泡1h，吸水量均不得大于或等于500g/m²	不得出现饰面层起泡或剥落、保护层和保温层空鼓或剥落等破坏，不得产生渗水裂缝；抹面层和保温层的拉伸粘结强度：岩棉板≥7.5kPa，岩棉带≥80kPa；抗冲击性能3J级（单层网格布）	不小于风荷载设计值	30次冻融循环后，保护层无空鼓、脱落，无渗水裂缝；保护层和保温层的拉伸粘结强度：岩棉板≥7.5kPa，岩棉带≥80kPa	2h不透水	≥0.85	各气候区
外墙外保温系统	山东秦恒科技股份有限公司	模塑聚苯板/石墨聚苯板外墙外保温系统	普通型（P型），3.0J冲击10点，无破坏；加强型（Q型），10.0J冲击10点，无破坏	只带有抹面层和带有全部保护层的系统，水中浸泡1h，吸水量均不得大于或等于500g/m²	热/雨周期80次，热/冷周期5次，表面无裂缝、粉化、剥落现象	不小于风荷载设计值	冻融10个循环，表面无裂缝、空鼓、起泡、剥离现象	2h不透水	≥0.85	各气候区

续表

产品名称	生产厂商	产品型号	抗冲击性	吸水量，g/m²	耐候性	抗风荷载性能	耐冻融性能	不透水性	水蒸气透过湿流密度，g/（m²·h）	适用范围
外墙外保温系统	江苏卧牛山保温防水技术有限公司	模塑聚苯板、石墨聚苯板外墙外保温系统	建筑物首层墙面和门窗洞口等易受碰撞部位：10J级；建筑物二层以上墙面：3J级	浸水24h，吸水量不大于500g/m²	热雨周期80次，热冷周期5次，表面无裂纹，粉化，剥落现象；抹面层拉伸粘结强度≥0.10MPa，且破坏面在保温层层内	不小于风荷载设计值，检测时，6.7kPa未破坏	冻融10个循环，表面无裂缝，空鼓、起泡、剥离现象	2h不透水	≥0.85	各气候区
外墙外保温系统	北京金隅砂浆有限公司	岩棉外保温系统	首层10J级别；二层及以上3J级别	只带有抹面层0.7，带有全部保护层0.2	经耐候性试验后，无饰面层起泡或剥落、保护层和保温层空鼓或脱落等破坏，无裂缝；抹面层与保温层拉伸粘结强度≥0.11MPa，拉伸粘结强度破坏面在保温层层内	不小于工程项目的风荷载设计值	经30次冻融循环后，保护层无空鼓、脱落、保护层和保温层的拉伸粘结强度≥0.10MPa，拉伸粘结强度破坏面在保温层层内	2h不透水	2.34	各气候区
石墨聚苯板外墙外保温系统	北京盛信鑫源新型建材有限公司	石墨聚苯板外墙外保温系统	建筑物首层墙面和门窗洞口等易受碰撞部位：10J级；建筑物二层以上墙面等不易受碰撞部位：3J级	只带有抹面层和带有全部保护层的系统，水中浸泡1h，吸水量均小于等于500g/m²	不得出现饰面层起泡或剥落，保护层空鼓或剥落等破坏，不得产生渗水裂缝；抹面层和保温层的拉伸粘结强度≥0.10MPa（石墨聚苯板两层板错缝铺装）	8.0kPa	30次冻融循环后，保护层无空鼓、脱落、无渗水裂缝；保护层和保温层的拉伸粘结强度≥0.10MPa	2h不透水	≥0.85g/（m²·h）	各气候区

续表

产品名称	生产厂商	产品型号	抗冲击性	吸水量，g/m²	耐候性	抗风荷载性能	耐冻融性能	不透水性	水蒸气透过湿流密度，g/(m²·h)	适用范围
外墙外保温系统	广骏新材料科技有限公司	石墨聚苯板外墙保温系统	建筑物首层墙面和门窗洞口等易受碰撞部位：10J级；建筑物二层以上墙面等不易受碰撞部位：3J级	只带有抹面层和带有全部保护层的系统，水中浸泡1h，吸水量均不得大于或等于500g/m²	不得出现饰面面层起泡或剥落，保护层空鼓或剥落等破坏，不得产生水裂缝；抹面层和保温层的拉伸粘结强度≥0.10MPa，且破坏面在保温层内	不小于风荷载设计值	30次冻融循环后，保护层无空鼓、脱落，无渗水裂缝；保护层和保温层的拉伸粘结强度≥0.10MPa，破坏部位应位于干保温层	2h不透水	≥0.85	各气候区
外墙外保温系统	绿建大地建设发展有限公司	石墨模塑聚苯板薄抹灰外墙保温系统	建筑物首层墙面和门窗洞口等易受碰撞部位：10J级；建筑物二层以上墙面等不易受碰撞部位：3J级	只带有抹面层和带有全部保护层的系统，水中浸泡1h，吸水量均不得大于或等于500g/m²	不得出现饰面面层起泡或剥落，保护层空鼓或剥落等破坏，不得产生水裂缝；抹面层和保温层的拉伸粘结强度≥0.10MPa（单层网格布）性能3J级	不小于风荷载设计值	30次冻融循环后，保护层无空鼓、脱落，无渗水裂缝；保护层和保温层的拉伸粘结强度≥0.10MPa，破坏部位应位于干保温层，保护层和防火隔离带的拉伸粘结强度≥80kPa	试样抹面内侧2h不透水	≥0.85	各气候区
外墙外保温系统	河北三楷深发科技股份有限公司	岩棉保温复合板外墙外保温系统	首层10J级；二层及以上3J级	≤500	未出现饰面面层起泡或剥落，保护层空鼓，无等破坏，未产生水裂缝；破坏面在保温层，拉伸粘接强度≥0.1MPa	不小于工程项目的风荷载设计值	30次冻融循环后保护层无空鼓、脱落，保护层与保温层拉伸粘接强度≥0.1MPa	2h不透水	≥0.85	各气候区

续表

产品名称	生产厂商	产品型号	抗冲击性	吸水量，g/m²	耐候性	抗风荷载性能	耐冻融性能	不透水性	水蒸气透过湿流密度，g/(m²·h)	适用范围
外墙外保温系统	北京建工新型建材有限责任公司	石墨聚苯板薄抹灰外墙外保温系统	首层10J级；二层及以上3J级	≤500	经过80次高温—淋水循环和5次加热—冷冻循环后，试样无可见裂缝，无粉化、空鼓、剥落现象；抹面层与保温层的拉伸粘结强度≥0.1MPa	不小于工程项目风荷载设计要求	30次冻融循环后，试样无可见裂缝，无粉化、空鼓、剥落现象；防护层和保温层的拉伸粘结强度≥0.1MPa	—	≥0.85	各气候区
外墙外保温系统		岩棉薄抹灰外墙外保温系统	首层10J级；二层及以上3J级	≤500	经耐候性检测试后，饰面层无可见裂缝，无粉化、剥落现象，保护层无空鼓，抹面层与保温层拉伸粘结强度≥0.08MPa，破坏发生在保温层内	不小于工程项目风荷载设计要求，检测时，6.7kPa未破坏	30次冻融循环后，防护层无可见裂缝，空鼓，无粉化、剥落现象；防护层和保温层的拉伸粘结强度≥0.08MPa	2h不透水	应满足防潮冷凝设计要求	各气候区
外墙外保温系统	北鹏科技发展集团股份有限公司	石墨聚苯板外墙外保温系统	首层10J级；二层及以上3J级	≤500	外观：无可见裂缝，无粉化、空鼓、剥落现象；拉伸伸粘接强度≥0.10MPa		外观：无可见裂缝，无粉化、空鼓、剥落现象；拉伸粘接强度≥0.08MPa		≥0.85	各气候区
外墙外保温系统	君旺节能科技股份有限公司	石墨模塑聚苯薄抹灰外墙外保温系统	首层10J级；二层及以上3J级	≤500（399）	无可见裂缝，无粉化、空鼓、剥落现象，拉伸伸粘接强度≥0.10MPa（0.24）MPa	不小于工程项目风荷载设计要求	无可见裂缝，无粉化、剥落现象拉伸粘接强度≥0.10MPa（0.25）MPa	—	≥0.85（1.38）	各气候区

续表

产品名称	生产厂商	产品型号	抗冲击性	吸水量, g/m²	耐候性	抗风荷载性能	耐冻融性能	不透水性	水蒸气透过湿流密度, g/(m²·h)	适用范围
外墙外保温系统	君旺节能科技股份有限公司	岩棉薄抹灰外墙外保温系统	首层10J级；二层及以上3J级	≤500（373）	饰面层无可见裂缝、无粉化、剥落现象，保护层无空鼓，15kPa岩棉板破坏	不小于工程设计要求	30次冻融循环后，防护层无可见裂缝、无粉化、剥落现象，15kPa岩棉板破坏	2h不透水（试样抹面层内侧无水渗透）	应满足防潮冷凝设计要求，1.34	各气候区
外墙外保温系统	广州孚达保温隔热材料有限公司	石墨聚苯板外墙外保温系统	首层10J级；二层及以上3J级	≤500	外观无可见裂缝、无粉化、空鼓、剥落现象，拉伸粘结强度≥0.10MPa；防护层与防火隔离带拉伸结结强度≥80kPa	不小于风荷载设计值	外观无可见裂缝、无粉化、空鼓、剥落现象；拉伸结结强度≥0.10MPa	2h不透水	≥0.85	各气候区

8 模塑聚苯板、石墨聚苯板

产品名称	生产厂商	产品型号	导热系数, W/(m·K)	表观密度, kg/m³	垂直板面的抗拉强度, MPa	尺寸稳定性, %	水蒸气透过系数, ng/(Pa·m·s)	吸水率, %	弯曲变形, mm	氧指数, %	燃烧性能等级	适用范围
模塑聚苯板	山东秦恒科技股份有限公司	模塑聚苯板	≤0.039	≥18.0	≥0.10	≤0.3	≤4.5	≤3.0	≥20	≥32	不低于B₁级	各气候区
石墨聚苯板	山东秦恒科技股份有限公司	石墨聚苯板	≤0.032	≥18.0	≥0.10	≤0.3	≤4.5	≤3.0	≥20	≥32	不低于B₁级	各气候区

续表

产品名称	生产厂商	产品型号	导热系数, W/(m·K)	表观密度, kg/m³	垂直板面的抗拉强度, MPa	尺寸稳定性, %	水蒸气透过系数, ng/(Pa·m·s)	吸水率, %	弯曲变形, mm	氧指数, %	燃烧性能等级	适用范围
模塑聚苯板	江苏卧牛山保温防水技术有限公司	模塑聚苯板	≤0.039	≥18.0	≥0.10	≤0.3	≤4.5	≤3.0	≥20	≥32	B₁（C）级	各气候区
石墨聚苯板		石墨聚苯板	≤0.032	≥18.0	≥0.10	≤0.3	≤4.5	≤3.0	≥20	≥32	B₁（B）级	各气候区
模塑聚苯模块	哈尔滨鸿盛建筑材料制造股份有限公司	模塑聚苯模块	≤0.033	≥29.0	≥0.20	≤0.3	≤4.0	≤2.0	≥20	≥32	不低于B₁级	各气候区
			≤0.037	≥19.0	≥0.15	≤0.3	≤4.0	≤2.0	≥25	≥32	不低于B₁级	各气候区
石墨聚苯模块		石墨聚苯模块	≤0.030	≥29.0	≥0.20	≤0.3	≤4.0	≤2.0	≥20	≥32	不低于B₁级	各气候区
			≤0.032	≥19.0	≥0.15	≤0.3	≤4.0	≤2.0	≥25	≥32	不低于B₁级	各气候区
石墨聚苯板	巴斯夫化学建材（中国）公司	巴斯夫凡土能®NEO阻燃型高性能保温隔热板	≤0.033	≥18.0	≥0.10	≤0.20	≤4.5	≤3.0	≥20	≥32	不低于B₁级，且遇电焊火花喷溅时无烟气，不起火燃烧	各气候区
模塑聚苯板	南通锦鸿建筑科技有限公司	模塑聚苯板	≤0.037	≥20.0	≥0.10	≤0.30	≤4.5	≤3.0	≥20	≥31	不低于B₁级	各气候区

续表

产品名称	生产厂商	产品型号	导热系数，W/(m·K)	表观密度，kg/m³	垂直板面的抗拉强度，MPa	尺寸稳定性，%	水蒸气透过系数，ng/(Pa·m·s)	吸水率，%	弯曲变形，mm	氧指数，%	燃烧性能等级	适用范围
模塑聚苯板	北京敏业达新型建筑材料有限公司	18-22kg/m³	≤0.039	≥18.0	≥0.10	≤0.020	≤4.5	≤3.0	≥20	≥32	不低于B₁	各气候区
石墨聚苯板	北京敏业达新型建筑材料有限公司	20-22kg/m³	≤0.033	≥20.0	≥0.10	≤0.020	≤4.5	≤3.0	≥20	≥32	不低于B₁	各气候区
模塑石墨聚苯板	天津格亚德新材料科技有限公司	GPF-20	≤0.032	≥18	≥0.1	≤0.2	≤4.5	≤3.0	≥20	≥32	B₁	各气候区
模塑聚苯板	北京五洲泡沫塑料有限公司	EPS聚苯板	≤0.035	≥20.4	≥0.15	≤0.19	≤3.2	≤2.4	≥20	≥32	B₁	各气候区
模塑聚苯板	北京五洲泡沫塑料有限公司	SEPS聚苯板	≤0.033	≥18.2	≥0.14	≤0.15	≤3.1	≤2.3	≥20	≥32	B₁	各气候区
模塑石墨聚苯板	北京盛信鑫源新型建材有限公司	模塑石墨聚苯板	≤0.033	≥18	≥0.10	≤0.20	≤4.5	≤3.0	≥20	≥32	B₁	各气候区

续表

产品名称	生产厂商	产品型号	导热系数, W/(m·K)	表观密度, kg/m³	垂直板面的抗拉强度, MPa	尺寸稳定性, %	水蒸气透过系数, ng/(Pa·m·s)	吸水率, %	弯曲变形, mm	氧指数, %	燃烧性能等级	适用范围
石墨聚苯板	河北洛卡恩节能科技有限公司	石墨聚苯板	≤0.032	≥20.0	≥0.10	≤0.3	≤4.5	≤2.0	≥20	≥32	不低于B₁级	各气候区
石墨聚苯乙烯保温板	广骏新材料科技有限公司	石墨聚苯板	≤0.033	≥18.0	≥0.10	≤0.30	≤4.5	≤3.0	≥20	≥30	不低于B₁级	各气候区
石墨聚苯乙烯保温板	绿建大地建设发展有限公司	石墨聚苯板	≤0.033	18.0~22.0	≥0.10	≤0.30	≤4.5	≤3.0	≥20	≥30	不低于B₁级	各气候区
石墨聚苯乙烯保温板	华信九州节能科技（王田）有限公司	1200mm×600mm×50mm	0.032	22	0.23	0.3	4.0	2	20	32.1	B₁	各气候区
石墨聚苯板	北鹏科技发展集团股份有限公司	SEPS	≤0.039	≥20.0	≥0.10	≤0.3	≤4.5	≤3		≥30	B₁级	各气候区
聚苯板	北鹏科技发展集团股份有限公司	EPS	≤0.033	≥20.0	≥0.10	≤0.3	≤4.5	≤3		≥30	B₁级	各气候区

续表

产品名称	生产厂商	产品型号	导热系数，W/（m·K）	表观密度，kg/m³	垂直板面的抗拉强度，MPa	尺寸稳定性，%	水蒸气透过系数，ng/（Pa·m·s）	吸水率，%	弯曲变形，mm	氧指数，%	燃烧性能等级	适用范围
模塑石墨聚苯板模块	河北智博保温材料制造有限公司	模塑石墨聚苯板模块	≤0.031	≥38	≥0.42	≤0.1	≤4.3	≤1.0		≥32.3	B₁(C)	各气候区
模塑聚苯板模块	北京北鹏首豪建材集团有限公司	模塑聚苯板模块	≤0.033	≥33.3	≥0.51	≤0.1	≤3.2	≤1.0		≥34.5	B₁(C)	各气候区
石墨聚苯乙烯保温板	北京北鹏首豪建材集团有限公司	1200mm×600mm×120mm	≤0.032	≥18	≥0.10	≤0.3	≤4.5	≤3.0	≥20	≥32	B₁（C）	各气候区
石墨聚苯乙烯保温板	河北美筑节能科技有限公司	石墨聚苯板	≤0.032	≥18	≥0.10	≤0.3	≤4.5	≤3.0	≥20	≥32	不低于B₁级	各气候区

9 聚氨酯板

9 聚氨酯板

产品名称	生产厂商	产品型号	导热系数，W/（m·K）	密度，kg/m³	抗压强度，kPa	尺寸稳定性（70℃，24h），%	垂直于板面方向的抗拉强度，MPa	吸水率，%	氧指数，%	烟密度等级 SDR	透湿系数，ng/（Pa·m·s）	适用范围
改性聚氨酯板	上海华峰普恩聚氨酯有限公司	改性PIR聚氨酯保温板	≤0.024	≥35	≥150	≤1.5	≥0.10	≤3	≥30	55		各气候区
硬泡聚氨酯保温板	北鹏科技发展集团股份有限公司	PIR/SPIR	≤0.024	芯材密度≥30	≥150	≤1.0	≥100kPa，破坏发生在硬泡聚氨酯芯材中	≤3	≥30	弯曲变形，mm ≥6.5	≤6.5	各气候区

10 真空绝热板

10.1 真空绝热板

产品名称	生产厂商	产品型号	导热系数 W/(m·K)	表观密度 kg/m³	穿刺强度 N	垂直板面的抗拉强度 MPa	尺寸稳定性 %	表面吸水量 g/m²	穿刺后垂直于板面方向膨胀率 %	穿刺后导热系数 W/(m·K)	燃烧性能等级	适用范围
真空绝热板	中亭新型材料科技有限公司	厚度：10~30mm	≤0.006	≤220	≥18	≥80	长度、宽度：≤0.5 厚度：≤1.5	≤100	≤10	≤0.02	A₁	各气候区
STP真空绝热板	青岛科瑞新型环保材料集团有限公司	厚度：≤35mm	≤0.006	—	≥50	≥80	长度、宽度：≤0.5 厚度：≤3	≤100	≤10	≤0.02	A₂	各气候区
AB无机纤维真空保温板	安徽百特新材料科技有限公司	600mm×400mm×20mm	0.0044	—	≥18	≥80	长度、宽度：≤0.5，厚度：≤3.0	≤100	≤10	≤0.035　耐久性（30次循环）：导热系数 W/(m·K) ≤0.005；垂直板面的抗拉强度 kPa ≥80	A₂	各气候区

10.2 真空绝热板芯材

产品名称	生产厂商	产品型号	导热系数 W/(m·K)	燃烧性能等级	加热永久线变化 %	振动质量损失率 %	压缩回弹率 %	抗拉强度 kPa	质量吸湿率 %	憎水率 %	体积吸水率 %	最高使用温度	使用范围
气凝胶复合绝热毡	建邦新材料科技（廊坊）有限公司	I型	≤0.023	不低于B₁（C）级	≥−2.0	≤1.0	≥90	≥200	≤5.0	≥98.0	≤1.0	200℃	各气候区工况温度不大于200℃

11 岩棉

11.1 外墙外保温系统用岩棉板

产品名称	生产厂商	产品型号	导热系数（25°C），W/(m·k)	酸度系数	密度，kg/m³	尺寸稳定性，%	抗拉拔强度（垂直于表面），kPa	抗压强度（10%变形），kPa	短期吸水量（部分浸水，24h），kg/m²	憎水率，%	燃烧性能	适用范围
薄抹灰外墙外保温系统用岩棉板	上海新型建材岩棉有限公司	樱花TR10	≤0.040	≥1.8	≥140	≤0.2	≥10	≥40	≤0.2	≥99	A级	各气候区
		樱花TR15	≤0.040	≥1.8	≥140	≤0.2	≥15	≥60	≤0.2	≥99	A级	各气候区
	北京金隅节能保温科技有限公司	金隅星FR10	≤0.038	≥2.0	140	≤0.1	≥10	≥60	≤0.1	≥99	A级	各气候区
	南京彤天岩棉有限公司	彤天TTW10	≤0.038	≥1.8	≥140	≤0.2	≥10	≥40	≤0.2	≥99	A级	各气候区
		彤天TTW15	≤0.039	≥1.8	≥140	≤0.2	≥15	≥60	≤0.1	≥99	A级	各气候区
	河北三楷深发科技股份有限公司	JD-Y01	≤0.040	≥1.8	≥140	≤0.1	≥15	≥40	≤0.1	≥99	A₁级	各气候区

11.2 岩棉防火隔离带岩棉带

产品名称	生产厂商	产品型号	导热系数（25°C）W/(m·k)	酸度系数	密度 kg/m³	尺寸稳定性, %	抗拉拔强度（垂直于表面）, kPa	抗压强度（10%变形）, kPa	燃烧性能	熔点, ℃（岩棉防火隔离带≥1000）	匀温灼烧性能（750℃,0.5h）线收缩率, %	质量损失率, %	适用范围
薄抹灰外墙外保温系统用岩棉	上海新型建材岩棉有限公司	樱花TR80	≤0.045	≥1.8	≥100	≤0.2	≥100	≥40	A级	≥1000	≤8	≤6	各气候区
	北京金隅节能保温科技有限公司	金隅星BR100	≤0.046	≥2.0	100	≤0.1	≥80	≥80	A级	1100	≤7	≤4	各气候区
岩棉防火隔离带	南京彤天岩棉有限公司	彤天TTWF100	≤0.044	≥1.8	100	≤0.2	≥300	≥80	A级	≥1000	≤7	≤4	各气候区
岩棉条	河北三楷深发科技股份有限公司	JD-Y02	≤0.045	≥1.8	≥100	≤0.2	≥150	≥100	A₁级	≥1000	—	—	各气候区

产品名称	生产厂商	产品型号	单位面积质量, kg/m²	拉伸粘结强度, MPa	抗冲击性	湿度变形, %	吸水量, g/m²	不透水性	热阻, (m²·K)/W	水蒸气透过性能, g/(m²·h)	燃烧性能	适用范围
岩棉复合板	河北三楷深发科技股份有限公司	SK-Y04岩棉复合板（芯材为岩棉条）	20～30	原强度≥0.15，保温材料破坏；耐水强度≥0.15；耐冻融强度≥0.15	用于建筑物首层10J级冲击合格，其他层3J级冲击合格	≤0.07	≤500	防护层内侧未渗透	符合设计要求	防护层水蒸气透过量≥1.67	A级	各气候区

11.3　不采暖地下室顶板保温用岩棉板

产品名称	生产厂商	产品型号	导热系数（25°C），W/(m·k)	酸度系数	密度，kg/m³	尺寸稳定性，%	短期吸水量（部分浸水，24h），kg/m²	憎水率，%	燃烧性能	降噪系数 NRC	适用范围
建筑用岩棉保温板	上海新型建材岩棉有限公司	樱花 MB	≤0.038	≥1.8	≥50	≤0.5	≤0.2	≥99	A级	≥0.8	各气候区
建筑用岩棉保温板	南京彤天岩棉有限公司	彤天 TTM	≤0.038	≥1.8	≥60	≤0.5	≤0.5	≥99	A级	≥0.7	各气候区

11.4　屋面用岩棉板

产品名称	生产厂商	产品型号	导热系数（25°C），W/(m·k)	酸度系数	密度，kg/m³	短期吸水量，kg/m²	点荷载，N	压缩强度，kPa	渣球含量，%	憎水率，%	燃烧性能	适用范围
高强度屋面岩棉板	上海新型建材岩棉棉大丰有限公司	HR	≤0.040	≥1.8	≥160	≤0.2	≥800	≥80	≤6	≥99.5	A_1	屋面

12　保温用矿物棉喷涂层

产品名称	生产厂商	产品规格	密度，kg/m³	渣球含量（>0.25mm），%	纤维平均直径，μm	导热系数（25°C），W/(m·k)	粘结强度，kPa	密度允许偏差，%	憎水率，%	酸度系数	质量吸湿率	降噪系数（NRC）	短期吸水量，kg/m³	燃烧性能	适用范围
保温用矿物棉喷涂	北京海纳联创无机纤维无机纤维技术有限公司	无机纤维喷涂保温层（SPR3）	80~150	≤6	≤6	≤0.042	大于5倍自重	±10	—	1.2~1.8	≤5.0	≥0.8	≤0.2	A级	各气候区
		憎水型无机纤维喷涂保温层（SPR5）	80~150	≤6	≤6	≤0.042	大于5倍自重	±10	≥98	1.2~1.8	≤5.0	≥0.8	≤0.2	A级	各气候区

无机纤维喷涂保温层系统，即不透明幕墙墙保温、地下室顶板、电梯井、设备夹层等有防火、保温、吸声要求的部位，覆盖于基层墙体，无空腔、无接缝、无冷桥。我国各气候区被动式低能耗建筑材料，可广泛用于建筑内外墙保温系统中。保温层"皮肤式"纤维维作为一种保温。

13 抹面胶浆和粘结胶浆

13 抹面胶浆和粘结胶浆

产品名称	生产厂商	产品型号	拉伸粘结强度（与岩棉条），kPa			柔韧性	开裂应变（非水泥基），%	抗冲击性，J	吸水量，g/m²	可操作时间，h	适用范围
			原强度	耐水强度	耐冻融强度	抗压强度/抗折强度（水泥基）					
				浸水48h，干燥2h / 浸水48h，干燥7d							
抹面胶浆	北京金隅砂浆有限公司	533-RW（被动房）	83.7	65.3 / 82.2	80.5	2.4	—	3J级	439	放置1.5h，拉伸粘结强度（与岩棉条）为81kPa	各气候区

产品名称	生产厂商	产品型号	拉伸粘结强度（与水泥砂浆），kPa		拉伸粘结强度（与岩棉条），kPa		可操作时间，h	适用范围
			原强度	耐水强度 浸水48h，干燥2h / 浸水48h，干燥7d	原强度	耐水强度 浸水48h，干燥2h / 浸水48h，干燥7d / 浸水48h，干燥7d		
粘结胶浆	北京金隅砂浆有限公司	523-RW（被动房）	646.2	400.3 / 618.9	90.7	67.9 / 87.4	放置1.5h，拉伸粘结强度（水泥砂浆）为634.5kPa	各气候区

产品名称	生产厂商	产品型号	拉伸粘结强度（与聚苯板），MPa			柔韧性	开裂应变（非水泥基），%	抗冲击性，J	吸水量，g/m²	可操作时间，h	适用范围
			原强度	耐水强度	耐冻融强度	抗压强度/抗折强度（水泥基）					
				浸水48h，干燥2h / 浸水48h，干燥7d							
抹面胶浆	北京敬业达新型建筑材料有限公司	EX36	0.15，破坏在聚苯板中	0.10 / 0.14	0.13	2.7	—	3J级	423	放置1.5h后与模塑板拉伸粘结强度0.13MPa	各气候区

续表

产品名称	生产厂商	产品型号	拉伸粘结强度（与水泥砂浆），MPa			拉伸粘结强度（与聚苯板），MPa			可操作时间，h	适用范围
			原强度	耐水强度		原强度	耐水强度			
				浸水48h，干燥2h	浸水48h，干燥7d		浸水48h，干燥2h	浸水48h，干燥7d		
胶粘剂	北京敬业达新型建筑材料有限公司	EX36	0.73	0.55	0.72	0.14，破坏发生在聚苯板中	0.10	0.13	放置1.5h后与水泥砂浆拉伸结强度0.73MPa	各气候区

产品名称	生产厂商	产品型号	拉伸粘结强度（与棉板），kPa				拉伸粘结强度（与岩棉条），kPa				柔韧性		抗冲击性，J	吸水量，g/m²	可操作时间，h	适用范围
			原强度	浸水48h，干燥2h	浸水48h，干燥7d	冻融后	原强度	浸水48h，干燥2h	浸水48h，干燥7d	冻融后	压折比（水泥基）	开裂应变（非水泥基），%				
聚合物抹面粉	河北三楷深发科技股份有限公司	SK-B02	16	15	15	15	315	261	280	235		2.7	—	3J级	455	1.5h，与岩棉板拉伸粘结强度15kPa；与岩棉条拉伸粘结强度305kPa	各气候区

产品名称	生产厂商	产品型号	拉伸粘结强度（与水泥砂浆），kPa			拉伸粘结强度（与岩棉板），kPa			拉伸粘结强度（与岩棉条），kPa			可操作时间，h	适用范围
			原强度	耐水强度（浸水48h，干燥2h）	耐水强度（浸水48h，干燥7d）	原强度	耐水强度（浸水48h，干燥2h）	耐水强度（浸水48h，干燥7d）	原强度	耐水强度（浸水48h，干燥2h）	耐水强度（浸水48h，干燥7d）		
聚合物粘结干粉	河北三楷深发科技股份有限公司	SK-B01	655	331	632	16	15	15	312	255	288	放置1.5h，与水泥砂浆拉伸粘结强度627kPa；与岩棉板15kPa；与岩棉条277kPa	各气候区

抹面胶浆（WRM）

产品名称	生产厂商	产品型号	拉伸粘结强度（与聚苯板），MPa			柔韧性			抗冲击性 J	吸水量 g/m²	可操作时间 h	适用范围
			原强度	耐水强度		耐冻融强度	压折比（水泥基）	开裂应变（非水泥基），%				
				浸水48h，干燥2h	浸水48h，干燥7d							
抹面胶浆	江苏卧牛山保温防水技术有限公司	WRM	≥0.16，破坏发生在聚苯板中	≥0.12	≥0.16	≥0.18	≤2.6	—	3	≤400	1.5~4	各气候区

胶粘剂（WAE-204）

产品名称	生产厂商	产品型号	拉伸粘结强度（与水泥砂浆），MPa		拉伸粘结强度（与聚苯板），MPa		可操作时间 h	适用范围
			原强度	耐水强度	原强度	耐水强度		
胶粘剂	江苏卧牛山保温防水技术有限公司	WAE-204	≥0.8	浸水48h，干燥2h ≥0.6；浸水48h，干燥7d ≥1.0	≥0.14，破坏发生在聚苯板中	浸水48h，干燥2h ≥0.11；浸水48h，干燥7d ≥0.15，破坏发生在聚苯板中	1.5~4	各气候区

抹面胶浆（HJ-610）

产品名称	生产厂商	产品型号	拉伸粘结强度（与模塑版），MPa			柔韧性			抗冲击性 J	吸水量 g/m²	可操作时间 h	其他检测性能	适用范围
			原强度	耐水强度		耐冻融强度	抗压强度/抗折强度比（水泥基）	开裂应变（非水泥基），%					
				浸水48h，干燥2h	浸水48h，干燥7d								
抹面胶浆	北京建工新型建材有限责任公司涿州分公司	HJ-610	0.13，破坏发生在模塑版中	0.09	0.12	0.11	2.2	—	3J级	423	放置1.5h，拉伸粘接强度（与模塑版）为0.13	不透水性，试样抹面层内侧无水渗透	各气候区

续表

产品名称	生产厂商	产品型号	拉伸粘结强度（与水泥砂浆），MPa			拉伸粘结强度（与模塑版），MPa			可操作时间，h	适用范围
			原强度	耐水强度		原强度	耐水强度			
				浸水48h，干燥2h	浸水48h，干燥7d		浸水48h，干燥2h	浸水48h，干燥7d		
粘结胶浆	北京建工新型建材有限责任公司涿州分公司	HJ-620	0.71	0.41	0.67	0.13，破坏发生在模塑版中	0.09	0.12	放置1.5h，拉伸粘接强度（与水泥砂浆）为0.68	各气候区

产品名称	生产厂商	产品型号	拉伸粘结强度（与模塑版），MPa			柔韧性			抗冲击性，J	吸水量，g/m²	可操作时间，h	不透水性	适用范围
			原强度	耐水强度		耐冻融强度	抗压强度/抗折强度（水泥基）	开裂应变（非水泥基），%					
				浸水48h，干燥2h	浸水48h，干燥7d								
抹面胶浆	广骏新材料科技有限公司	MM-18	0.12，破坏发生在模塑板中	0.08	0.11	0.11	2.6	—	3J	346	放置1.5h，拉伸粘结强度（与模塑板）为0.11MPa	试样抹面层内侧无水渗透	各气候区

产品名称	生产厂商	产品型号	拉伸粘结强度（与水泥砂浆），MPa			拉伸粘结强度（与模塑版），MPa			可操作时间，h	适用范围
			原强度	耐水强度		原强度	耐水强度			
				浸水48h，干燥2h	浸水48h，干燥7d		浸水48h，干燥2h	浸水48h，干燥7d		
粘结胶浆	广骏新材料科技有限公司	ZJ-12	0.71	0.36	0.62	0.13，破坏发生在模塑版中	0.08	0.12	放置1.5h，拉伸粘接强度（与水泥砂浆）为0.68	各气候区

续表

产品名称	生产厂商	产品型号	拉伸粘结强度（与聚苯板），MPa			柔韧性		抗冲击性，J	吸水量，g/m²	可操作时间，h	不透水性	适用范围
			原强度	耐水强度		抗压强度比抗折强度（水泥基），%	开裂应变（非水泥基），%					
				浸水48h，干燥2h	浸水48h，干燥7d							
抹面胶浆	北鹏科技发展集团股份有限公司	801-010；802-010	≥0.10，破坏发生在模塑板中	≥0.06	≥0.10	≤3.0	≥1.5	3J级	≤500	1.5~4.0	试样抹面层内侧无水渗透	各气候区

产品名称	生产厂商	产品型号	拉伸粘结强度（与水泥砂浆），MPa		拉伸粘结强度（与聚苯板），MPa		抗冲击性，J	吸水量，g/m²	可操作时间，h	适用范围
			原强度	耐水强度	原强度	耐水强度				
粘结胶浆	北鹏科技发展集团股份有限公司	601-010；602-010	≥0.60	≥0.40	≥0.10	≥0.10			1.5~4.0	各气候区

14 预压膨胀密封带

产品名称	生产厂商	产品型号	性能指标								适用范围
			荷载	抗暴风雨强度，Pa	热导率，W/(m·K)	密封透气性，$m^3/[h \cdot m \cdot (daPa)^n]$	抗水蒸气扩散系数	耐候性	与其他材料相容性	燃烧性能等级	
预压缩膨胀密封带	德国博仕格有限公司	预压缩膨胀密封带 COMBBAND300	BG2级	300	$\lambda_{10}=0.048$	$a<0.1$	$\mu \leq 100$	-30~$+90℃$，短时间达到$+120℃$	满足BG2	B_1级	各气候区
		预压缩膨胀密封带 COMBBAND600	BG1级	600	$\lambda_{10}=0.045$	$a<0.1$	$\mu<100$	-30~$+90℃$	满足BG1	B_1级	各气候区

15 防潮保温垫板

15 防潮保温垫板

产品名称	生产厂商	产品型号	密度，kg/m³	抗弯强度，N/mm³	导热系数，W/(m·K)	镶钻防脱力，N	厚度膨胀（24h浸水）	吸水性（24h浸水）	尺寸变化（24h浸水）	适用范围
防潮保温垫板	德国博仕格有限公司	Phonotherm 200	500±50	7.8	0.076	650	1.0%	5%	1%	各气候区
			700±50	10.5	0.10	800	1.0%	4%	1%	各气候区
			密度，kg/m³	抗压强度，N/mm²	E值，N/mm²	抗水蒸气扩散值Sd，m	长度膨胀系数（−20℃至+60℃范围内）	残余水分	建筑材料燃烧等级	
			500±50	24.2	500	0.27	28.375·10⁻⁶K⁻¹	2%~4%	B₂，不会燃至流状滴下	各气候区
			700±50	26.3	750	0.37	28.375·10⁻⁶K⁻¹	2%~4%	B₂，不会燃至流状滴下	

产品名称	生产厂商	产品型号	密度，kg/m³	弯曲强度，MPa	抗压强度，MPa	镶钻防脱力，N	吸水率（24h浸水），%	燃烧性能	适用范围
普恩生态防水板	上海华峰普恩聚氨酯有限公司	PH600	650±100	≥8	≥8	≥600	≤5	B₂级	各气候区

性能指标

16 锚栓

16 锚栓

| 产品名称 | 生产厂商 | 产品型号 | 单个锚栓的抗拉承载力标准值，kN | | | | 锚栓圆盘的强度标准值，kN | 单个锚栓对系统传热的增加值，W/（m²·K） | 防热桥构造 | 适用范围 |
			普通混凝土基层墙体	实心砌体基层墙体	多孔砖砌体基层墙体	蒸压加气混凝土基层墙体				
锚栓	利坚美（北京）科技发展有限公司	10×215，10×275，10×305，10×365	0.81	0.55	0.45	0.39	0.53	0.001	锚栓有塑料隔热端帽，或有聚氨酯发泡料充填充阻断热桥	各气候区
锚栓	超思特（北京）科技发展有限公司	10×215，275、295、335、375	0.86	0.67	0.54	0.38	0.54	≤0.002	锚栓有塑料隔热端帽，或有聚氨酯发泡料充填充阻断热桥	各气候区
锚栓	北京沃德瑞康科技发展有限公司	10×225；10×245；10×275；10×295；10×325；10×350；	0.82	0.64	0.53	0.40	0.54	≤0.002	锚栓有塑料隔热端帽，或有聚氨酯发泡料充填充阻断热桥	各气候区
		10×365	1.60	1.32	1.11	1.07	1.17	0.001		

17 耐碱网格布

17 耐碱网格布

产品名称	生产厂商	产品型号	单位面积质量，g/m²	化学成分，%			耐碱断裂强力（经、纬向），N/50mm	耐碱断裂强力保有率（经、纬向），%	断裂伸长率（经、纬向），%	适用范围
				ω（Na₂O）+（K₂O）	ω（SiO₂）	ω（Al₂O₃）				
耐碱网格布	利坚美（北京）科技发展有限公司	网孔4×4	171.8				经向：1551 纬向：2109	经向：75.8 纬向：82.8	经向：4.0 纬向：3.9	各气候区
耐碱网格布	超思特（北京）科技发展有限公司	4×4×160g	175				经向：1020 纬向：1191	经向：64.5 纬向：65.7	经向：3.6 纬向：3.6	各气候区外墙保温工程用材料等
耐碱网格布	河北玄狐节能材料有限公司	160g	167				经向：1038 纬向：1694	经向：74 纬向：71	经向：2.7 纬向：2.1	各气候区

18 门窗连接条

18 门窗连接条

产品名称	生产厂商	产品型号	耐寒性	耐热性	网布与护角拉力，N/50mm	最低粘网宽度，mm	单位面积质量，g/m²	适用范围
门窗连接条	利坚美（北京）科技发展有限公司	2.2×1.6×1.4	−35℃，48h，无气泡、裂纹、麻点等外观缺陷	50℃，48h，无气泡、裂纹、麻点等外观缺陷	224	100	171.8	各气候区

第三类 设备组

19 新风与空调设备

19 新风与空调设备

产品名称	生产厂商	产品型号	标准/最大新风量, m³/h	最大循环风量, m³/h	显热回收效率, %	全热回收效率, %	制冷量, kW	制热量, kW	通风电力需求, Wh/m³	系统COP	余压, Pa	过滤等级	噪声, dB（A）	适用范围
						性能指标								
全热回收除霾抗菌新风空调一体机	中山万得福电子热控科技有限公司	XKD-26D-150	60/120	400	80.1	77.3	2.6	3.4	<0.45	2.8	60	G4或以上	36	各气候区
		XKD-35D-200	90/200	500	80.1	77.3	3.5	4.0	<0.45	2.8	100	G4或以上	36	各气候区
		XKD-51D-300	120/300	600	80.1	77.3	5.1	6.2	<0.45	2.8	120	G4或以上	36	各气候区
		XKD-72D-500	150/500	700	80.1	77.3	7.2	8.6	<0.45	2.8	150	G4或以上	36	各气候区

产品名称	生产厂商	产品型号	标准/最大新风量, m³/h	显热回收效率, %	全热回收效率, %	输入功率, kW	通风电力需求, Wh/m³	余压, Pa	过滤等级	噪声, dB（A）	适用范围
					性能指标						
集中式全热回收新风机	中山万得福电子热控科技有限公司	ERV-5000	1000/5000	80.1	77.3	3.0	<0.45	350	G4或以上	46	各气候区

续表

产品名称	生产厂商	产品型号	性能指标					适用范围
			最大风量，m³/h	热回收效率，%	余压，Pa	功率，W	电流，A	
全热交换器	上海兰舍空气技术有限公司	Comfo350 ERV 全热交换主机	350	85	225	241	1.78	各气候区
		Comfo550 ERV 全热交换主机	550	85	240	365	2.56	各气候区

产品名称	生产厂商	产品型号	性能指标						适用范围
			最大风量，m³/h	显热回收效率，%	热回收效率，%	功率，W	电压，V	重量，kg	设备噪声，dB（A）
全热交换器	上海兰舍空气技术有限公司	ERV250/GL 全热交换主机	273		76	108	220（50Hz）	29.2	33	各气候区
		ERV350/GL 全热交换主机	341		73	126	220（50Hz）	29.2	34	
		ERV550/GL 全热交换主机	551		74	276	220（50Hz）	35	43	各气候区

产品名称	生产厂商	产品型号	性能指标						适用范围
			最大风量，m³/h	显热回收效率，%	制冷量，kW	制热量，kW	通风电力需求，Wh/m³	系统COP	设备噪声，dB（A）
被动式建筑能源环境与系统设备	同方人工环境有限公司	PA30E/C	600	≥75	2.92	3.01	≤0.45	制热：3.34	≤42	各气候区
		PA40E/CⅢ	650	≥75	4.17	4.02	≤0.45	制热：3.06	≤42	各气候区
		PA50E/CⅢ	750	≥75	5.01	5.10	≤0.45	制热：2.97	≤48	各气候区

续表

产品名称	生产厂商	产品型号	最大风量，m³/h	显热回收效率，%	制冷量，kW	制热量，kW	通风电力需求，Wh/m³	系统COP	设备噪声，dB（A）	适用范围
						性能指标				
被动式建筑能源环境与系统与设备	同方人工环境有限公司	PA58EH/C（内置150L热水箱）	1100	≥75	5.30	5.80	≤0.45	制热：3.07	≤55	各气候区
		PA40E-D/CⅢ（带除湿功能）	650	≥75	4.20	4.07	≤0.45	制热：3.08	≤42	有除湿需求的地区
		PA50E-D/CⅢ（带除湿功能）	750	≥75	5.05	5.15	≤0.45	制热：2.98	≤48	有除湿需求的地区

产品名称	生产厂商	产品型号	新风/循环风量，m³/h	显热/全热回收效率，%	制冷量，kW	制热量，kW	通风电力需求，W/（m³/h）	系统COP	设备噪声，dB（A）	适用范围
						性能指标				
被动式建筑能源环境与系统与设备	森德中国暖通设备有限公司	CHM-AC60HB	200/600	85/62	3.5	3.80	≤0.45	制冷：4.6 制热：5.0	≤42	各气候区
		CHM-GC60HN	200/600	85/62	3.8	4.2	≤0.45	制冷：5.6 制热：5.6	≤42	各气候区
		CHM-NC60HN	200/600	85/62	3.2	3.5	≤0.45		≤42	各气候区
		CHN-AC120HB	400/1200	85/65	5.0	5.1	≤0.45	制冷：4.5 制热：5.0	≤50	各气候区

续表

产品名称	生产厂商	产品型号	最大风量，m³/h	显热回收效率，%	全热回收率，%	机外静压，Pa	功率，W	电流，A	适用范围
全热回收新风机	森德中国暖通设备有限公司	CA200ERV	215	85	60	100	95	0.43	各气候区
		CA350ERV	350	85	60	225	241	1.1	各气候区
		CA550ERV	550	85	60	240	365	1.66	各气候区
吊顶全热回收处理机	森德中国暖通设备有限公司	CA–D9100	1000	85	60	220	650	2.95	各气候区 带空气净化功能
		CA–D9150	1500	85	60	220	990	4.5	各气候区 带空气净化功能

产品名称	生产厂商	产品型号	最大风量，m³/h	全热回收效率（制热），%	全热回收效率（制冷），%	噪声值，dB（A）	出口全压	过滤级别	PM2.5过滤率	功率，W	适用范围
管道式热回收新风机	北京朗适新风技术有限公司	WRG–L全热交换空气净化新风机	300	≥75	≥69	39	150	F8以上	≥90%	190	各气候区
蓄放热式热回收新风机		LUNO–e²蓄放热式热回收新风机	30	≥90.6		19（计权隔声量42）		F8以上	≥80%	3.0	除严寒地区外

续表

产品名称	生产厂商	产品型号	标准/最大风量, m³/h	显热回收效率, %	制冷量, kW	制热量, kW	通风电力需求, Wh/m³	系统COP	过滤等级	适用范围
中央式热回收除霾新风环境机	河北省建筑科学研究院	JYXFGBR-720	615/720	78	4.2	4.5	≤0.45	制热: 3.0	F9	寒冷及部分严寒地区
		JYXFGBR-930	790/930	78	6.5	7.4	≤0.45	制热: 3.0	F9	寒冷及部分严寒地区

性能指标

产品名称	生产厂商	产品型号	标准/最大风量, m³/h	显热回收效率, %	最大静压, Pa	功率, W	过滤效率, %	有效换气率, %	重量, kg	适用范围
中央式热回收新风换气机	博乐环境系统（苏州）有限公司	Komfort EC SB 350	350/415	80	150/50	173	90	98	56	各气候区

性能指标

产品名称	生产厂商	产品型号	风量, m³/h	显热交换效率, %	潜热交换效率, %	全热交换效率, %	压力损失, Pa	适用范围
全热交换芯块	中山市创思泰新材料科技股份有限公司	TA-334/334-393-2.3	230	80.1	70.9	77.3	54	各气候区
		TA-199/438/198-440-2.3	260	80.4	65.3	75.2	82	
			180	86.4	76.6	83.5	61	

续表

产品名称	生产厂商	产品型号	最大新风量, m³/h	最大送风量, m³/h	性能指标			功率, W	噪声, dB（A）	适用范围
					显热交换效率, %	湿交换效率, %	焓交换效率, %			
多传感变风量全热新风机	杭州龙碧科技有限公司	LB250-1S	200	200	制冷工况：80%±3% 制热工况：91%±3%	制冷工况：71%±3% 制热工况：63%±3%	制冷工况：73%±3% 制热工况：82%±3%	≤75	≤41.6	各气候区

产品名称	生产厂商	产品型号	新风量/排风量, m³/h	循环风量, m³/h	性能指标			制冷量, kW	制热量, kW	输入功率, W	出口全压, Pa	风口噪声, dB（A）	适用范围
					显热交换效率, %	焓交换效率, %	有效换气率, %						
全热新风空调净化一体机（户用）	绍兴龙碧科技有限公司	LB900-1 H/P/C（板式全热交换型）	≥300	600	制热：82 制冷：70	制热：74 制冷：64	98	4.5	6.5	132	75	43	各气候区

产品名称	生产厂商	产品型号	新风量/排风量, m³/h	显热交换效率, %	性能指标		制冷量, kW	制热量, kW	输入功率, W	出口全压, Pa	设备噪声, dB（A）	适用范围
					焓交换效率, %	有效换气率, %						
全热新风空调净化一体机（商用/工业）	绍兴龙碧科技有限公司	LB2000-1H/P/C（板式全热交换型）	2000	制热：84 制冷：67	制热：77 制冷：64	92	12	13	880	125	60	各气候区

续表

产品名称	生产厂商	产品型号	标准最大新风量，m³/h	显热回收效率，%	制冷量，kW	制热量，kW	通风电力需求，Wh/m³	系统COP	余压，Pa	过滤等级	噪声，dB(A)	适用范围
被动式建筑能源环境与设备	中洁环境科技（西安）有限公司	SC-QT1S32-F15DL（G）A	90~200	夏季≥76 冬季≥80	3.25	3.5	≤0.45	制冷：3 制热：3.2	150	G4+H12	≤42	各气候区
		SC-QT1S14-F27DC（G）A	150~300	夏季≥75 冬季≥85	1.44	1.04	≤0.45	制冷：3 制热：3.2	125	G4+H12	≤42	各气候区

产品名称	生产厂商	产品型号	最大送风量，m³/h	显热交换效率，%	制冷量，kW	制热量，kW	通风电力需求，Wh/m³	余压，Pa	过滤等级	噪声，dB(A)	适用范围
高效热回收新风换气机组	山东美诺邦马节能科技有限公司	HDXF-D2T	200	90.9	—	—	<0.45	85	G4或以上	≤39	各气候区

产品名称	生产厂商	产品型号	风量，m³/h	制冷全热回收效率，%	制热全热回收效率，%	出口余压，Pa	通风电力需求，Wh/m³	过滤级别	设备噪声，dB	适用范围
被动式住宅全热交换器	台州市普瑞泰环境设备科技股份有限公司	ERV250-DCS/1	250	≥70	≥75	≥101	≤0.45	F7+粗效	≤40	各气候区
		ERV350-DCS/1	350	72.1	75.8	116	0.38	H11+粗效	38.3	各气候区

续表

产品名称	生产厂商	产品型号	风量，CMH	显热回收效率，%	制冷量，W	制热量，W	通风电力需求，Wh/m³	出口余压，Pa	系统 COP	过滤级别	设备噪声，dB（A）	适用范围
						性能指标						
被动式住宅空气调节器	浙江普瑞泰环境设备股份有限公司	DBDF-35B-15D	500	80	3500	3900	≤0.45	100	2.7	高效H11	36	-18℃~43℃
		DBDF-50B-20D	800	80	5000	5400	≤0.45	100	2.7	高效H11	34	-18℃~43℃

产品名称	生产厂商	产品型号	风量，m³/h	制冷工况全热回收效率，%	制热工况全热回收效率，%	出口余压，Pa	通风电力需求，Wh/m³	过滤级别	设备噪声，dB（A）	适用范围
					性能指标					
节能变频高效净化全热交换器	厦门狄耐克环境智能科技有限公司	DAR-356（石墨烯全热交换芯体）	250	83.2	71.7	80	≤0.45	G4或以上	31.8	各气候区

产品名称	生产厂商	产品型号	风量，m³/h	显热回收效率，%	制冷量，W	制热量，W	有效换气率，%	通风电力需求，Wh/m³	过滤级别	设备噪声，dB（A）	适用范围
						性能指标					
被动式建筑新风环境一体机（五恒机）	厦门狄耐克环境智能科技有限公司	DAQ-800（石墨烯全热交换芯体）	200	≥75	3994	5080	92.8	≤0.45	G4或以上	33.5	各气候区

性能指标

产品名称	生产厂商	产品型号	风量，m³/h	制热工况显热回收效率，%	制冷量，W	制热量，W	出口余压，Pa	有效换气率，%	通风电力需求，Wh/m³	过滤级别	设备噪声，dB（A）	适用范围
环境一体机	河北洛卡恩节能科技有限公司	LCN-36BP-150（SC）	150	90.4	3600	4100	112/108	99.4	≤0.45	G4/H11	35.8	各气候区
		LCN-72BP-300（SC）	280	82.3	7200	8300	90/86	99.2	≤0.45	G4/H11	40.5	各气候区
		LCN-52BP-200（SC）	200	81.5	5200	6200	114/117	99.2	≤0.45	G4/H11	40.9	各气候区

性能指标

产品名称	生产厂商	产品型号	风量，CMH	显热回收效率，%	焓交换效率，%	制冷量，W	制热量，W	制冷/制热COP值	出口余压（新风/排风），Pa	有效换气率，%	通风电力需求，Wh/m³	过滤级别	设备噪声，dB（A）	适用范围
通风机（环控机）	浙江曼瑞德环境技术股份有限公司	HK100-3.5D	150	制热工况：82.5 制冷工况：69.2	制热工况：78.8 制冷工况：70.3	4293	4546	3.69/3.84	104/56	96.6	≤0.27	F9与G4	37.2	各气候区

性能指标

产品名称	生产厂商	产品型号	新风量/排风量，m³/h	制热工况焓交换效率，%	制冷工况焓交换效率，%	有效换气率，%	输入功率，W	新风出口全压/排风出口全压，Pa	PM2.5过滤效率，%	设备噪声，dB（A）	适用范围
全热交换新风主机	浙江曼瑞德环境技术股份有限公司	IEC5.350E	350/350	76.2	61.2	97.9			97.2	36.2	各气候区

续表

产品名称	生产厂商	产品型号	性能指标								适用范围
			风量，CMH	显热回收效率，%	功率，W	通风电力需求，Wh/m³	出口余压，Pa	系统COP	过滤级别	设备噪声，dB（A）	
新风全热交换机	苏州格兰斯柯光电科技有限公司	JW-250-DB-XC	250	75	100	≤0.45	120	—	G4以上	38	各气候区
		JW-350-DB-XC	350	75	180	≤0.45	120	—	G4以上	40	各气候区
能源一体机		JW-NY25-Z	450	75	制冷量，W 2500 / 制热量，W 2800	≤0.45	80	制冷：2.7 制热：3.0	G4以上	36	各气候区
		JW-NY35-Z	600	75	3500 / 3700	≤0.45	80	制冷：2.7 制热：3.0	G4以上	38	各气候区
		JW-NY50-Z	800	75	5000 / 5400	≤0.45	80	制冷：2.7 制热：3.0	G4以上	40	各气候区
		JW-NY72-Z	1000	75	7200 / 7800	≤0.45	80	制冷：2.7 制热：3.0	G4以上	42	各气候区

产品名称	生产厂商	产品型号	性能指标										适用范围
			新风量/排风量 m³/h	回风量 m³/h	制热工况焓交换效率，%	制冷工况焓交换效率，%	有效换气率，%	制冷量，W	制热量，W	输入功率，W	新风出口/排风出口全压，Pa	空气净化效率，%	设备噪声，dB（A）	
被动式环控一体机	致果环境科技（天津）有限公司	ARIJ72C060LP0	576/581	1200	80	71	95	7597	8275	258	192/131	≥90	43	各气候区

续表

性能指标

产品名称	生产厂商	产品型号	新风量/排风量, m³/h	显热回收效率, %	焓交换率, %	制冷量, W	制热量, W	通风电力需求, Wh/m³	出口余压·(新风/排风)	有效换气率, %	制冷eer/制热cop	过滤级别	设备噪声, dB(A)	适用范围
被动式环控一体机	致果环境科技（天津）有限公司	AR-J36A015LP1（石墨烯全热交换芯）	151/150	制热：90 制冷：72	制热：84 制冷：80	3657	4361	<0.45 功率：63W	147/71	96	3.05/3.28	G4或以上	≤39	各气候区
		AR-J54A020LP1（石墨烯全热交换芯）	200/199	制热：88 制冷：66	制热：86 制冷：76	5341	5738	<0.45 功率：89W	139/59	96	2.86/3.11	G4或以上	≤40	各气候区

性能指标

产品名称	生产厂商	产品型号	新风量/排风量, m³/h	显热回收效率, %	焓交换率, %	出口余压(新风/排风)	有效换气率, %	通风电力需求, Wh/m³	过滤级别	设备噪声, dB(A)	适用范围
智控节能新风系统	致果环境科技（天津）有限公司	SX-200-A-XFK01（石墨烯全热交换芯）	200	制热工况：78 制冷工况：62	制热工况：70 制冷工况：60	110/15	96	≤0.45 功率：84W	G4或以上	≤39	各气候区（机器重量18.55kg）
智控节能新风系统		S-035-APP301（石墨烯全热交换芯）	351/349	制热：84 制冷：72	制热：79 制冷：71	160/104	98	<0.45 功率：153W	G4或以上	≤44	各气候区

续表

产品名称	生产厂商	产品型号	性能指标								
			新风量/排风量，m³/h	新风出口全压/排风出口全压，Pa	制热工况焓交换效率，%	制冷工况焓交换效率，%	输入功率，W（通风电力需求≤0.45 Wh/m³）	过滤级别	设备噪声，dB（A）	适用范围
新风净化机	维加智能科技（广东）有限公司	BD20R	201/195	69/31	78	66	88	H11	45	各气候区

产品名称	生产厂商	产品型号	性能指标								
			新风量/排风量，m³/h	回风量，m³/h	制热工况焓交换效率，%	制冷工况焓交换效率，%	有效换气率，%	制冷量，W	制热量，W	输入功率，W	新风出口全压/排风出口全压，Pa	空气净化效率，%	设备噪声，dB（A）	适用范围
被动式住宅环控新风能源系统	杭州弗迪沃斯电气有限公司	FD–EQ700	210/210	500	76	60	92	4054	3757	161	36/29	≥90	44	各气候区

产品名称	生产厂商	产品型号	性能指标										
			新风量/排风量，m³/h	回风量，m³/h	温度交换效率，%	焓交换效率，%	有效换气率，%	制冷量，W	制热量，W	输入功率，W（通风电力需求≤0.45wh/m³）	新风出口全压/排风出口全压，Pa	系统COP	过滤级别	设备噪声，dB（A）	适用范围
新风热泵多功能一体机组	保尔雅（北京）被动式建筑科技有限公司	BEY1.0–36.51QW–200HH（智能控制，换季旁通）	202/202	800	制热：79 制冷：68	制热：71 制冷：61	96	3525	4049	90	123/131	制冷：2.9 制热：3.0	G4+H11	低档≤31 高档≤43	各气候区

续表

产品名称	生产厂商	产品型号	新风量/排风量, m³/h	回风量, m³/h	制热工况焓交换效率, %	制冷工况焓交换效率, %	有效换气率, %	制冷量, W	制热量, W	输入功率, W	新风出口全压/排风出口全压, Pa	空气净化效率, %	设备噪声, dB(A)	适用范围
							性能指标							
直流变频新风热泵多功能一体机组	瑞多角（北京）科技有限公司	RD-CHP-D200/600	202/202	600	72	62	90	3228	4008	88	20/45	≥90	36	各气候区
产品名称	生产厂商	产品型号	新风量/排风量, m³/h	回风量, m³/h	制热工况焓交换效率, %	制冷工况焓交换效率, %	有效换气率, %	制冷量, W	制热量, W	输入功率, W	新风出口全压/排风出口全压, Pa	空气净化效率, %	设备噪声, dB(A)	适用范围
							性能指标							
新风热泵多功能一体机组	上海士诺净化科技有限公司	VHSN-5-GS04	250/238	250	90	89	96	5003	6066	113	114/12	≥90	40	各气候区

第四类　其他

20　抽油烟机

20　抽油烟机

产品名称	生产厂商	产品型号	性能指标									适用范围
			风量，m³/min	风压，Pa	噪声，dB（A）	电机功率，W	照明功率，W	风管尺寸，mm	外观主要材质	控制方式	油脂分离度，%	
抽油烟机	武汉创新环保工程有限公司	CXW–218–JH168A	15±1	280	≤54	218	2×1.5	160	钢化玻璃/冷轧板	感应	98.9	各气候区

被动式低能耗建筑产业技术创新联盟名单

［理事长单位］

 江苏南通三建集团股份有限公司

［常务理事长单位］

 住房和城乡建设部科技与产业化发展中心

［副理事长单位］

 天津格亚德新材料科技有限公司

 秦皇岛五兴房地产有限公司

 黑龙江辰能盛源房地产开发有限公司

 大连博朗房地产开发有限公司

 辽宁辰威集团有限公司

 哈尔滨森鹰窗业股份有限公司

 湖南伟大集团

 武汉创新环保工程有限公司

 温格润节能门窗有限公司

 上海森利建筑装饰有限公司

 中国玻璃控股有限公司

 中国建筑设计院有限公司

 瑞士森科（南通）遮阳科技有限公司

 中国建材检验认证集团股份有限公司

北京国建联信认证中心有限公司

 北京市腾美骐科技发展有限公司

 亚松聚氨酯（上海）有限公司

 北京海纳联创无机纤维喷涂技术有限公司

 极景门窗有限公司

 中山市创思泰新材料科技股份有限公司

中洁绿建科技（西安）有限公司

哈尔滨鸿盛建筑材料制造股份有限公司

 北京康居认证中心

 浙江芬齐涂料密封胶有限公司

河北三楷深发科技股份有限公司

 卧牛山 江苏卧牛山保温防水技术有限公司

°COLE 科尔 北京科尔建筑节能技术有限公司
阳光美学 智能遮阳

 万得福 WONDERFUL 中山市万得福电子热控科技有限公司

 DB Dongbang 北京东邦绿建科技有限公司
北京东邦绿建科技有限公司

辽宁坤泰实业有限公司

HISTEP 得高 得高健康家居有限公司

MILUX 米兰之窗 北京米兰之窗公司节能建材有限公司

BOSIG 德国博仕格 迪和达商贸（上海）有限公司（德国博仕格有限公司）

Dpurat 普瑞泰 台州市普瑞泰环境设备科技股份有限公司

UNILUX Windows and Doors 迪和达商贸（上海）有限公司（德国优尼路科斯有限公司）

中建科技集团有限公司 中建科技有限公司

东朗·麦斯特 DL MASTER 吉林省东朗门窗制造有限公司

［理事单位］

GG G-CRYSTAL 北京金晶智慧有限公司

山海天城建集团 山海大象建设集团

金鼎地产 海东市金鼎房地产开发有限公司

Hengda 青岛亨达玻璃科技有限公司

清华同方 TSINGHUA TONGFANG 同方人工环境有限公司

NATHER 兰舍 上海兰舍空气技术有限公司

马鞍山钢铁股份有限公司

huafon 华峰普恩 上海华峰普恩聚氨酯有限公司

LB 辽宁省建筑标准设计研究院
Building Standard Design Institute Of Liaoning Province

怡好思达 EHOUSESTAR 北京怡好思达软件科技发展有限公司

SWISSPACER SAINT-GOBAIN 圣戈班SWISSPACER舒贝舍TM

中国节能环保集团公司 中国节能环保集团公司

 清华大学建筑设计研究院

REHAU 瑞好聚合物（苏州）有限公司

VEKA 维卡塑料（上海）有限公司

aluplast Aluplast GmbH

 ABM FIRESAFE INSULATION 上海新型建材岩棉有限公司

实德集团 SHIDE GROUP 大连实德科技发展有限公司

 奥润顺达 ORIENT SUNDAR 河北奥润顺达窗业有限公司

BEMT Energy Saving 北京金隅节能保温科技有限公司

SG 南玻集团 天津南玻节能玻璃有限公司

 BLAUBERG 德国博乐 Ventilatoren
博乐环境系统（苏州）有限公司

柯梅令（天津）高分子型材有限公司

 北京朗适新风技术有限公司

 康博达节能科技有限公司

 大连华鹰玻璃股份有限公司

 杭州龙碧科技有限公司

 青岛科瑞新型环保材料有限公司

 河北堪森被动式房屋有限公司

 北京物化天宝安全玻璃有限公司

 北京中慧能建设工程有限公司

 瓦克化学

致果环境科技（天津）有限公司

北京市开泰钢木制品有限公司

北鹏科技发展集团股份有限公司
北鹏科技发展集团股份有限公司

 中亨新型材料科技有限公司

 中材科技股份有限公司南京玻纤院

 北京怡空间被动房装饰工程有限公司

 利坚美（北京）科技发展有限公司

 唐山市思远工程材料检测有限公司

 美国QUANEX（柯耐士）建材产品集团

 北京海阳顺达玻璃有限公司

 山东三玉窗业有限公司

 北京高分宝树科技有限公司

 哈尔滨华兴节能门窗有限公司

 万嘉集团有限公司
天津耀皮玻璃公司

［会员单位］

 河北新华幕墙有限公司

TYDI 腾远 青岛腾远设计事务所有限公司

CAPOL 華陽國際 深圳市华阳国际建筑产业化有限公司

 堡密特建筑材料（苏州）有限公司

 信义玻璃（天津）有限公司

天津市格瑞德曼建筑装饰工程有限公司

 北京中筑天和建筑设计有限公司

 北京建筑材料科学研究总院有限公司

台玻天津玻璃有限公司

秦恒 北京秦恒商贸有限公司

D+H 德国D+H

TECHNOFORM 泰诺风 泰诺风泰居安（苏州）隔热材料有限公司

北京冠华东方玻璃科技有限公司

 北京嘉寓门窗幕墙股份有限公司

 南京南油节能科技有限公司

 山东华达门窗幕墙有限公司

青岛宏海幕墙有限公司

北京建工茵莱玻璃钢制品有限公司

北京建工新型建材有限责任公司

河北绿拓建筑科技有限公司

广骏新材料科技有限公司

天津斯坦利新型材料有限公司

苏州格兰斯柯光电科技有限公司

河北胜达智通新型建材有限公司

 超思特（北京）科技发展有限公司

保尔雅（北京）被动式建筑科技有限公司
保尔雅（北京）被动式建筑科技有限公司

河北筑恒科技有限公司

杭州弗迪沃斯电气有限公司

石家庄盛和建筑装饰有限公司

廊坊市创元门窗有限公司

河北智博保温材料制造有限公司
河北智博保温材料制造有限公司

上海士诺净化科技有限公司

北京五洲泡沫塑料有限公司

 瑞多广角（北京）科技有限公司

朗意门业（上海）有限公司

 石家庄昱泰门窗有限公司

维加智能科技（广东）有限公司

华信九州节能科技（玉田）有限公司
主营：聚苯板 挤塑板 石墨聚苯板 聚合聚苯板 eps装饰线条
华信九州节能科技（玉田）有限公司

哈尔滨阿蒙木业股份有限公司

北京北方京航铝业有限责任公司

北京市建设工程质量第一检测所有限责任公司

贵州匠盟盟智能工程有限公司

建邦新材料科技（廊坊）有限公司

江苏同创谷新材料研究院有限公司

北京建筑节能研究发展中心

[团体会员]

 中国绝热节能材料协会

 中国建筑防水协会

 中国建筑装饰装修材料
协会建筑遮阳材料分会

 世界绿色设计组织建筑
专业委员会

  山东建筑大学

 中国玻璃协会

 山东城市建设职业学院

苏州大学

 苏州科技大学

合肥经济技术开发区住宅产业化促进中心